U0260222

建筑施工现场专业人员技能与实操丛书

土建质量员

沈　璐　主编

中国计划出版社

图书在版编目（ＣＩＰ）数据

土建质量员 / 沈璐主编. -- 北京 ：中国计划出版
社，2016.5
（建筑施工现场专业人员技能与实操丛书）
ISBN 978-7-5182-0400-7

Ⅰ．①土… Ⅱ．①沈… Ⅲ．①土木工程－工程质量－
质量控制 Ⅳ．①TU712

中国版本图书馆CIP数据核字(2016)第064177号

建筑施工现场专业人员技能与实操丛书

土建质量员

沈　璐　主编

中国计划出版社出版
网址：www．jhpress．com
地址：北京市西城区木樨地北里甲 11 号国宏大厦 C 座 3 层
邮政编码：100038　电话：(010) 63906433（发行部）
新华书店北京发行所发行
北京天宇星印刷厂印刷

787mm×1092mm　1/16　20.75 印张　497 千字
2016 年 5 月第 1 版　2016 年 5 月第 1 次印刷
印数 1—3000 册

ISBN 978-7-5182-0400-7
定价：58.00 元

《土建质量员》编委会

主　编：沈　璐

参　编：牟瑛娜　周　永　苏　建　周东旭

　　　　杨　杰　隋红军　马广东　张明慧

　　　　蒋传龙　王　帅　张　进　褚丽丽

　　　　周　默　杨　柳　孙德弟　元心仪

　　　　宋立音　刘美玲　赵子仪　刘凯旋

前　言

　　随着国民经济的快速发展，对我国建筑工程的质量也提出了越来越高的要求，建筑工程质量的问题，不仅威胁到人民的生命财产安全，更会对社会造成巨大的资源浪费，所以我们要加大对工程质量的要求。我国正处于大规模的经济建设时期，要加强工程质量的责任感和紧迫感，提高施工质量水平，努力把施工质量水平提升到一个新的高度和建立健全管理制度，责任体系，促进施工质量不断提升。为了提高土建质量员专业技术水平，加强科学施工与工程管理，确保工程质量和安全生产，我们组织编写了这本书。

　　本书根据《建筑与市政工程施工现场专业人员职业标准》JGJ/T 250—2011、《砌体结构工程施工质量验收规范》GB 50203—2011、《混凝土结构工程施工质量验收规范》GB 50204—2015、《混凝土结构工程施工规范》GB 50666—2011、《钢结构工程施工规范》GB 50755—2012、《屋面工程质量验收规范》GB 50207—2012、《屋面工程技术规范》GB 50345—2012、《地下防水工程质量验收规范》GB 50208—2011、《地下工程防水技术规范》GB 50108—2008、《建筑桩基技术规范》JGJ 94—2008 等标准编写，主要内容包括建筑工程项目质量管理、地基基础工程质量控制、砌体工程质量控制、混凝土结构工程质量控制、钢结构工程质量控制、建筑屋面工程质量控制、地下防水工程质量控制以及建筑装饰装修工程质量控制。本书内容丰富、通俗易懂；针对性、实用性强；既可供土建质量人员及相关工程技术和管理人员参考使用，也可作为建筑施工企业土建质量员岗位培训教材。

　　由于作者的学识和经验所限，虽经编者尽心尽力但书中仍难免存在疏漏或未尽之处，敬请有关专家和读者予以批评指正。

编　者

2015 年 9 月

目　　录

1 ▌ 建筑工程项目质量管理

1.1 建筑工程质量管理体系

1.1.1 质量管理体系的概念

质量管理体系，是指"在质量方面指挥和控制组织的管理体系"；体系是指"相互关联或相互作用的一组要素"，其中的要素指构成体系的基本单元或可理解为组成体系的基本过程；管理体系是指"建立方针和目标并实现这些目标的体系"。

（1）质量管理体系和其他管理体系要求的相容性可体现在以下主要方面：

①管理体系的运行模式都以过程为基础，用"PDCA"循环的方法进行持续改进。

②都是从设定目标，系统地识别、评价、控制、监视和测量并管理一个由相互关联的过程组成的体系，并使之能够协调地运行，这一系统的管理思想也是一致的。

③管理体系标准要求建立的形成文件的程序，如文件控制、记录控制、内审、不合格（不符合）控制、纠正措施和预防措施等，在管理要求和方法上都是相似的，因此质量管理体系标准要求制定并保持的形成文件的程序，其他管理体系可以共享。

④质量管理体系要求标准中强调了法律法规的重要性，在环境管理和在职业、卫生与安全管理体系等标准中同样强调了适用的法律法规要求。

（2）质量管理体系和环境管理体系的相容、协调主要体现在以下方面：

①两者都具有共同的概念和词汇运用一致的术语。例如：在质量管理体系要求标准中所用"内部审核"、"记录控制"、"文件控制"等通用性的词汇，既适用于质量管理体系，也适用于环境管理体系。

②两者的基本思想和方法一致。着眼于持续改进和预防为主的思想，控制因素不是末端治理；强调最高管理者的承诺，建立方针、目标；强调员工意识和能力以及全员参与等。

③两者建立管理体系的原理一致。系统化、程序化的管理、必要的文件支持、系统的管理过程、体系文件、工作程序、文件控制、记录等。

④两者与其他管理体系协调运作。管理体系纳入组织管理活动的整体，提高整个组织的效率，节约资源，资源共享等。

⑤两者管理体系运行的模式一致。两个管理体系标准都遵循"PDCA"螺旋式上升的运行模式，通过内部审核和管理评审使组织的体系在自身的运行中不断地自我完善。

1.1.2 质量管理体系的原理

1. 质量体系说明

质量管理体系能够帮助组织增进顾客的满意度。

顾客要求产品具有满足其需求和期望的特性，这些需求和期望在产品规范中表述，并集中归结为顾客要求。顾客要求可以由顾客以合同方式规定或由组织自己确定，在任一情况下，顾客最终确定产品的可接受性。因为顾客的需求和期望是不断变化的，这就促使组织持续地改进其产品和过程。

质量管理体系方法鼓励组织分析顾客要求，规定相关的过程，并使其持续受控，以实现顾客能接受的产品。质量管理体系能提供持续改进的框架，以增加使顾客和其他相关方满意的可能性。质量管理体系还就组织能够提供持续满足要求的产品，向组织及其顾客提供信任。

2. 质量管理体系要求与产品要求

质量管理体系要求是通用的，适用于所有行业或经济领域，不论其提供何种类别的产品。产品要求可由顾客规定，或由组织通过预测顾客的要求规定，或由法规规定。在某些情况下，产品要求和有关过程的要求可包含在诸如技术规范、产品标准、过程标准、合同协议和法规要求中。

3. 质量管理体系方法

建立和实施质量管理体系的方法包括以下步骤：

1）确定顾客和其他相关方的需求和期望；

2）建立组织的质量方针和质量目标；

3）确定实现质量目标必需的过程和职责；

4）确定和提供实现质量目标必需的资源；

5）规定测量每个过程的有效性和效率的方法；

6）应用这些测量方法确定每个过程的有效性和效率；

7）确定防止不合格并消除产生原因的措施；

8）建立和应用持续改进质量管理体系的过程。

上述方法也适用于保持和改进现有的质量管理体系。

4. 过程方法

任何使用资源将输入转化为输出的活动或一组活动可视为过程。为使组织有效运行，必须识别和管理许多相互关联和相互作用的过程。通常，一个过程的输出将直接成为下一个过程的输入。系统的识别和管理组织所使用的过程，特别是这些过程之间的相互作用，称为"过程方法"。

图 1－1 为以过程为基础的质量管理体系模式。

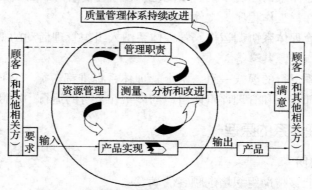

图 1－1　以过程为基础的质量管理体系模式

5．建立质量方针和质量目标的目的和意义

建立质量方针和质量目标为组织提供了关注的焦点。两者确定了预期的结果，并帮助组织利用其资源达到这些结果。质量方针为建立和评审质量目标提供了框架。质量目标需要与质量方针和持续改进的承诺相一致，并是可测量的。质量目标的实现对产品质量、作业有效性和财务业绩都有积极的影响，因此对相关方的满意和信任也产生积极影响。

6．最高管理者在质量管理体系中的作用

最高管理者通过其领导活动可以创造一个员工充分参与的环境，质量管理体系能够在这种环境中有效运行。基于质量管理原则，最高管理者可发挥以下作用：

1）制定并保持组织的质量方针和质量目标；

2）在整个组织内促进质量方针和质量目标的实现，以增强员工的责任意识、积极性和参与程度；

3）确保整个组织关注顾客要求；

4）确保实施适宜的过程以满足顾客和其他相关方要求并实现质量目标；

5）确保建立、实施和保持一个有效的质量管理体系以实现这些质量目标；

6）确保获得必要资源；

7）定期评价质量管理体系；

8）决定有关质量方针和质量目标的活动；

9）决定质量管理体系的改进活动。

7．文件

（1）文件的价值。文件能够沟通意图、统一行动，其作用有：

1）符合顾客要求和质量改进；

2）提供适宜的培训；

3）重复性和可追溯性；

4）提供客观证据；

5）评价质量管理体系的持续适宜性和有效性。

文件的形成本身并不是很重要，它应是一项增值的活动。

（2）质量管理体系中使用的文件类型：

1）向组织内部和外部提供关于质量管理体系的一致信息的文件，这类文件被称为质量手册；

2）表述质量管理体系如何应用于特定产品、项目或合同的文件，这类文件被称为质量计划；

3）阐明要求的文件，这类文件被称为规范；

4）阐明推荐的方法或建议的文件，这类文件被称为指南；

5）提供如何一致地完成活动和过程的信息的文件，这类文件包括形成文件的程序、作业指导书和图样；

6）对所完成的活动或达到的结果提供客观证据的文件，这类文件被称为记录。

每个组织确定其所需文件的详略程度和所使用的媒体，这取决于下列因素：组织的类型和规模、过程的复杂性和相互作用、产品的复杂性、顾客要求、适用的法规要求、经证实的人员能力以及满足质量管理体系要求所需证实的程度。

8．质量管理体系评价

（1）质量管理体系过程的评价。当评价质量管理体系时，对每一个被评价的过程，应注意如下四个基本问题。

1）过程是否予以识别和适当确定；

2）职责是否予以分配；

3）程序是否被实施和保持；

4）在实现所要求的结果方面，过程是否有效。

综合上述问题可以确定评价结果。质量管理体系评价在涉及的范围上可以有所不同，并可包括很多活动，如质量管理体系审核和质量管理体系评审以及自我评定。

（2）质量管理体系审核。审核用于确定符合质量管理体系要求的程度。审核发现用于评价质量管理体系的有效性和识别改进的机会。

第一方审核用于内部目的，由组织自己或以组织的名义进行，可作为组织自我合格声明的基础。

第二方审核由组织的顾客或由其他人以顾客的名义进行。

第三方审核由外部独立的审核服务组织进行。这类组织通常是经认可的，提供符合要求的认证或注册。

（3）质量管理体系评审。最高管理者的一项任务是对质量管理体系关于质量方针和质量目标的适宜性、充分性、有效性和效率进行定期的、系统的评价。这种评审可包括考虑修改质量方针和目标的需求以响应相关方需求和期望的变化。评审包括确定采取措施的需求。

审核报告与其他信息源共同用于质量管理体系的评审。

（4）自我评定。组织的自我评定是一种参照质量管理体系或优秀模式对组织的活动和结果所进行的全面和系统的评审。

自我评定可提供一种对组织业绩和质量管理体系的成熟程度总的看法，它还能有助于识别组织中需要改进的领域并确定优先开展的事项。

9．持续改进

持续改进质量管理体系的目的在于增加顾客和其他相关方满意的可能性。

改进包括下述活动：

1）分析和评价现状，以识别改进范围；

2）设定改进目标；

3）寻找可能的解决办法以实现这些目标；

4）评价这些解决办法并作出选择；

5）实施选定的解决办法；

6）测量、验证、分析和评价实施的结果以确定这些目标已经满足；

7）将更改纳入文件。

必要时，对结果进行评审，以确定进一步改进的机会。从这种意义上说，改进是一种持续的活动。顾客和其他相关方的反馈，质量管理体系的审核和评审也能用于识别改进的机会。

10．统计技术的作用

使用统计技术可帮助组织了解变异，从而有助于组织解决问题并提高有效性和效率。这些技术也有助于更好地利用可获得的数据进行决策。

在许多活动的状态和结果中，甚至是在明显的稳定条件下，均可观察到变异。

这种变异可通过产品和过程的可测量特性观察到，并且在产品的整个寿命期（从市场调研到顾客服务和最终处置）的各个阶段，均可看到其存在。

统计技术可帮助测量、表述、分析、说明这类变异并将其建立模型，甚至在数据相对有限的情况下也可实现。这种数据的统计分析能对更好地理解变异的性质、程度和原因提供帮助，从而有助于解决，甚至防止由变异引起的问题，并促进持续改进。

11．质量管理体系与其他管理体系的关注点

质量管理体系是组织管理体系的一部分，使与质量目标有关的输出（结果）适当地满足相关方的需求、期望和要求。组织的质量目标与其他目标，如与增长、资金、利润、环境及职业健康与安全有关的目标相辅相成。一个组织的管理体系的某些部分，可以由质量管理体系相应部分的通用要素构成，从而形成单独的管理体系，这将有利于策划、资源配置、确定互补的目标并评价组织的总体有效性。

12．质量管理体系与优秀模式之间的关系

质量管理体系方法和组织优秀模式方法是依据共同的原则，它们两者的共同点如下：

1）使组织能够识别它的强项和弱项；

2）包含对照通用模式进行评价的规定；

3）为持续改进提供基础；

4）包含外部承认的规定。

1.1.3 质量管理体系文件的构成

1．质量管理体系文件的构成

企业应具有完整和科学的质量体系文件，它是企业开展质量管理和质量保证的基础，也是企业为达到所要求的产品质量，实施质量体系审核、质量体系认证、进行质量改进必不可少的依据。质量管理体系文件的详略程度没有统一规定，但是要以适合本企业使用，使过程受控为准则。

质量管理体系的文件一般由以下内容构成，如图1-2所示。

1）质量手册（回答为什么做）；

2）程序文件（回答谁来做、做什么、何时做、何地做）；

3）质量计划（回答怎么做）；

4）质量记录（提供证据）。

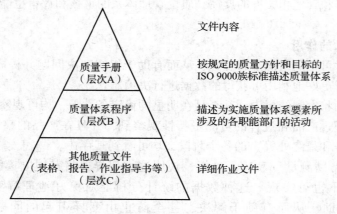

图1-2　文件层次图

2. 质量手册

（1）质量手册的内容。质量手册是阐明一个企业的质量政策、质量体系和质量实践的文件，是质量文件中的主要文件，是实施和保持质量体系过程中长期遵循的纲领性文件。

质量手册的内容包括：

1）企业的质量方针、质量目标；

2）组织机构和质量职责；

3）各项质量活动的基本控制程序或体系要素；

4）质量评审、修改和控制的管理办法。

（2）编制质量手册的基本要求。

1）符合性质量手册必须符合质量方针和目标，符合有关质量工作的各项法规、法律、条令、标准的规定。

2）确定性质量手册应能对所有影响质量的活动进行控制，重视并采取预防性措施以避免问题的发生，同时还要具备对发现的问题能作出反应并加以纠正的能力。

3）系统性质量体系文件应反映一个组织的系统特性，应对产品质量形成全过程中各阶段影响质量技术管理人员等因素，进行控制，作出系统规定，做到层次清楚、结构合理、内容得当。

4）协调性质量手册所阐述的内容要与企业的管理标准、规章制度保持协调一致，使企业各部门对有关的质量工作有一个统一的认识，使各项质量活动的责任能真正落到实处。

5）可行性质量手册既要有一定的先进性，又要结合企业的实际情况，充分考虑企业在管理、技术、人员等方面的实际水平，确保文件规定内容切实可行。

6）质量手册所确定的目标应是可测量的，必须对所涉及各部门和岗位的质量职责、质量活动等各项规定有明确的定量和定性的要求，以便监督和检查。

（3）编制的一般程序如下：

1）拟定编制计划和编写原则；

2）选择并培训编写人员；

3）收集组织原有的管理文件；

4）收集相关标准、参考资料、同类文件样本；

5）编写质量手册和修改、完善相应的文件；

6）征求意见，反复修订（注意前后一致性）；

7）评审、批准、发布。

3．程序文件

质量体系程序文件是质量手册的支持性文件，企业为落实质量管理工作而建立的各项管理标准、规章制度。各企业程序内容及详略不作统一规定，可视企业的具体需要而制定。

4．质量计划

为确保过程的有效运行和控制，在程序文件的指导下，针对特定的产品、过程、合同或项目，规定专门的质量措施和活动顺序的文件。质量手册和质量管理体系程序所规定的是通用的要求和方法，适用于所有的产品。而质量计划是针对某产品、项目或合同的特定要求编制的质量控制方案，它与质量手册、质量管理体系程序一起使用。顾客可以通过质量计划来评定组织是否能履行合同规定的质量要求。质量计划中应包括以下内容：

1）应达到的质量目标；

2）该项目各阶段的责任和权限；

3）应采用的特定程序、方法、作业指导书；

4）有关阶段的实验、检验和审核大纲；

5）随项目的进展而修改和完善质量计划的方法；

6）为达到质量目标必须采取的其他措施。

5．质量记录

质量记录是证明各阶段产品质量达到要求和质量体系运行有效性的证据。是产品质量水平和质量体系中各项质量活动进行及结果的客观反映。对质量体系程序文件所规定的运行过程及控制测量检查的内容如实加以记录，用以证明产品质量对合同中提出的质量保证的满足程度，验证质量体系的有效运行。质量记录包括设计、检验、调研、审核、评审的质量记录。

如果在控制体系中出偏差，则质量记录不仅须反映偏差情况，而且应反映出针对不足之处采取的纠正措施以及纠正效果。

质量记录应完整地反映质量活动实施、验证和评审的情况，并记载关键活动的过程参数，一旦发生问题，应能通过记录，找出原因并有针对性地采取有效措施。

1.1.4 质量管理体系的建立和运行

质量管理体系是建立质量方针和质量目标并实现这些目标的体系。建立完善的质量体系并使之有效运行，是一个组织质量管理的核心，也是贯彻质量管理和质量保证标准的关键。质量体系的建立和实施可分为三大阶段，即质量管理体系的确立、质量管理体系文件的编制、质量管理体系的实施运行。

1．质量管理体系的确立

这一阶段是建立质量体系的准备阶段，主要任务是做好各项准备工作。

（1）企业领导层要统一思想认识。质量管理原则之一就是领导作用，企业最高管理者在决策和领导一个组织过程中起着关键的作用。建立健全质量体系必须得到企业领导的重视并亲自参与。因此，领导要自觉认真学习 ISO 9000 族标准，统一思想认识，明确建立和完善质量体系的重要性。

（2）培训骨干，组织骨干队伍。教育培训是建立和完善质量体系的重要环节，通过学习培训，可提高全体职工的质量意识，明确建立和实施质量体系的重要意义，自觉执行标准，为质量体系的有效运行做好准备。培训对象应是全体职工。对各层人员应分别进行培训。

1）领导层的培训。领导层应了解自己在质量管理体系中的作用，增强质量意识，转变观念，通过培训掌握标准的内容，并作出正确的、具有可操作性的决策。

2）管理层的培训。技术、管理和生产部门的负责人，以及与建立质量体系有关的工作人员，是建立和完善质量体系的骨干力量，应重点进行培训，使其全面了解和掌握标准的内容，了解建立质量体系的必要性和重要意义，把标准的要求与企业实际情况相结合，为编制适合本企业的质量体系文件奠定基础。

3）执行层的培训。这部分人员与产品质量形成全过程有关，是质量体系文件的主要执行者，在了解 ISO 9000 族标准的基本知识及贯彻 ISO 9000 族标准的目的、意义、作用的基础上，学习与本岗位质量活动有关的内容。

（3）组织落实，成立贯标小组。为贯彻 ISO 9000 族标准，达到预期的效果，企业应做全面规划，并拟定切实可行的工作计划，使其有组织、有计划、有步骤地进行。

（4）制定质量方针，确立质量目标。质量方针是企业总的质量宗旨和方向，它反映了企业在质量方面的追求和对顾客的承诺，是企业开展质量工作的指导思想和全体职工行为的准则。质量方针应体现企业的特色，应与企业的总方针相协调并结合企业的特点和市场的实际需求。企业根据质量方针，制定相关的质量目标。

1）调查现状，找出薄弱环节。在思想认识统一后，查清现有质量体系与标准规定的体系要素要求的差别，对企业建立质量体系的各种条件、生产状况、存在的薄弱环节等做认真的调查和分析，尽可能收集充分的资料，为体系的建立提供充分的参考依据。

2）确定组织结构、职责、权限和资源配置。由于多数企业的机构是根据历史现状设置相应的职能部门的，与建立质量体系要素的要求不完全符合。所以在对现行组织机构、质量管理体系和质量活动等要素分析的基础上，调整组织结构，将活动中相应的工作职责和权限及时分配到各职能部门。明确各部门接口的衔接性，规定各部门应开展的各项质量活动。

2．质量管理体系文件的编制

质量体系文件是质量管理体系的重要组成部分，也是企业进行质量管理和质量保证的基础。编制质量体系文件是企业根据 ISO 9000 族标准，建立和保持质量体系有效运行的重要基础工作。企业为达到所要求的产品质量，进行质量体系审核、质量体系认证及质量改进都必须以质量体系文件为依据。

1）质量手册：向组织内部或外部提供关于质量体系一致信息的文件。质量手册应说明质量管理体系包括哪些过程和要素，每个过程和要素应开展哪些控制活动，每个活动控制到什么程度，能提供什么样的质量保证等，都应作出明确的描述。

2）质量计划表明质量管理体系如何应用于特定的项目、产品、过程或合同。

3）质量体系程序：提供如何完成活动的一致信息。每个质量管理程序都应视需要明确何时、何地、何人、做什么、为什么、怎么做等问题。

4）详细作业文件：为某项工作的具体操作提供指导。

5）质量记录对所完成的活动或达到的结果提供客观的证据。

3. 质量管理体系的实施运行

保持质量管理体系的正常运行和持续实用有效，是企业质量管理的一项重要任务，是质量管理体系发挥实际效能、实现质量目标的主要阶段。

质量管理体系的运行是执行质量管理体系文件、实现质量目标、保持质量管理体系持续有效和不断优化的过程。

质量管理体系的有效运行是依靠体系的组织机构进行组织协调、实施质量监督、开展信息反馈、进行质量管理体系审核和复审实现的。

（1）组织协调。质量管理体系是入选的软件体系，它的运行是借助于质量管理体系组织结构的组织和协调来进行的。组织和协调工作是维护质量管理体系运行的动力。质量管理体系的运行涉及企业众多部门的活动。

（2）质量监督。质量管理体系在运行过程中，各项活动及其结果不可避免地会有发生偏离标准的可能。为此，必须实施质量监督。

质量监督有企业内部监督和外部监督两种，需方或第三方对企业进行的监督是外部质量监督。需方的监督权是在合同环境下进行的。

质量监督是符合性监督。质量监督的任务是对工程实体进行连续性的监视和验证。发现偏离管理标准和技术标准的情况应及时反馈，要求企业采取纠正措施，严重者责令停工整顿，从而促使企业的质量活动和工程实体质量均符合标准所规定的要求。

实施质量监督是保证质量管理体系正常运行的手段。外部质量监督应与企业本身的质量监督考核工作相结合，杜绝重大质量的发生，促进企业各部门认真贯彻各项规定。

（3）质量信息管理。企业的组织机构是企业质量管理体系的骨架，而企业的质量信息系统则是质量管理体系的神经系统，是保证质量管理体系正常运行的重要系统。在质量管理体系的运行中，通过质量信息反馈系统对异常信息的反馈和处理，进行动态控制，从而使各项质量活动和工程实体质量保持受控状态。

质量信息管理和质量监督、组织协调工作是密切联系在一起的。异常信息一般来自质量监督，异常信息的处理要依靠组织协调工作，三者的有机结合，是使质量管理体系有效运行的保证。

（4）质量管理体系审核与评审。企业进行定期的质量管理体系审核与评审，一是对体系要素进行审核、评价，确定其有效性；二是对运行中出现的问题采取纠正措施，对体系的运行进行管理，保持体系的有效性；三是评价质量管理体系对环境的适应性，对体系结构中不适用的采取改进措施。开展质量管理体系审核和评审是保持质量管理体系持续有效运行的主要手段。

1.1.5　质量管理体系的持续改进

事物是在不断发展的，都会经历一个由不完善到完善直至更新的过程。顾客的要求在不断变化，为了适应变化着的环境，组织需要进行一种持续的改进活动，以增强满足要求的能力。其目的就在于增强顾客和其他相关方满意的机会，实现组织所设定的质量方针和质量目标。持续改进的最终目的是提高组织的有效性和效率，它包括了围绕改善产品的特征及特性，提高过程的有效性和效率所开展的所有活动。这种不断循环的活动就是持续改进，它是组织的一个永恒的主题。

1. 持续改进的活动

为了促进质量管理体系有效性的持续改进，按 ISO 9001：2015 标准的要求，组织应考虑下列活动：

（1）通过质量方针和质量目标的建立，并在相关职能和层次中展开，营造一个激励改进的氛围和环境。

（2）通过对顾客满意程度、产品要求符合性以及过程、产品的特性等测量数据，来分析其趋势、分析和评价现状。

（3）利用审核结果进行内部质量管理体系审核，不断发现组织质量管理体系中的薄弱环节，确定改进的目标。

（4）进行管理评审，对组织质量管理体系的适宜性、充分性和有效性进行评价，作出改进产品、过程和质量管理体系的决策，寻找解决办法，以实现这些目标。

（5）采取纠正和预防的措施，避免不合格的再次发现或潜在不合格的发生。

因此，组织应当建立识别和管理改进活动的过程，这些改进可能导致组织对产品或过程的更改，直至对质量管理体系进行修正或对组织进行调整。

2. 持续改进的方法

为了进行持续改进，可采用"PDCA"循环的模式方法，即：

（1）P——策划。根据顾客的要求和组织的方针，分析和评价现状，确定改进目标，寻找解决办法并评价这些解决办法，最后作出选择。

（2）D——实施。实施选定的解决办法。

（3）C——检查。检查根据方针、目标和产品要求，对过程、产品和质量管理体系进行测量、验证、分析和评价实施结果，以确定这些目标是否已经实现。

（4）A——处置。采取措施，正式采纳更改，持续改进过程业绩。

3. 持续改进活动的两个基本途径

（1）渐进式的日常持续改进，管理者应营造一种文化，使全体员工都能积极参与、识别改进机会，它可以对现有过程作出修改和改进，或实施新过程；它通常由日常运作之外的跨职能小组来实施；由组织内人员对现有过程进行渐进的过程改进，例如 QC 小组活动等。

（2）突破性项目应针对现有过程的再设计来确定，通常包括以下阶段：

①确定目标和改进项目的总体框架；

②分析现有的"过程"并认清变更的机会；

④确定和策划过程改进；

④实施改进；

⑤对过程的改进进行验证和确认；

⑥对已完成的改进作出评价，包括吸取教训。

1.1.6　质量管理体系的审核

1. 质量审核

审核，是"为了确保主题事项的适宜性、充分性、有效性和效率，以达到规定的目标所进行的活动"。质量审核是确定质量活动和有关结果是否符合计划的安排，以及这些安排是否有效地实施并适合于达到预定目标的、有系统的、独立的检查。

对质量审核的定义说明如下：

（1）质量审核一般用于（但不限于）对质量管理体系或其要素、过程、产品或服务的审核。

当用于对上述这些对象的审核时，通常称之为"质量管理体系审核"、"过程质量审核"、"产品质量审核"和"服务质量审核"。

（2）质量审核是有系统的审查活动。"有系统的"是指审核不仅包括事先要制定详细的审核计划、有明确的审核大纲，而且包括审核计划和大纲是否得到了有效贯彻并达到了规定的目标。

（3）质量审核是独立的审查活动。审核工作应由与被审范围无直接责任的人员进行，它们只对其委托机构负责，不受其他方面的干扰，独立地开展质量审核工作，但为了审核工作的顺利进行，最好能得到有关人员的配合。

（4）质量审核的一个目的是评价是否需要采取改进或纠正措施。质量审核不能和旨在解决过程控制或产品验收的"质量监督"或"检验"相混淆。质量监督是为确保满足特定的质量要求，针对程序、方法、条件、过程、产品、服务或有关记录与分析所进行的连续的监视和核实。其目的只是为了生产过程中控制或接收产品。

（5）质量审核可以是为内部或外部的目的而进行。

2. 质量管理体系审核

质量管理体系审核是质量审核的一种形式，是由具备一定资格且与被审核部门的工作无直接责任的人员来实施，是为确认质量管理体系各要素的实施效果是否达到了规定的质量目标所做的系统而独立的检查和评定。质量管理体系审核的目的，是向组织的领导者提供各体系要素是否有效实施的证据，以便根据审核结果找出存在的问题，采取纠正措施，进一步完善质量管理体系。它也是促进各职能部门更有效地开展质量工作的重要手段。

为搞好质量管理体系的审核工作，应制定严格的审核大纲并贯彻实施；应明确审核范围、确定重点审核范围和区域；应制定审核计划并按计划实施审核。审核完成后，还应按规定的格式撰写审核报告并跟踪受审方的纠正和预防措施。

（1）审核大纲：它是对审核活动的总体规划，是明确审核活动如何开展和如何进行有效控制的文件。在编制审核大纲时，要根据每一项质量活动的实际情况及其重要性，对审核内容、顺序、时间、进度和频次等做出合理的统筹安排，并对薄弱环节重点审核。审核大纲应规定：

①具体受审核活动及范围的策划和进度安排；

②指定具有适当资格的人员实施审核，以确保审核的工作的质量；

③实施审核时应执行的书面程序，包括应做的记录和报告审核结果，对审核中发现的不合格或缺陷采取及时的纠正措施的有关规定。

（2）审核范围：质量管理体系的审核范围覆盖质量管理体系的全部要素。通常，体系的某些要素会比另一些要素更经常地受到审核。例如，下面的一些具体的范围和区域在审核中常受到更多的重视：

①组织机构；

②管理、运作和质量管理体系程序；

③人员素质、设备和材料；

④工作区域、作业和过程；

⑤在制品和成品（确定其符合标准和规范的程度）；

⑥文件、报告和记录。

（3）审核计划：指导审核工作有效进行的关键文件，一切审核活动均应按事先安排好的计划进行。审核计划应对审核的目的、范围、依据、审核组成人员、适用文件、计划安排、审核程序等作出详细说明。

（4）审核报告：将审核结果正式通知受审方和委托方的文件。审核报告应如实反映审核内容和实际情况。在编制审核报告时，应注意审核报告的准确性和完整性。

（5）跟踪措施：对受审方的纠正和预防措施进行评审、验证和判断，并对验证情况进行记录的有关规定。通过跟踪可促使受审方针对实际或潜在的不合格或缺陷采取有效的纠正和预防措施。同时，通过对受审方的纠正和预防措施的评审，可验证纠正和预防措施的有效性，使受审方建立起防止不合格再发生的有效机制。

（6）任何组织所生产的任何产品，在质量形成过程中，难免会出现不合格问题，这是正常的。一个比较健全的质量管理体系应该能从审核、过程、不合格报告、管理评审、市场反馈和顾客投诉中发现质量问题，找出原因，采取纠正措施。纠正措施始于对质量问题的识别，并包括针对排除问题再发生的可能性，或把问题再发生的可能性减少到最低限度，消除产生不合格的原因而采取的措施。

1.1.7　质量管理体系认证

质量管理体系认证是由具有第三方公正地位的认证机构，依据质量管理体系的要求标准，审核企业质量管理体系要求的符合性和实施的有效性，进行独立、客观、科学、公正的评价，得出结论。如果通过，则颁发认证证书和认证标志，但认证标志不能用于具体的产品上。获得质量管理体系认证资格的企业可以再申请特定产品的认证。

质量管理体系认证过程总体上可分为四个阶段，具体内容如下：

1．认证申请

组织向其自愿选择的某个体系认证机构提出申请，并按该机构要求提交申请文件，包括企业质量手册等。体系认证机构根据企业提交的申请文件，决定是否受理申请，并通知企业。按惯例，机构不能无故拒绝企业的申请。

2．体系审核

体系认证机构指派数名国家注册审核人员实施审核工作，包括审查企业的质量手册，到企业现场查证实际执行情况，并提交审核报告。

3．审批与注册发证

体系认证机构根据审核报告，经审查决定是否批准认证。对批准认证的企业颁发体系认证证书，并将企业的有关情况注册公布，准予企业以一定方式使用体系认证标志。证书有效期通常为 3 年。

4．监督

在证书有效期内，体系认证机构每年对企业进行至少一次的监督与检查，查证企业有关质量管理体系的保持情况。一旦发现企业有违反有关规定的事实证据，即对该企业采取措施，暂停或撤销该企业的体系认证。

获准认证后的质量管理体系，维持与监督管理内容包括以下几个方面：

（1）企业通报。认证合格的企业质量体系在运行中出现较大变化时，需向认证机构通报，认证机构接到通报后，视情况采取必要的监督检查措施。

（2）监督检查。指认证机构对认证合格单位质量维持的情况进行监督性现场检查，包括定期和不定期的监督检查。定期检查通常是每年一次，不定期检查视需要临时安排。

（3）认证注销。注销是企业的自愿行为。在企业体系发生变化或证书有效期届满时未提出重新申请等情况下，认证持证者提出注销的，认证机构予以注销，并收回体系认证证书。

（4）认证暂停。是认证机构对获证企业质量体系发生不符合认证要求情况时采取的警告措施。认证暂停期间企业不得用体系认证证书做宣传。企业在其采取纠正措施满足规定条件后，认证机构撤销认证暂停。否则将撤销认证注册，收回合格证书。

（5）认证撤销。当获证企业发生下列情况时，认证机构应做出撤销认证的决定：

1）质量体系存在严重不符合规定的；

2）在认证暂停的规定期限内未予整改的；

3）发生其他构成撤销体系认证资格的。

若企业不服可提出申诉。撤销认证的企业一年后可重新提出认证申请。

（6）复评。认证合格有效期满前，如企业愿继续延长，可向认证机构提出复评申请。

（7）重新换证。在认证证书有效期内，出现体系认证标准变更、体系认证范围变更、体系认证证书持有者变更，可按规定重新更换。

1.2　施工项目质量管理与控制

1.2.1　施工项目质量管理的过程

任何工程项目都是由分项工程、分部工程和单位工程所组成的，而工程项目的建设，则是通过一道道工序来完成。所以，施工项目的质量管理是从工序质量到分项工程质量、分部工程质量、单位工程质量的系统控制过程，也是一个由对投入原材料的质量控制开始，直到完成工程质量检验为止的全过程的系统过程。

1.2.2　施工项目质量控制阶段

为了加强对施工项目的质量控制，明确各施工阶段质量控制的重点，可把施工项目质量分为事前控制、事中控制和事后控制三个阶段。

1.　事前质量控制

指在正式施工前进行的质量控制，其控制重点是做好施工准备工作，且施工准备工作要贯穿于施工全过程中。

（1）施工准备的范围。

1）全场性施工准备，是以整个项目施工现场为对象而进行的各项施工准备。

2）单位工程施工准备，是以一个建筑物或构筑物为对象而进行的施工准备。

3）分项（部）工程施工准备，是以单位工程中的一个分项（部）工程或冬、雨期施工为对象而进行的施工准备。

4）项目开工前的施工准备，是在拟建项目正式开工前所进行的一切施工准备。

5）项目开工后的施工准备，是在拟建项目开工后，每个施工阶段正式开工前所进行的施工准备，如混合结构住宅施工，通常分为基础工程、主体工程和装饰工程等施工阶段，每个阶段的施工内容不同，其所需的物质技术条件、组织要求和现场布置也不同，因此，必须做好相应的施工准备。

（2）施工准备的内容。

1）技术准备，包括：项目扩大初步设计方案的审查；熟悉和审查项目的施工图纸；项目建设地点的自然条件、技术经济条件调查分析；编制项目施工图预算和施工预算；编制项目施工组织设计等。

2）物质准备，包括：建筑材料准备、构配件和制品加工准备、施工机具准备、生产工艺设备的准备等。

3）组织准备，包括：建立项目组织机构；集结施工队伍；对施工队伍进行入场教育等。

4）施工现场准备，包括：控制网、水准点、标桩的测量；"五通一平"；生产、生活临时设施等的准备；组织机具、材料进场；拟定有关试验、试制和技术进步项目计划；编制季节性施工措施；制定施工现场管理制度等。

2.　事中质量控制

指在施工过程中进行的质量控制。事中质量控制的策略是：全面控制施工过程，重点控制工序质量。其具体措施是：工序交接有检查；质量预控有对策；施工项目有方案；技术措施有交底，图纸会审有记录；配制材料有试验；隐蔽工程有验收；计量器具校正有复核；设计变更有手续；钢筋代换有制度；质量处理有复查；成品保护有措施；行使质控有否决（如发现质量异常、隐蔽未经验收、质量问题未处理、擅自变更设计图纸、擅自代换或使用不合格材料、无证上岗未经资质审查的操作人员等，均应对质量予以否决）；质量文件有档案（凡是与质量有关的技术文件，如水准、坐标位置，测量、放线记录，沉降、变形观测记录，图纸会审记录，材料合格证明、试验报告，施工记录，隐蔽工程记录，设计变更记录，调试、试压运行记录，试车运转记录，竣工图等都要编目建档）。

3. 事后质量控制

指在完成施工过程形成产品的质量控制，其具体工作内容有：

1）组织联动试车；

2）准备竣工验收资料，组织自检和初步验收；

3）按规定的质量评定标准和办法，对完成的分项、分部工程，单位工程进行质量评定；

4）组织竣工验收；

5）质量文件编目建档；

6）办理工程交接手续。

1.2.3 施工项目质量控制的方法

施工项目质量控制的方法，主要是审核有关技术文件、报告和直接进行现场质量检验或必要的试验等。

1. 审核有关技术文件、报告或报表

对技术文件、报告、报表的审核，是项目管理对工程质量进行全面控制的重要手段，其具体内容有：

1）审核有关技术资质证明文件；

2）审核开工报告，并经现场核实；

3）审核施工方案、施工组织设计和技术措施；

4）审核有关材料、半成品的质量检验报告；

5）审核反映工序质量动态的统计资料或控制图表；

6）审核设计变更、修改图纸和技术核定书；

7）审核有关质量问题的处理报告；

8）审核有关应用新工艺、新材料、新技术、新结构的技术鉴定书；

9）审核有关工序交接检查，分项、分部工程质量检查报告；

10）审核并签署现场有关技术签证、文件等。

2. 现场质量检验

（1）现场质量检验的内容。

1）开工前检查。目的是检查是否具备开工条件，开工后能否连续正常施工，能否保证工程质量。

2）工序交接检查。对于重要的工序或对工程质量有重大影响的工序，实行"三检制"，即在自检、互检的基础上，还要组织专职人员进行工序交接检查。

3）隐蔽工程检查。凡是隐蔽工程均应检查认证后方能掩盖。

4）停工后复工前的检查。因处理质量问题或某种原因停工后需复工时，亦应经检查认可后方能复工。

5）分项、分部工程完工后，应经检查认可，签署验收记录后，才允许进行下一工程项目施工。

6）成品保护检查。检查成品有无保护措施，或保护措施是否可靠。

此外，还应经常深入现场，对施工操作质量进行巡视检查。必要时，还应进行跟班或追踪检查。

（2）现场质量检查的方法。现场进行质量检查的方法有目测法、实测法和试验法三种。

1）目测法。可归纳为看、摸、敲、照四个字。

2）实测法。就是通过实测数据与施工规范及质量标准所规定的允许偏差对照，来判别质量是否合格。实测检查法的手段，也可归纳为靠、吊、量、套四个字。

3）试验法。指必须通过试验手段，才能对质量进行判断的检查方法。

3．质量控制统计方法

（1）排列图法。又称主次因素分析图法，是用来寻找影响工程质量主要因素的一种方法。

（2）因果分析图法。又称树枝图或鱼刺图，是用来寻找某种质量问题的所有可能原因的有效方法。

（3）直方图法。又称频数（或频率）分布直方图，是把从生产工序收集来的产品质量数据，按数量整理分成若干级，画出以组距为底边，以根数为高度的一系列矩形图。通过直方图可以从大量统计数据中找出质量分布规律，分析判断工序质量状态，进一步推算工序总体的合格率，并能鉴定工序能力。

（4）控制图法。又称管理图，是用样本数据为分析判断工序（总体）是否处于稳定状态的有效工具。它的主要作用有二：一是分析生产过程是否稳定，为此，应随机地连续收集数据，绘制控制图，观察数据点子分布情况并评定工序状态；二是控制工序质量，为此，要定时抽样取得数据，将其描在图上，随时进行观察，以发现并及时消除生产过程中的失调现象，预防不合格产生。

（5）散布图法。是用来分析两个质量特性之间是否存在相关关系。即根据影响质量特性因素的各对数据，用点子表示在直角坐标图上，以观察判断两个质量特性之间的关系。

（6）分层法。又称分类法，是将收集的不同数据，按其性质、来源、影响因素等加在分类和分层进行研究的方法。它可以使杂乱的数据和错综复杂的因素系统化、条理化，从而找出主要原因，采取相应措施。

（7）统计分析表法。是用来统计整理数据和分析质量问题的各种表格，一般根据调查项目，可设计出不同格式的统计分析表，对影响质量原因作粗略分析和判断。

1.2.4 质量控制中的统计方法

对建筑工程质量进行管理和控制，是建立在"用数据说话"的基础上的。通过对数据的统计分析，才能发现质量问题，才能及时采取对策和措施，予以纠正和预防质量事故的发生。

质量员应熟悉排列图、因果分析图、直方图和控制图的用途和观察分析方法。

1. 排列图的用途和观察分析

（1）排列图的用途。排列图法是利用排列图寻找影响质量主次因素的一种有效方法。在质量管理过程，通过抽样检查或检验试验所得到的质量问题、偏差、缺陷、不合格等统计数据，以及造成质量问题的原因分析统计数据，均可采用排列图方法进行状况描述，它具有直观、主次分明的特点。排列图又叫帕累托图或主次因素分析图，它是由两个纵坐标、一个横坐标、几个连起来的直方形和一条曲线所组成。实际应用中，通常按累计频率划分为（0～80%）、（80%～90%）、（90%～100%）三部分，与其对应的影响因素分别为 A、B、C 三类。A 类为主要因素，B 类为次要因素，C 类为一般因素。

（2）排列图的绘制。

1）画横坐标。将横坐标按项目数等分，并按项目频数由大到小顺序从左至右排列。

2）画纵坐标。左侧的纵坐标表示频数，右侧纵坐标表示累计频率。要求总频数对应累计频率 100%。

3）画频数直方形。以频数为高画出各项目的直方形。

4）画累计频率曲线。从横坐标左端点开始，依次连接各项目直方形右边线及所对应的累计频率值的交点，所得的曲线即为累计频率曲线。

5）记录必要的事项。如标题、收集数据的方法和时间等。

（3）排列图的观察与分析。

1）观察直方形，大致可看出各项目的影响程度。排列图中的每个直方形都表示一个质量问题或影响因素，影响程度与各直方形的高度成正比。

2）利用 ABC 分类法，确定主次因素。将累计频率曲线按（0～80%）、（80%～90%）、（90%～100%）分为三部分，各曲线下面所对应的影响因素分别为 A、B、C 三类因素。

（4）排列图的应用。排列图可以形象、直观地反映主次因素，其主要应用有：

1）按不合格品的内容分类，可以分析出造成质量问题的薄弱环节；

2）按生产作业分类，可以找出生产不合格品最多的关键过程；

3）按生产班组或单位分类，可以分析比较各单位技术水平和质量管理水平；

4）将采取提高质量措施前后的排列图对比，可以分析措施是否有效；

5）此外，还可以用于成本费用分析、安全问题分析等。

2. 因果分析图的用途和观察分析

（1）因果分析图的用途。因果分析图法是利用因果分析图来系统整理分析某个质量问题（结果）与其产生原因之间关系的有效工具。因果分析图也称特性要因图，又因其形状常被称为树枝图或鱼刺图。

（2）因果分析图基本原理。是对每一个质量特性或问题，逐层深入排查可能原因，确定其中最主要原因，进行有的放矢的处置和管理。

（3）因果分析图作图方法。因果图的作图过程是一个判断推理的过程，是从最直接因素起至造成的结果为止，其步骤如下：

1）确定需要解决问题的质量特性。如质量、成本、材料、进度、安全、管理等方面的问题。

2）广泛收集小组成员或有关人员的意见、建议并记录在图上。

3）按因果形式由左向右画出主干线箭头，标明质量问题，以主干线为零线画60°角的大原因直线，并把大原因直线用箭头指向主干排列于两侧，围绕各大原因直线展开进一步分析，中、小原因直线互相间也构成原因—结果的关系，用长短不等的箭头画在图上，展开到能采取措施为止。

4）讨论分析主要原因。把主要的、关键的原因分别用粗线或其他颜色标出来，或加上框框进行现场验证。在工程施工中，一般影响工程质量的因素往往不一定是五个方面同时存在，因此要灵活运用。

①人（操作者）：意识、文化素质、技术水平、工作态度等。

②法（操作方法）：施工程序、工艺标准、施工方式。

③料（成品、原材料）：配合比、材料的质量。

④机（机械设备）：操作工具、检查器具、运输设备等。

⑤环（环境）：室内外、季节施工、工程安排等因素。

（4）使用因果分析图法时应注意的事项：

1）一个质量特性或一个质量问题使用一张图分析。

2）通常采用QC小组活动的方式进行，集思广益，共同分析。

3）必要时可以邀请小组以外的有关人员参与，广泛听取意见。

4）分析时要充分发表意见，层层深入，列出所有可能的原因。

5）在充分分析的基础上，由各参与人员采用投票或其他方式，从中选择1~5项多数人达成共识的最主要原因。

3. 直方图的用途和观察分析

（1）直方图的主要用途。直方图法即频率分布直方图法，它是将收集到的质量数据进行分组整理，绘制成频率分布直方图，用以描述质量分布状态的一种分析方法，所以又称质量分布图法。通过直方图的观察分析，可以了解产品质量的波动情况，掌握质量特性的分布规律，以便对质量状况进行分析判断。同时，可通过质量数据特征值的计算，估计施工生产过程总体的不合格品率，评价过程能力等。

（2）直方图法的应用。首先是收集当前生产过程质量特性抽检的数据，然后制作直方图进行观察分析，判断生产过程的质量状况和能力。如某工程10组试块的抗压强度数据150个，但很难直接判断其质量状况是否正常、稳定和受控情况，如将其数据整理后绘制成直方图，就可以根据正态分布的特点进行分析判断。

（3）直方图的观察分析。

1）形状观察分析。是指将绘制好的直方图形状与正态分布图的形状进行比较分析，一看形状是否相似，二看分布区间的宽窄。直方图的分布形状及分布区间宽窄是由质量特性统计数据的平均值和标准偏差所决定的。

①正常直方图呈正态分布，其形状特征是中间高、两边低、成对称，如图1－3（a）所示。正常直方图反应生产过程质量处于正常、稳定状态。

②异常直方图呈偏态分布，常见的异常直方图有：

a. 折齿型如图1－3（b），直方图出现参差不齐的形状，即频数不是在相邻区间减少，而是隔区间减少，形成了锯齿状。原因主要是绘制直方图时分组过多或测量仪器精度不够而造成的。

b. 陡坡型如图1－3（c），直方图的顶峰偏向一侧，它往往是因计数值或计量值只控制一侧界限或剔除了不合格数据造成。

c. 孤岛型如图1－3（d），在远离主分布中心的地方出现小的直方，形如孤岛，孤岛的存在表明生产过程出现了异常因素。

d. 双峰型如图1－3（e），直方图出现两个中心，形成双峰状。这往往是由于把来自两个总体的数据混在一起作图所造成的。

e. 峭壁型如图1－3（f），直方图的一侧出现陡峭绝壁状。这是由于人为地剔除一些数据，进行不真实的统计造成的。

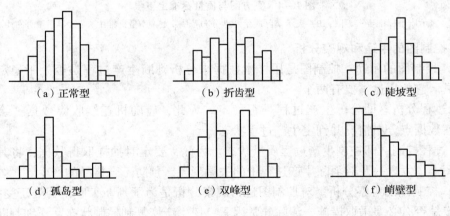

（a）正常型　　　　　　　（b）折齿型　　　　　　　（c）陡坡型

（d）孤岛型　　　　　　　（e）双峰型　　　　　　　（f）峭壁型

图1－3　常见的直方图

2）位置观察分析。是指将直方图的分布位置与质量控制标准的上下限范围进行比较分析，如图1－4所示。

①生产过程的质量正常、稳定和受控，还必须在公差标准上、下界限范围内达到质量合格的要求。只有这样的正常、稳定和受控才是经济合理的受控状态，如图1－4（a）所示。

②图1－4（b）中质量特性数据分布偏下限，易出现不合格，在管理上必须提高总体能力。

③图1－4（c）中质量特性数据的分布充满上下限，质量能力处于临界状态，易出现不合格，必须分析原因，采取措施。

④图1－4（d）中质量特性数据的分布居中且边界与上下限有较大的距离，说明质量

能力偏大，不经济。

⑤图 1-4（e）、（f）中均已出现超出上下限的数据，说明生产过程存在质量不合格，需要分析原因，采取措施进行纠偏。

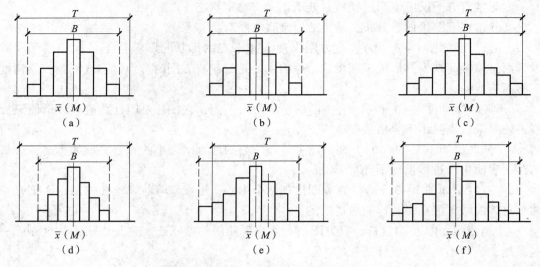

图 1-4　直方图与质量标准上下限

T—表示质量标准要求界限；B—表示实际质量特性分布范围；M—质量标准中心；$\bar{x}$—质量分布中心

4. 控制图的用途和观察分析

（1）控制图的用途。控制图是用样本数据来分析判断生产过程是否处于稳定状态的有效工具。它的用途主要有两个：

1）过程分析。即分析生产过程是否稳定。为此，应随机连续收集数据，绘制控制图，观察数据点分布情况并判定生产过程状态。

2）过程控制。即控制生产过程质量状态。为此，要定时抽样取得数据，将其变为点子描在图上，发现并及时消除生产过程中的失调现象，预防不合格品的产生。

（2）控制图的观察分析。对控制图进行观察分析是为了判断工序是否处于受控状态，以便决定是否有必要采取措施，清除异常因素，使生产恢复到控制状态。详细判断方法见表 1-1。

表 1-1　控制图的分析判断

状态	规　则	图　形
控制状态	控制图中的点子全部落在控制界限之内，并且点子随机分散在中心线两侧	
异常状态	在中心线出现连续 7 点的箭状	

续表 1 – 1

状　态	规　　则	图　形
异常状态	点子在中心线一侧多次出现；连续 11 点中有 10 点，连续 14 点中有 12 点，连续 17 点中有 14 点，连续 20 点中有 17 点	
	点子分布连续 7 点或 7 点以上呈上升或下降趋势	
	周期性波动，点子随时间周期变化	
	点子靠近界限，连续 3 点中有 2 点	

排列图、直方图法是质量控制的静态分析法，反映的是质量在某一段时间里的静止状态。然而产品都是在动态的生产过程中形成的，因此，在质量控制中单用静态分析法显然是不够的，还必须有动态分析法。只有动态分析法，才能随时了解生产过程中质量的变化情况，及时采取措施，使生产处于稳定状态，起到预防出现废品的作用。控制图就是典型的动态分析法。

1.3　施工项目质量问题处理

1.3.1　施工项目质量问题的分类

工程质量问题一般分为工程质量缺陷、工程质量通病、工程质量事故。

1. 工程质量缺陷

工程质量缺陷是指工程达不到技术标准允许的技术指标的现象。

2. 工程质量通病

工程质量通病是指各类影响工程结构、使用功能和外形观感的常见性质量损伤，犹如"多发病"一样，而称为质量通病。

3. 工程质量事故

工程质量事故是指在工程建设过程中或交付使用后，对工程结构安全、使用功能和外形观感影响较大、损失较大的质量损伤。如住宅阳台、雨篷倾覆，桥梁结构坍塌，大体积混凝土强度不足，管道、容器爆裂使气体或液体严重泄漏等。它的特点是：

1）经济损失达到较大的金额；

2）有时造成人员伤亡；

3）后果严重，影响结构安全；

4）无法降级使用，难以修复时必须推倒重建。

1.3.2 施工项目质量问题原因分析

施工项目质量问题表现的形式多种多样，诸如建筑结构的错位、变形、倾斜、倒塌、破坏、开裂、渗水、漏水、刚度差、强度不足、断面尺寸不准等，但究其原因，可归纳如下：

1. 违背建设程序

如不经可行性论证，不做调查分析就拍板定案；没有搞清工程地质、水文地质就仓促开工；无证设计，无图施工；任意修改设计，不按图纸施工；工程竣工不进行试车运转、不经验收就交付使用等盲干现象，致使不少工程项目留有严重隐患，房屋倒塌事故也常有发生。

2. 工程地质勘察原因

未认真进行地质勘察，提供地质资料、数据有误；地质勘察时，钻孔间距太大，不能全面反映地基的实际情况，如当基岩地面起伏变化较大时，软土层厚薄相差亦甚大；地质勘察钻孔深度不够，没有查清地下软土层、滑坡、墓穴、孔洞等地层构造；地质勘察报告不详细、不准确等，均会导致采用错误的基础方案，造成地基不均匀沉降、失稳，使上部结构及墙体开裂、破坏、倒塌。

3. 未加固处理好地基

对软弱土、冲填土、杂填土、湿陷性黄土、膨胀土、岩层出露、熔岩、土洞等不均匀地基未进行加固处理或处理不当，均是导致重大质量问题的原因。必须根据不同地基的工程特性，按照地基处理应与上部结构相结合，使其共同工作的原则，从地基处理、设计措施、结构措施、防水措施、施工措施等方面综合考虑治理。

4. 设计计算问题

设计考虑不周，结构构造不合理，计算简图不正确，计算荷载取值过小，内力分析有误，沉降缝及伸缩缝设置不当；悬挑结构未进行抗倾覆验算等，都是诱发质量问题的隐患。

5. 建筑材料及制品不合格

诸如：钢筋物理力学性能不符合标准，水泥受潮、过期、结块、安定性不良，砂石级配不合理、有害物含量过多，混凝土配合比不准，外加剂性能、掺量不符合要求时，均会影响混凝土强度、和易性、密实性、抗渗性，导致混凝土结构强度不足、裂缝、渗漏、蜂窝、露筋等质量问题；预制构件断面尺寸不准，支承锚固长度不足，未可靠建立预应力值，钢筋漏放、错位，板面开裂等，必然会出现断裂、垮塌。

6. 施工和管理问题

许多工程质量问题，往往是由施工和管理所造成。例如：

1）不熟悉图纸，盲目施工，图纸未经会审，仓促施工；未经监理、设计部门同意，擅自修改设计。

2）不按图施工。把铰接做成刚接，把简支梁做成连续梁，抗裂结构用光圆钢筋代替变形钢筋等，致使结构裂缝破坏；挡土墙不按图设滤水层，留排水孔，致使土压力增大，造成挡土墙倾覆。

3）不按有关施工验收规范施工。如现浇混凝土结构不按规定的位置和方法任意留设施工缝；不按规定的强度拆除模板；砌体不按组砌形式砌筑，留直槎不加拉结条，在小于1m 宽的窗间墙上留设脚手眼等。

4）不按有关操作规程施工。如用插入式振捣器捣实混凝土时，不按插点均布、快插慢拔、上下抽动、层层扣搭的操作方法，致使混凝土振捣不实，整体性差；又如，砖砌体包心砌筑，上下通缝，灰浆不均匀饱满，游丁走缝，不横平竖直等都是导致砖墙、砖柱破坏、倒塌的主要原因。

5）缺乏基本结构知识，施工蛮干。如将钢筋混凝土预制梁倒放安装；将悬臂梁的受拉钢筋放在受压区；结构构件吊点选择不合理，不了解结构使用受力和吊装受力的状态；施工中在楼面超载堆放构件和材料等，均将给质量和安全造成严重的后果。

6）施工管理紊乱，施工方案考虑不周，施工顺序错误。技术组织措施不当，技术交底不清，违章作业。不重视质量检查和验收工作等，都是导致质量问题的祸根。

7. 自然条件影响

施工项目周期长、露天作业多，受自然条件影响大，温度、湿度、日照、雷电、供水、大风、暴雨等都能造成重大的质量事故，施工中应特别重视，采取有效措施予以预防。

8. 建筑结构使用问题

建筑物使用不当，亦易造成质量问题。如不经校核、验算，就在原有建筑物上任意加层；使用荷载超过原设计的容许荷载；任意开槽、打洞、削弱承重结构的截面等。

1.3.3 施工项目质量问题处理

1. 施工项目质量问题处理的基本要求

1）处理应达到安全可靠，不留隐患，满足生产、使用要求，施工方便，经济合理的目的。

2）重视消除事故的原因。这不仅是一种处理方向，也是防止事故重演的重要措施，如地基由于浸水沉降引起的质量问题，则应消除浸入的原因，制定防治浸水的措施。

3）注意综合治理。既要防止原有事故的处理引发新的事故；又要注意处理方法的综合应用，如结构承载能力不足时，则可采取结构补强、卸荷、增设支撑、改变结构方案等方法的综合应用。

4）正确确定处理范围。除了直接处理事故发生的部位外，还应检查事故对相邻区域及整个结构的影响，以正确确定处理范围。例如，板的承载能力不足进行加固时，往往形成从板、梁、柱到基础均可能要予以加固。

5）正确选择处理时间和方法。发现质量问题后，一般均应及时分析处理。但并非所有质量问题的处理都是越早越好,如裂缝、沉降、变形尚未稳定就匆忙处理,往往不能达到预期的效果,而常会进行重复处理。处理方法的选择,应根据质量问题的特点,综合考虑安全可靠、技术可行、经济合理、施工方便等因素,经分析比较,择优选定。

6)加强事故处理的检查验收工作。从施工准备到竣工,均应根据有关规范的规定和设计要求的质量标准进行检查验收。

7)认真复查事故的实际情况。在事故处理中若发现事故情况与调查报告中所述的内容差异较大时,应停止施工,待查清问题的实质,采取相应的措施后再继续施工。

8)确保事故处理期的安全。事故现场中不安全因素较多,应事先采取可靠的安全技术措施和防护措施,并严格检查、执行。

2.施工项目质量问题分析处理的程序

1)施工项目质量问题分析、处理的程序,一般可按图1-5所示进行。

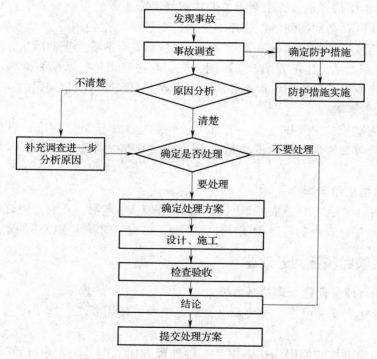

图1-5 质量问题分析、处理程序框图

2)事故发生后,应及时组织调查处理。调查的主要目的,是要确定事故的范围、性质、影响和原因等,通过调查为事故的分析与处理提供依据,一定要力求全面、准确、客观。调查结果,要整理撰写成事故调查报告,其内容包括:

①工程概况,重点介绍事故有关部分的工程情况;

②发生质量事故的时间、地点、事故情况、有关的观测记录、事故发展变化趋势等;

③分析确定是结构性问题,还是一般性问题,是否需要采取保护性措施等;

④分析造成质量事故的主要原因;

⑤事故调查中的数据、资料；

⑥事故原因的初步判断；

⑦质量事故对建筑物的功能、使用、结构承受力、施工安全等的影响评估；

⑧事故涉及人员与主要责任者的情况等。

质量事故处理必须具备的资料有：与工程质量事故有关的施工图；与工程施工有关的试验报告、检验记录，各中间产品的检验记录和试验报告、施工记录等。

3）事故的原因分析，要建立在事故情况调查的基础上，避免情况不明就主观分析判断事故的原因。尤其是有些事故，其原因错综复杂，往往涉及勘察、设计、施工、材质、使用管理等几方面，只有对调查提供的数据、资料进行详细分析后，才能去伪存真，找到造成事故的主要原因。

4）工程质量事故产生的原因通常有：

①由于设计、施工在技术上的失误而造成的技术原因引发的质量事故；

②由于管理不善或失误而造成的管理原因引发的质量事故；

③由于社会、经济因素引起的建设中的错误行为造成的社会、经济原因引发的质量事故。

5）事故的处理要建立在原因分析的基础上，对有些事故一时认识不清时，只要事故不致产生严重的恶化，可以继续观察一段时间，做进一步调查分析，不要急于求成，以免造成同一事故多次处理的不良后果。事故处理的基本要求是：安全可靠，不留隐患，满足建筑功能和使用要求，技术可行，经济合理，施工方便。在事故处理中，还必须加强质量检查和验收。对每一个质量事故，无论是否需要处理都要经过分析，做出明确的结论。

3. 施工项目质量问题处理应急措施

工程中的质量问题具有可变性，往往随时间、环境、施工情况等而发展变化，有的细微裂缝，可能逐步发展成构件断裂；有的局部沉降、变形，可能致使房屋倒塌。为此，在处理质量问题前，应及时对问题的性质进行分析，做出判断，对那些随着时间、温度、湿度、荷载条件变化的变形、裂缝要认真观测记录，寻找变化规律及可能产生的恶果；对那些表面的质量问题，要进一步查明问题的性质是否会转化；对那些可能发展成为构件断裂、房屋倒塌的恶性事故，更要及时采取应急补救措施。

在拟定应急措施时，一般应注意以下事项：

1）对危险性较大的质量事故，首先应予以封闭或设立警戒区，只有在确认不可能倒塌或进行可靠支护后，方准许进入现场处理，以免人员的伤亡。

2）对需要进行部分拆除的事故，应充分考虑事故对相邻区域结构的影响，以免事故进一步扩大，且应制定可靠的安全措施和拆除方案，要严防对原有事故的处理引发新的事故。

3）凡涉及结构安全的，都应对处理阶段的结构强度、刚度和稳定性进行验算，提出可靠的防护措施，并在处理中严密监视结构的稳定性。

4）在不卸荷条件下进行结构加固时，要注意加固方法和施工荷载对结构承载力的影响。

5）要充分考虑对事故处理中所产生的附加内力对结构的作用，以及由此引起的不安全因素。

4. 施工项目质量问题处理方案

质量问题处理方案，应当在正确地分析和判断质量问题原因的基础上进行。对于工程质量问题，通常可以根据质量问题的情况，做出以下四类不同性质的处理方案。

（1）修补处理。这是最常采用的一类处理方案。通常当工程的某些部分的质量虽未达到规定的规范、标准或设计要求，存在一定的缺陷，但经过修补后还可达到要求的标准，又不影响使用功能或外观要求，在此情况下，可以做出进行修补处理的决定。

属于修补这类方案的具体方案有很多，诸如封闭保护、复位纠偏、结构补强、表面处理等均是。例如，某些混凝土结构表面出现蜂窝麻面，经调查、分析，该部位经修补处理后，不会影响其使用及外观；某些结构混凝土发生表面裂缝，根据其受力情况，仅作表面封闭保护即可，等等。

（2）返工处理。当工程质量未达到规定的标准或要求，有明显的严重质量问题，对结构的使用和安全有重大影响，而又无法通过修补的办法纠正所出现的缺陷情况下，可以做出返工处理的决定。例如，某防洪堤坝的填筑压实后，其压实土的干密度未达到规定的要求干密度值，核算将影响土体的稳定和抗渗要求，可以进行返工处理，即挖除不合格土，重新填筑。又如，某工程预应力按混凝土规定张力系数为1.3，但实际仅为0.8，属于严重的质量缺陷，也无法修补，即需做出返工处理的决定。十分严重的质量事故甚至要做出整体拆除的决定。

（3）限制使用。当工程质量问题按修补方案处理无法保证达到规定的使用要求和安全，而又无法返工处理的情况下，不得已时可以做出诸如结构卸荷或减荷以及限制使用的决定。

（4）不做处理。某些工程质量问题虽然不符合规定的要求或标准，但如其情况不严重，对工程或结构的使用及安全影响不大，经过分析、论证和慎重考虑后，也可做出不作专门处理的决定。可以不做处理的情况一般有以下几种：

1）不影响结构安全和使用要求者。例如，有的建筑物出现放线定位偏差，若要纠正则会造成重大经济损失，若其偏差不大，不影响使用要求，在外观上也无明显影响，经分析论证后，可不做处理；又如，某些隐蔽部位的混凝土表面裂缝，经检查分析，属于表面养护不够的干缩微裂，不影响使用及外观，也可不做处理。

2）有些不严重的质量问题，经过后续工序可以弥补的，例如，混凝土的轻微蜂窝麻面或墙面，可通过后续的抹灰、喷涂或刷白等工序弥补，可以不对该缺陷进行专门处理。

3）出现的质量问题，经复核验算，仍能满足设计要求者。例如，某一结构断面做小了，但复核后仍能满足设计的承载能力，可考虑不再处理。这种做法实际上是挖掘设计潜力或降低设计的安全系数，因此需要慎重处理。

5. 施工项目质量问题处理资料

一般质量问题的处理，必须具备以下资料：

1）与事故有关的施工图。

2）与施工有关的资料，如建筑材料试验报告、施工记录、试块强度试验报告等。

3）事故调查分析报告，包括：

①事故情况：出现事故时间、地点；事故的描述；事故观测记录；事故发展变化规律；事故是否已经稳定等。

②事故性质：应区分属于结构性问题还是一般性缺陷；是表面性的还是实质性的；是否需要及时处理；是否需要采取防护性措施。

③事故原因：应阐明所造成事故的重要原因，如结构裂缝，是因地基不均匀沉降，还是温度变形；是因施工振动，还是由于结构本身承载能力不足所造成。

④事故评估：阐明事故对建筑功能、使用要求、结构受力性能及施工安全有何影响，并应附有实测、验算数据和试验资料。

⑤事故涉及人员及主要责任者的情况。

4）设计、施工、使用单位对事故的意见和要求等。

6. 施工项目质量问题性质的确定

质量缺陷性质的确定，是最终确定缺陷问题处理办法的首要工作和根本依据。一般通过下列方法来确定缺陷的性质：

（1）了解和检查。是指对有缺陷的工程进行现场情况、施工过程、施工设备和全部基础资料的了解和检查，主要包括调查、检查质量试验检测报告、施工日志、施工工艺流程、施工机械情况以及气候情况等。

（2）检测与试验。通过检查和了解可以发现一些表面的问题，得出初步结论，但往往需要进一步的检测与试验来加以验证。检测与试验，主要是检验该缺陷工程的有关技术指标，以便准确找出产生缺陷的原因。例如，若发现石灰土的强度不足，则在检验强度指标的同时，还应检验石灰剂量，石灰与土的物理化学性质，以便发现石灰土强度不足是因为材料不合格、配比不合格或养护不好，还是因为其他如气候之类的原因造成的。检测和试验的结果将作为确定缺陷性质的主要依据。

（3）专门调研。有些质量问题，仅仅通过以上两种方法仍不能确定。如某工程出现异常现象，但在发现问题时，有些指标却无法被证明是否满足规范要求，只能采用参考的检测方法。像水泥混凝土，规范要求的是28天的强度，而对于已经浇筑的混凝土无法再检测，只能通过规范以外的方法进行检测，其检测结果作为参考依据之一。为了得到这样的参考依据并对其进行分析，往往有必要组织有关方面的专家或专题调查组，提出检测方案，对所得到的一系列参考依据和指标进行综合分析研究，找出产生缺陷的原因，确定缺陷的性质。这种专题研究，对缺陷问题的妥善解决作用重大，因此经常被采用。

7. 施工项目质量问题处理决策的辅助方法

对质量问题处理的决策，是复杂而重要的工作，它直接关系到工程的质量、费用与工期。所以，要做出对质量问题处理的决定，特别是对需要返工或不做处理的决定，应当慎重对待。在对于某些复杂的质量问题做出处理决定前，可采取以下方法做进一步论证：

（1）实验验证。即对某些有严重质量缺陷的项目，可采取合同规定的常规试验以外的试验方法进一步进行验证，以便确定缺陷的严重程度。例如混凝土构件的试件强度低于要求的标准不太大（例如10%以下）时，可进行加载试验，以证明其是否满足使用要求；又如公路工程的沥青面层厚度误差超过了规范允许的范围，可采用弯沉试验，检查路面的整体强度等。根据对试验验证检查的分析、论证再研究处理决策。

（2）定期观测。有些工程，在发现其质量缺陷时，其状态可能尚未达到稳定，仍会继续发展，在这种情况下，一般不宜过早做出决定，可以对其进行一段时间的观测，然后再根据情况做出决定。属于这类的质量缺陷，如桥墩或其他工程的基础，在施工期间发生沉降超过预计的或规定的标准；混凝土或高填土发生裂缝，并处于发展状态等。有些有缺陷的工程，短期内其影响可能不十分明显，需要较长时间的观测才能得出结论。

（3）专家论证。对于某些工程缺陷，可能涉及的技术领域比较广泛，则可采取专家论证。采用这种办法时，应事先做好充分准备，尽早为专家提供尽可能详尽的情况和资料，以便使专家能够进行较充分的、全面和细致的分析、研究，提出切实的意见与建议。实践证明，采取这种方法，对重大的质量问题做出恰当处理的决定十分有益。

8．施工项目质量问题处理的鉴定验收

质量问题处理是否达到预期的目的，是否留有隐患，需要通过检查验收来做出结论。事故处理质量检查验收，必须严格按施工验收规范中有关规定进行，必要时，还要通过实测、实量、荷载试验、取样试压、仪表检测等方法来获取可靠的数据。这样，才可能对事故做出明确的处理结论。

事故处理结论的内容有以下几种：

1）事故已排除，可以继续施工；

2）隐患已经消除，结构安全可靠；

3）经修补处理后，完全满足使用要求；

4）基本满足使用要求，但附有限制条件，如限制使用荷载、限制使用条件等；

5）对耐久性影响的结论；

6）对建筑外观影响的结论；

7）对事故责任的结论等。

此外，对一时难以做出结论的事故，还应进一步提出观测检查的要求。

事故处理后，还必须提交完整的事故处理报告，其内容包括：事故调查的原始资料、测试数据；事故的原因分析、论证；事故处理的依据；事故处理方案、方法及技术措施；检查验收记录；事故无须处理的论证；事故处理结论等。

1.4　建筑工程质量检查与验收

1.4.1　施工现场质量管理检查记录的填写

施工现场质量管理检查记录应由施工单位按表1-2填写，总监理工程师进行检查，并做出检查结论。

表1-2　施工现场质量管理检查记录

开工日期：

工程名称			施工许可证号	
建设单位			项目负责人	
设计单位			项目负责人	
监理单位			总监理工程师	
施工单位		项目负责人	项目技术负责人	
序号	项　目		主　要　内　容	
1	项目部质量管理体系			
2	现场质量责任制			
3	主要专业工种操作岗位证书			
4	分包单位管理制度			
5	图纸会审记录			
6	地质勘察资料			
7	施工技术标准			
8	施工组织设计编制及审批			
9	物资采购管理制度			
10	施工设施和机械设备管理制度			
11	计量设备配备			
12	检测试验管理制度			
13	工程质量检查验收制度			
14				
自检结果：			检查结论：	
施工单位项目负责人：　　年　月　日			总监理工程师：　　年　月　日	

1.4.2　工程质量验收基本规定

1）建筑工程施工质量应按下列要求进行验收：

①工程质量验收均应在施工单位自检合格的基础上进行；

②参加工程施工质量验收的各方人员应具备相应的资格；

③检验批的质量应按主控项目和一般项目验收；

④对涉及结构安全、节能、环境保护和主要使用功能的试块、试件及材料，应在进场时或施工中按规定进行见证检验；

⑤隐蔽工程在隐蔽前应由施工单位通知监理单位进行验收，并应形成验收文件，验收合格后方可继续施工；

⑥对涉及结构安全、节能、环境保护和使用功能的重要分部工程应在验收前按规定进行抽样检验；

⑦工程的观感质量应由验收人员现场检查，并应共同确认。

2）建筑工程施工质量验收合格应符合下列规定：

①符合工程勘察、设计文件的要求；

②符合《建筑工程施工质量验收统一标准》GB 50300—2013 和相关专业验收规范的规定。

3）检验批的质量检验，可根据检验项目的特点在下列抽样方案中选取：

①计量、计数或计量－计数的抽样方案；

②一次、二次或多次抽样方案；

③对重要的检验项目，当有简易快速的检验方法时，选用全数检验方案；

④根据生产连续性和生产控制稳定性情况，采用调整型抽样方案；

⑤经实践证明有效的抽样方案。

4）检验批抽样样本应随机抽取，满足分布均匀、具有代表性的要求，抽样数量应符合有关专业验收规范的规定。当采用计数抽样时，最小抽样数量应符合表 1－3 的要求。

表 1－3　检验批最小抽样数量

检验批的容量	最小抽样数量
2～15	2
16～25	3
26～90	5
91～150	8
151～280	13
281～500	20
501～1200	32
1201～3200	50

明显不合格的个体可不纳入检验批，但应进行处理，使其满足有关专业验收规范的规定，对处理的情况应予以记录并重新验收。

5）计量抽样的错判概率 α 和漏判概率 β 可按下列规定采取：

①主控项目：对应于合格质量水平的 α 和 β 均不宜超过 5%；

②一般项目：对应于合格质量水平的 α 不宜超过 5%，β 不宜超过 10%。

1.4.3　建筑工程质量验收的划分

根据《建筑工程施工质量验收统一标准》GB 50300—2013 的要求，建筑工程施工质量验收应划分为单位工程、分部工程、分项工程和检验批。

1）单位工程应按下列原则划分：

①具备独立施工条件并能形成独立使用功能的建筑物或构筑物为一个单位工程；

②对于规模较大的单位工程，可将其能形成独立使用功能的部分划分为一个子单位工程。

2）分部工程应按下列原则划分：

①可按专业性质、工程部位确定；

②当分部工程较大或较复杂时，可按材料种类、施工特点、施工程序、专业系统及类别将分部工程划分为若干子分部工程。

3）分项工程可按主要工种、材料、施工工艺、设备类别进行划分。

4）检验批可根据施工、质量控制和专业验收的需要，按工程量、楼层、施工段、变形缝进行划分。

建筑工程的分部、分项工程划分宜按表1-4采用。

表1-4　建筑工程的分部工程、分项工程划分

序号	分部工程	子分部工程	分 项 工 程
1	地基与基础	地基	素土、灰土地基，砂和砂石地基，土工合成材料地基，粉煤灰地基，强夯地基，注浆地基，预压地基，砂石桩复合地基，高压旋喷注浆地基，水泥土搅拌桩地基，土和灰土挤密桩复合地基，水泥粉煤灰碎石桩复合地基，夯实水泥土桩复合地基
		基础	无筋扩展基础，钢筋混凝土扩展基础，筏形与箱形基础，钢结构基础，钢管混凝土结构基础，型钢混凝土结构基础，钢筋混凝土预制桩基础，泥浆护壁成孔灌注桩基础，干作业成孔桩基础，长螺旋钻孔压灌桩基础，沉管灌注桩基础，钢桩基础，锚杆静压桩基础，岩石锚杆基础，沉井与沉箱基础
		基坑支护	灌注桩排桩围护墙，板桩围护墙，咬合桩围护墙，型钢水泥土搅拌墙，土钉墙，地下连续墙，水泥土重力式挡墙，内支撑，锚杆，与主体结构相结合的基坑支护
		地下水控制	降水与排水，回灌
		土方	土方开挖，土方回填，场地平整
		边坡	喷锚支护，挡土墙，边坡开挖
		地下防水	主体结构防水，细部构造防水，特殊施工法结构防水，排水，注浆

续表 1 – 4

序号	分部工程	子分部工程	分 项 工 程
2	主体结构	混凝土结构	模板，钢筋，混凝土，预应力、现浇结构，装配式结构
		砌体结构	砖砌体，混凝土小型空心砌块砌体，石砌体，配筋砌体，填充墙砌体
		钢结构	钢结构焊接，紧固件连接，钢零部件加工，钢构件组装及预拼装，单层钢结构安装，多层及高层钢结构安装，钢管结构安装，预应力钢索和膜结构，压型金属板，防腐涂料涂装，防火涂料涂装
		钢管混凝土结构	构件现场拼装，构件安装，钢管焊接、构件连接，钢管内钢筋骨架，混凝土
		型钢混凝土结构	型钢焊接，紧固件连接，型钢与钢筋连接，型钢构件组装及预拼装，型钢安装，模板，混凝土
		铝合金结构	铝合金焊接，紧固件连接，铝合金零部件加工，铝合金构件组装，铝合金构件预拼装，铝合金框架结构安装，铝合金空间网格结构安装，铝合金面板，铝合金幕墙结构安装，防腐处理
		木结构	方木与原木结构，胶合木结构，轻型木结构，木结构的防护
3	建筑装饰装修	建筑地面	基层铺设，整体面层铺设，板块面层铺设，木、竹面层铺设
		抹灰	一般抹灰，保温层薄抹灰，装饰抹灰，清水砌体勾缝
		外墙防水	外墙砂浆防水，涂膜防水，透气膜防水
		门窗	木门窗安装，金属门窗安装，塑料门窗安装，特种门安装，门窗玻璃安装
		吊顶	整体面层吊顶、板块面层吊顶、格栅吊顶
		轻质隔墙	板材隔墙，骨架隔墙，活动隔墙，玻璃隔墙
		饰面板	石板安装，陶瓷板安装，木板安装，金属板安装，塑料板安装
		饰面砖	外墙饰面砖粘贴，内墙饰面砖粘贴

续表 1 - 4

序号	分部工程	子分部工程	分 项 工 程
3	建筑装饰装修	幕墙	玻璃幕墙安装，金属幕墙安装，石材幕墙安装，陶板幕墙安装
		涂饰	水性涂料涂饰，溶剂型涂料涂饰，美术涂饰
		裱糊与软包	裱糊，软包
		细部	橱柜制作与安装，窗帘盒和窗台板制作与安装，门窗套制作与安装，护栏和扶手制作与安装，花饰制作与安装
4	屋面	基层与保护	找坡层和找平层，隔汽层，隔离层，保护层
		保温与隔热	板状材料保温层，纤维材料保温层，喷涂硬泡聚氨酯保温层，现浇泡沫混凝土保温层，种植隔热层，架空隔热层，蓄水隔热层
		防水与密封	卷材防水层，涂膜防水层，复合防水层，接缝密封防水
		瓦面与板面	烧结瓦和混凝土瓦铺装，沥青瓦铺装，金属板铺装，玻璃采光顶铺装
		细部构造	檐口，檐沟和天沟，女儿墙和山墙，水落口，变形缝，伸出屋面管道，屋面出入口，反梁过水孔，设施基座，屋脊，屋顶窗
5	建筑给水排水及供暖	室内给水系统	给水管道及配件安装，给水设备安装，室内消火栓系统安装，消防喷淋系统安装，防腐，绝热，管道冲洗、消毒，试验与调试
		室内排水系统	排水管道及配件安装，雨水管道及配件安装，防腐，试验与调试
		室内热水系统	管道及配件安装，辅助设备安装，防腐，绝热，试验与调试
		卫生器具	卫生器具安装，卫生器具给水配件安装，卫生器具排水管道安装，试验与调试
		室内供暖系统	管道及配件安装，辅助设备安装，散热器安装，低温热水地板辐射供暖系统安装，电加热供暖系统安装，燃气红外辐射供暖系统安装，热风供暖系统安装，热计量及调控装置安装，防腐，绝热，试验与调试

续表 1－4

序号	分部工程	子分部工程	分 项 工 程
5	建筑给水排水及供暖	室外给水管网	给水管道安装，室外消火栓系统安装，试验与调试
		室外排水管网	排水管道安装，排水管沟与井池，试验与调试
		室外供热管网	管道及配件安装，系统水压试验，土建结构，防腐，绝热，试验与调试
		建筑饮用水供应系统	管道及配件安装，水处理设备及控制设施安装，防腐，绝热，试验与调试
		建筑中水系统及雨水利用系统	建筑中水系统、雨水利用系统管道及配件安装，水处理设备及控制设施安装，防腐，绝热，试验与调试
		游泳池及公共浴池水系统	管道及配件系统安装，水处理设备及控制设施安装，防腐，绝热，试验与调试
		水景喷泉系统	管道系统及配件安装，防腐，绝热，试验与调试
		热源及辅助设备	锅炉安装，辅助设备及管道安装，安全附件安装，换热站安装，防腐，绝热，试验与调试
		监测与控制仪表	检测仪器及仪表安装，试验与调试
6	通风与空调	送风系统	风管与配件制作，部件制作，风管系统安装，风机与空气处理设备安装，风管与设备防腐，旋流风口、岗位送风口、织物（布）风管安装，系统调试
		排风系统	风管与配件制作，部件制作，风管系统安装，风机与空气处理设备安装，风管与设备防腐，吸风罩及其他空气处理设备安装，厨房、卫生间排风系统安装，系统调试
		防排烟系统	风管与配件制作，部件制作，风管系统安装，风机与空气处理设备安装，风管与设备防腐，排烟风阀（口）、常闭正压风口、防火风管安装，系统调试
		除尘系统	风管与配件制作，部件制作，风管系统安装，风机与空气处理设备安装，风管与设备防腐，除尘器与排污设备安装，吸尘罩安装，高温风管绝热，系统调试

续表 1－4

序号	分部工程	子分部工程	分 项 工 程
6	通风与空调	舒适性空调系统	风管与配件制作，部件制作，风管系统安装，风机与空气处理设备安装，风管与设备防腐，组合式空调机组安装，消声器、静电除尘器、换热器、紫外线灭菌器等设备安装，风机盘管、变风量与定风量送风装置、射流喷口等末端设备安装，风管与设备绝热，系统调试
		恒温恒湿空调系统	风管与配件制作，部件制作，风管系统安装，风机与空气处理设备安装，风管与设备防腐，组合式空调机组安装，电加热器、加湿器等设备安装，精密空调机组安装，风管与设备绝热，系统调试
		净化空调系统	风管与配件制作，部件制作，风管系统安装，风机与空气处理设备安装，风管与设备防腐，净化空调机组安装，消声器、静电除尘器、换热器、紫外线灭菌器等设备安装，中、高效过滤器及风机过滤器单元等末端设备清洗与安装，洁净度测试，风管与设备绝热，系统调试
		地下人防通风系统	风管与配件制作，部件制作，风管系统安装，风机与空气处理设备安装，风管与设备防腐，过滤吸收器、防爆波活门、防爆超压排气活门等专用设备安装，系统调试
		真空吸尘系统	风管与配件制作，部件制作，风管系统安装，风机与空气处理设备安装，风管与设备防腐，管道安装，快速接口安装，风机与滤尘设备安装，系统压力试验及调试
		冷凝水系统	管道系统及部件安装，水泵及附属设备安装，管道冲洗，管道、设备防腐，板式换热器，辐射板及辐射供热、供冷地埋管，热泵机组设备安装，管道、设备绝热，系统压力试验及调试
		空调（冷、热）水系统	管道系统及部件安装，水泵及附属设备安装，管道冲洗，管道、设备防腐，冷却塔与水处理设备安装，防冻伴热设备安装，管道、设备绝热，系统压力试验及调试

续表 1 - 4

序号	分部工程	子分部工程	分 项 工 程
6	通风与空调	冷却水系统	管道系统及部件安装，水泵及附属设备安装，管道冲洗，管道、设备防腐，系统灌水渗漏及排放试验，管道、设备绝热
		土壤源热泵换热系统	管道系统及部件安装，水泵及附属设备安装，管道冲洗，管道、设备防腐，埋地换热系统与管网安装，管道、设备绝热，系统压力试验及调试
		水源热泵换热系统	管道系统及部件安装，水泵及附属设备安装，管道冲洗，管道、设备防腐，地表水源换热管及管网安装，除垢设备安装，管道、设备绝热，系统压力试验及调试
		蓄能系统	管道系统及部件安装，水泵及附属设备安装，管道冲洗，管道、设备防腐，蓄水罐与蓄冰槽、罐安装，管道、设备绝热，系统压力试验及调试
		压缩式制冷（热）设备系统	制冷机组及附属设备安装，管道、设备防腐，制冷剂管道及部件安装，制冷剂灌注，管道、设备绝热、系统压力试验及调试
		吸收式制冷设备系统	制冷机组及附属设备安装，管道、设备防腐，系统真空试验，溴化锂溶液加灌，蒸汽管道系统安装，燃气或燃油设备安装，管道、设备绝热，试验及调试
		多联机（热泵）空调系统	室外机组安装，室内机组安装，制冷剂管路连接及控制开关安装，风管安装，冷凝水管道安装，制冷剂灌注，系统压力试验及调试
		太阳能供暖空调系统	太阳能集热器安装，其他辅助能源、换热设备安装，蓄能水箱、管道及配件安装，防腐，绝热，低温热水地板辐射采暖系统安装，系统压力试验及调试
		设备自控系统	温度、压力与流量传感器安装，执行机构安装调试，防排烟系统功能测试，自动控制及系统智能控制软件调试

续表 1 – 4

序号	分部工程	子分部工程	分 项 工 程
7	建筑电气	室外电气	变压器、箱式变电所安装，成套配电柜、控制柜（屏、台）和动力、照明配电箱（盘）及控制柜安装，梯架、支架、托盘和槽盒安装，导管敷设，电缆敷设，管内穿线和槽盒内敷线，电缆头制作、导线连接和线路绝缘测试，普通灯具安装，专用灯具安装，建筑照明通电试运行，接地装置安装
		变配电室	变压器、箱式变电所安装，成套配电柜、控制柜（屏、台）和动力、照明配电箱（盘）安装，母线槽安装，梯架、支架、托盘和槽盒安装，电缆敷设，电缆头制作、导线连接和线路绝缘测试，接地装置安装，接地干线敷设
		供电干线	电气设备试验和试运行，母线槽安装，梯架、支架、托盘和槽盒安装，导管敷设，电缆敷设，管内穿线和槽盒内敷线，电缆头制作、导线连接和线路绝缘测试，接地干线敷设
		电气动力	成套配电柜、控制柜（屏、台）和动力配电箱（盘）安装，电动机、电加热器及电动执行机构检查接线，电气设备试验和试运行，梯架、支架、托盘和槽盒安装，导管敷设，电缆敷设，管内穿线和槽盒内敷线，电缆头制作、导线连接和线路绝缘测试
		电气照明	成套配电柜、控制柜（屏、台）和照明配电箱（盘）安装，梯架、支架、托盘和槽盒安装，导管敷设，管内穿线和槽盒内敷线，塑料护套线直敷布线，钢索配线，电缆头制作、导线连接和线路绝缘测试，普通灯具安装，专用灯具安装，开关、插座、风扇安装，建筑照明通电试运行

续表 1 – 4

序号	分部工程	子分部工程	分项工程
7	建筑电气	备用和不间断电源	成套配电柜、控制柜（屏、台）和动力、照明配电箱（盘）安装，柴油发电机组安装，不间断电源装置及应急电源装置安装，母线槽安装，导管敷设，电缆敷设，管内穿线和槽盒内敷线，电缆头制作、导线连接和线路绝缘测试，接地装置安装
		防雷及接地	接地装置安装，防雷引下线及接闪器安装，建筑物等电位连接，浪涌保护器安装
8	建筑智能化	智能化集成系统	设备安装，软件安装，接口及系统调试，试运行
		信息接入系统	安装场地检查
		用户电话交换系统	线缆敷设，设备安装，软件安装，接口及系统调试，试运行
		信息网络系统	计算机网络设备安装，计算机网络软件安装，网络安全设备安装，网络安全软件安装，系统调试，试运行
		综合布线系统	梯架、托盘、槽盒和导管安装，线缆敷设，机柜、机架、配线架安装，信息插座安装，链路或信道测试，软件安装，系统调试，试运行
		移动通信室内信号覆盖系统	安装场地检查
		卫星通信系统	安装场地检查
		有线电视及卫星电视接收系统	梯架、托盘、槽盒和导管安装，线缆敷设，设备安装，软件安装，系统调试，试运行
		公共广播系统	梯架、托盘、槽盒和导管安装，线缆敷设，设备安装，软件安装，系统调试，试运行
		会议系统	梯架、托盘、槽盒和导管安装，线缆敷设，设备安装，软件安装，系统调试，试运行
		信息导引及发布系统	梯架、托盘、槽盒和导管安装，线缆敷设，显示设备安装，机房设备安装，软件安装，系统调试，试运行
		时钟系统	梯架、托盘、槽盒和导管安装，线缆敷设，设备安装，软件安装，系统调试，试运行

续表 1-4

序号	分部工程	子分部工程	分 项 工 程
8	建筑智能化	信息化应用系统	梯架、托盘、槽盒和导管安装，线缆敷设，设备安装，软件安装，系统调试，试运行
		建筑设备监控系统	梯架、托盘、槽盒和导管安装，线缆敷设，传感器安装，执行器安装，控制器、箱安装，中央管理工作站和操作分站设备安装，软件安装，系统调试，试运行
		火灾自动报警系统	梯架、托盘、槽盒和导管安装，线缆敷设，探测器类设备安装，控制器类设备安装，其他设备安装，软件安装，系统调试，试运行
		安全技术防范系统	梯架、托盘、槽盒和导管安装，线缆敷设，设备安装，软件安装，系统调试，试运行
		应急响应系统	设备安装，软件安装，系统调试，试运行
		机房	供配电系统，防雷与接地系统，空气调节系统，给水排水系统，综合布线系统，监控与安全防范系统，消防系统，室内装饰装修，电磁屏蔽，系统调试，试运行
		防雷与接地	接地装置，接地线，等电位联接，屏蔽设施，电涌保护器，线缆敷设，系统调试，试运行
9	建筑节能	围护系统节能	墙体节能，幕墙节能，门窗节能，屋面节能，地面节能
		供暖空调设备及管网节能	供暖节能，通风与空调设备节能，空调与供暖系统冷热源节能，空调与供暖系统管网节能
		电气动力节能	配电节能，照明节能
		监控系统节能	监测系统节能，控制系统节能
		可再生能源	地源热泵系统节能，太阳能光热系统节能，太阳能光伏节能

续表 1 – 4

序号	分部工程	子分部工程	分 项 工 程
10	电梯	电力驱动的曳引式或强制式电梯	设备进场验收，土建交接检验，驱动主机，导轨，门系统，轿厢，对重，安全部件，悬挂装置，随行电缆，补偿装置，电气装置，整机安装验收
		液压电梯	设备进场验收，土建交接检验，液压系统，导轨，门系统，轿厢，对重，安全部件，悬挂装置，随行电缆，电气装置，整机安装验收
		自动扶梯、自动人行道	设备进场验收，土建交接检验，整机安装验收

　　施工前，应由施工单位制定分项工程和检验批的划分方案，并由监理单位审核。对于表 1 – 4 及相关专业验收规范未涵盖的分项工程和检验批，可由建设单位组织监理、施工等单位协商确定。

　　室外工程可根据专业类别和工程规模按表 1 – 5 的规定划分子单位工程、分部工程和分项工程。

表 1 – 5　室外工程的划分

单位工程	子单位工程	分 部 工 程
室外设施	道路	路基、基层、面层、广场与停车场、人行道、人行地道、挡土墙、附属构筑物
	边坡	土石方、挡土墙、支护
附属建筑及室外环境	附属建筑	车棚，围墙，大门，挡土墙
	室外环境	建筑小品，亭台，水景，连廊，花坛，场坪绿化，景观桥

1.4.4　建筑工程质量验收程序和组织

　　1）检验批应由专业监理工程师组织施工单位项目专业质量检查员、专业工长等进行验收。

　　2）分项工程应由专业监理工程师组织施工单位项目专业技术负责人等进行验收。

　　3）分部工程应由总监理工程师组织施工单位项目负责人和项目技术负责人等进行验收。

　　勘察、设计单位项目负责人和施工单位技术、质量部门负责人应参加地基与基础分部工程的验收。

　　设计单位项目负责人和施工单位技术、质量部门负责人应参加主体结构、节能分部工程的验收。

　　4）单位工程中的分包工程完工后，分包单位应对所承包的工程项目进行自检，并应按《建筑工程施工质量验收统一标准》GB 50300—2013 规定的程序进行验收。验收时，总包单位应派人参加。分包单位应将所分包工程的质量控制资料整理完整，并移交给总包单位。

5）单位工程完工后，施工单位应组织有关人员进行自检。总监理工程师应组织各专业监理工程师对工程质量进行竣工预验收。存在施工质量问题时，应由施工单位整改。整改完毕后，由施工单位向建设单位提交工程竣工报告，申请工程竣工验收。

6）建设单位收到工程竣工报告后，应由建设单位项目负责人组织监理、施工、设计、勘察等单位项目负责人进行单位工程验收。

1.4.5　建筑工程质量的验收

1）检验批质量验收合格应符合下列规定：

①主控项目的质量经抽样检验均应合格。

②一般项目的质量经抽样检验合格。当采用计数抽样时，合格点率应符合有关专业验收规范的规定，且不得存在严重缺陷。对于计数抽样的一般项目，正常检验一次、二次抽样可按《建筑工程施工质量验收统一标准》GB 50300—2013 附录 D 判定。

③具有完整的施工操作依据、质量验收记录。

检验批是工程验收的最小单位，是分项工程、分部工程、单位工程质量验收的基础。检验批是施工过程中条件相同并有一定数量的材料、构配件或安装项目，由于其质量水平基本均匀一致，因此可以作为检验的基本单元，并按批验收。

2）分项工程质量验收合格应符合下列规定：

①所含检验批的质量均应验收合格；

②所含检验批的质量验收记录应完整。

分项工程的验收是以检验批为基础进行的。一般情况下，检验批和分项工程两者具有相同或相近的性质，只是批量的大小不同而已。

3）分部工程质量验收合格应符合下列规定：

①所含分项工程的质量均应验收合格；

②质量控制资料应完整；

③有关安全、节能、环境保护和主要使用功能的抽样检验结果应符合相应规定；

④观感质量应符合要求。

分部工程的验收是以所含各分项工程验收为基础进行的。

4）单位工程质量验收合格应符合下列规定：

①所含分部工程的质量均应验收合格；

②质量控制资料应完整；

③所含分部工程中有关安全、节能、环境保护和主要使用功能的检验资料应完整；

④主要使用功能的抽查结果应符合相关专业验收规范的规定；

⑤观感质量应符合要求。

单位工程质量验收也称质量竣工验收，是建筑工程投入使用前的最后一次验收，也是最重要的一次验收。

5）建筑工程施工质量验收记录可按下列规定填写：

①检验批质量验收记录可按表1-6填写，填写时应具有现场验收检查原始记录。

表1-6　　　　　　　　　　检验批质量验收记录

编号：

单位（子单位）工程名称		分部（子分部）工程名称		分项工程名称	
施工单位		项目负责人		检验批容量	
分包单位		分包单位项目负责人		检验批部位	
施工依据		验收依据			
	验收项目	设计要求及规范规定	最小/实际抽样数量	检查记录	检查结果
主控项目	1				
	2				
	3				
	4				
	5				
	6				
	7				
	8				
	9				
	10				
一般项目	1				
	2				
	3				
	4				
	5				
施工单位检查结果	专业工长： 项目专业质量检查员： 年　　月　　日				
监理单位验收结论	专业监理工程师： 年　　月　　日				

②分项工程质量验收记录可按表 1 −7 填写。

表 1 −7 _____分项工程质量验收记录

编号：

单位（子单位）工程名称		分部（子分部）工程名称				
分项工程数量		检验批数量				
施工单位		项目负责人			项目技术负责人	
分包单位		分包单位项目负责人			分包内容	
序号	检验批名称	检验批容量	部位/区段	施工单位检查结果	监理单位验收结论	
1						
2						
3						
4						
5						
6						
7						
8						
9						
10						
11						
12						
13						
14						
15						
说明：						
施工单位检查结果			项目专业技术负责人： 年 月 日			
监理单位验收结论			专业监理工程师： 年 月 日			

③分部工程质量验收记录可按表1－8填写。

表1－8　＿＿＿＿＿＿＿＿＿＿**分部工程质量验收记录**

编号：

单位（子单位）工程名称		子分部工程数量			分项工程数量		
施工单位		项目负责人			技术（质量）负责人		
分包单位		分包单位负责人			分包内容		
序号	子分部工程名称	分项工程名称		检验批数量	施工单位检查结果	监理单位验收结论	
1							
2							
3							
4							
5							
6							
7							
8							
质量控制资料							
安全和功能检验结果							
观感质量检验结果							
综合验收结论							
施工单位项目负责人： 年　月　日	勘察单位项目负责人： 年　月　日	设计单位项目负责人： 年　月　日			监理单位总监理工程师： 年　月　日		

　　注：1. 地基与基础分部工程的验收应由施工、勘察、设计单位项目负责人和总监理工程师参加并签字。

　　　　2. 主体结构、节能分部工程的验收应由施工、设计单位项目负责人和总监理工程师参加并签字。

④单位工程质量竣工验收记录、质量控制资料核查记录、安全和功能检验资料核查及主要功能抽查记录、观感质量检查记录应按表1－9～表1－12填写。

表 1 – 9　单位工程质量竣工验收记录

工程名称		结构类型		层数/建筑面积	
施工单位		技术负责人		开工日期	
项目负责人		项目技术负责人		完工日期	

序号	项　目	验　收　记　录	验收结论
1	分部工程验收	共　　分部，经查符合设计及标准规定　　分部	
2	质量控制资料核查	共　　项，经核查符合规定　　项	
3	安全和使用功能核查及抽查结果	共核查　　项，符合规定　　项，共抽查　　项，符合规定　　项，经返工处理符合规定　　项	
4	观感质量验收	共抽查　　项，达到"好"和"一般"的　　项，经返修处理符合要求　　项	
	综合验收结论		

参加验收单位	建设单位	监理单位	施工单位	设计单位	勘察单位
	（公章）项目负责人　年　月　日	（公章）总监理工程师　年　月　日	（公章）项目负责人　年　月　日	（公章）项目负责人　年　月　日	（公章）项目负责人　年　月　日

注：单位工程验收时，验收签字人员应由相应单位的法人代表书面授权。

表 1 – 10　单位工程质量控制资料核查记录

工程名称			施工单位				
序号	项目	资 料 名 称	份数	施工单位		监理单位	
				核查意见	核查人	核查意见	核查人
1	建筑与结构	图纸会审记录、设计变更通知单、工程洽谈记录					
2		工程定位测量、放线记录					
3		原材料出厂合格证书及进场检验、试验报告					
4		施工试验报告及见证检测报告					
5		隐蔽工程验收记录					
6		施工记录					

续表 1－10

序号	项目	资料名称	份数	施工单位		监理单位	
				核查意见	核查人	核查意见	核查人
7	建筑与结构	地基、基础、主体结构检验及抽样检测资料					
8		分项、分部工程质量验收记录					
9		工程质量事故调查处理资料					
10		新技术论证、备案及施工记录					
1	给水排水与供暖	图纸会审记录、设计变更通知单、工程洽谈记录					
2		原材料出厂合格证书及进场检验、试验报告					
3		管道、设备强度试验、严密性试验记录					
4		隐蔽工程验收记录					
5		系统清洗、灌水、通水、通球试验记录					
6		施工记录					
7		分项、分部工程质量验收记录					
8		新技术论证、备案及施工记录					
1	通风与空调	图纸会审记录、设计变更通知单、工程洽谈记录					
2		原材料出厂合格证书及进场检验、试验报告					
3		制冷、空调、水管道强度试验、严密性试验记录					
4		隐蔽工程验收记录					
5		制冷设备运行调试记录					
6		通风、空调系统调试记录					
7		施工记录					
8		分项、分部工程质量验收记录					
9		新技术论证、备案及施工记录					
1	建筑电气	图纸会审记录、设计变更通知单、工程洽谈记录					
2		原材料出厂合格证书及进场检验、试验报告					
3		设备调试记录					
4		接地、绝缘电阻测试记录					
5		隐蔽工程验收记录					

续表 1－10

序号	项目	资 料 名 称	份数	施工单位		监理单位	
				核查意见	核查人	核查意见	核查人
6	建筑电气	施工记录					
7		分项、分部工程质量验收记录					
8		新技术论证、备案及施工记录					
1	智能建筑	图纸会审记录、设计变更通知单、工程洽谈记录					
2		原材料出厂合格证书及进场检验、试验报告					
3		隐蔽工程验收记录					
4		施工记录					
5		系统功能测定及设备调试记录					
6		系统技术、操作和维护手册					
7		系统管理、操作人员培训记录					
8		系统检测报告					
9		分项、分部工程质量验收记录					
10		新技术论证、备案及施工记录					
1	建筑节能	图纸会审记录、设计变更通知单、工程洽谈记录					
2		原材料出厂合格证书及进场检验、试验报告					
3		隐蔽工程验收记录					
4		施工记录					
5		外墙、外窗节能检验报告					
6		设备系统节能检测报告					
7		分项、分部工程质量验收记录					
8		新技术论证、备案及施工记录					
1	电梯	图纸会审记录、设计变更通知单、工程洽谈记录					
2		设备出厂合格证书及开箱检验记录					
3		隐蔽工程验收记录					
4		施工记录					
5		接地、绝缘电阻试验记录					

续表 1-10

序号	项目	资料名称	份数	施工单位		监理单位	
				核查意见	核查人	核查意见	核查人
6		负荷试验、安全装置检查记录					
7	电梯	分项、分部工程质量验收记录					
8		新技术论证、备案及施工记录					

结论：

施工单位项目负责人：　　　　　　　　　　　　总监理工程师：

　　　　　　　年　月　日　　　　　　　　　　　　　　　年　月　日

表 1-11　单位工程安全和功能检验资料核查及主要功能抽查记录

工程名称				施工单位			
序号	项目	安全和功能检查项目	份数	核查意见	抽查结果	核查(抽查)人	
1		地基承载力检验报告					
2		桩基承载力检验报告					
3		混凝土强度试验报告					
4		砂浆强度试验报告					
5		主体结构尺寸、位置抽查记录					
6		建筑物垂直度、标高、全高测量记录					
7		屋面淋水或蓄水试验记录					
8		地下室渗漏水检测记录					
9	建筑与结构	有防水要求的地面蓄水试验记录					
10		抽气（风）道检查记录					
11		外窗气密性、水密性、耐风压检测报告					
12		幕墙气密性、水密性、耐风压检测报告					
13		建筑物沉降观测测量记录					
14		节能、保温测试记录					
15		室内环境检测报告					
16		土壤氡气浓度检测报告					

续表 1-11

序号	项目	安全和功能检查项目	份数	核查意见	抽查结果	核查(抽查)人
1	给水排水与供暖	给水管道通水试验记录				
2		暖气管道、散热器压力试验记录				
3		卫生器具满水试验记录				
4		消防管道、燃气管道压力试验记录				
5		排水干管通球试验记录				
6		锅炉试运行、安全阀及报警联动测试记录				
1	通风与空调	通风、空调系统试运行记录				
2		风量、温度测试记录				
3		空气能量回收装置测试记录				
4		洁净室洁净度测试记录				
5		制冷机组试运行调试记录				
1	建筑电气	建筑照明通电试运行记录				
2		灯具固定装置及悬吊装置的载荷强度试验记录				
3		绝缘电阻测试记录				
4		剩余电流动作保护器测试记录				
5		应急电源装置应急持续供电记录				
6		接地电阻测试记录				
7		接地故障回路阻抗测试记录				
1	建筑智能化	系统试运行记录				
2		系统电源及接地检测报告				
3		系统接地检测报告				
1	建筑节能	外墙节能构造检查记录或热工性能检验报告				
2		设备系统节能性能检查记录				
1	电梯	运行记录				
2		安全装置检测报告				

结论:

施工单位项目负责人:　　　　　　　　　　　　　总监理工程师:

　　　　　　　　　年　月　日　　　　　　　　　　　　　年　月　日

注:抽查项目由验收组协商确定。

表 1 – 12　单位工程观感质量检查记录

工程名称			施工单位			
序号	项　目		抽查质量状况			质量评价
1	建筑与结构	主体结构外观	共检查　　点，好　　点，一般　　点，差　　点			
2		室外墙面	共检查　　点，好　　点，一般　　点，差　　点			
3		变形缝、雨水管	共检查　　点，好　　点，一般　　点，差　　点			
4		屋面	共检查　　点，好　　点，一般　　点，差　　点			
5		室内墙面	共检查　　点，好　　点，一般　　点，差　　点			
6		室内顶棚	共检查　　点，好　　点，一般　　点，差　　点			
7		室内地面	共检查　　点，好　　点，一般　　点，差　　点			
8		楼梯、踏步、护栏	共检查　　点，好　　点，一般　　点，差　　点			
9		门窗	共检查　　点，好　　点，一般　　点，差　　点			
10		雨罩、台阶、坡道、散水	共检查　　点，好　　点，一般　　点，差　　点			
1	给水排水与供暖	管道接口、坡度、支架	共检查　　点，好　　点，一般　　点，差　　点			
2		卫生器具、支架、阀门	共检查　　点，好　　点，一般　　点，差　　点			
3		检查口、扫除口、地漏	共检查　　点，好　　点，一般　　点，差　　点			
4		散热器、支架	共检查　　点，好　　点，一般　　点，差　　点			

续表 1－12

序号	项 目		抽查质量状况	质量评价
1	通风与空调	风管、支架	共检查　点，好　点，一般　点，差　点	
2		风口、风阀	共检查　点，好　点，一般　点，差　点	
3		风机、空调设备	共检查　点，好　点，一般　点，差　点	
4		管道、阀门、支架	共检查　点，好　点，一般　点，差　点	
5		水泵、冷却塔	共检查　点，好　点，一般　点，差　点	
6		绝热	共检查　点，好　点，一般　点，差　点	
1	建筑电气	配电箱、盘、板、接线盒	共检查　点，好　点，一般　点，差　点	
2		设备器具、开关、插座	共检查　点，好　点，一般　点，差　点	
3		防雷、接地、防火	共检查　点，好　点，一般　点，差　点	
1	建筑智能化	机房设备安装及布局	共检查　点，好　点，一般　点，差　点	
2		现场设备安装	共检查　点，好　点，一般　点，差　点	
1	电梯	运行、平层、开关门	共检查　点，好　点，一般　点，差　点	
2		层门、信号系统	共检查　点，好　点，一般　点，差　点	
3		机房	共检查　点，好　点，一般　点，差　点	
观感质量综合评价				

结论：

施工单位项目负责人：　　　　　　　　　　总监理工程师：

年　月　日　　　　　　　　　　年　月　日

注：1. 对质量评价为差的项目应进行返修。
　　2. 观感质量现场检查原始记录应作为本表附件。

6）当建筑工程施工质量不符合要求时，应按下列规定进行处理：

①经返工或返修的检验批，应重新进行验收；

②经有资质的检测机构检测鉴定能够达到设计要求的检验批，应予以验收；

③经有资质的检测机构检测鉴定达不到设计要求、但经原设计单位核算认可能够满足安全和使用功能的检验批，可予以验收；

④经返修或加固处理的分项、分部工程，满足安全及使用功能要求时，可按技术处理方案和协商文件的要求予以验收。

7）工程质量控制资料应齐全完整，当部分资料缺失时，应委托有资质的检测机构按有关标准进行相应的实体检验或抽样试验。

8）经返修或加固处理仍不能满足安全或重要使用要求的分部工程及单位工程，严禁验收。

2 地基基础工程质量控制

2.1 土 方 工 程

2.1.1 一般规定

1）土方工程施工前应进行挖、填方的平衡计算，综合考虑土方运距最短、运程合理和各个工程项目的合理施工程序等，做好土方平衡调配，减少重复挖运。

土方平衡调配应尽可能与城市规划和农田水利相结合将余土一次性运到指定弃土场，做到文明施工。

2）当土方工程挖方较深时，施工单位应采取措施，防止基坑底部土的隆起并避免危害周边环境。

基底土隆起往往伴随着周边环境的影响，尤其当周边有地下管线、建（构）筑物、永久性道路时应密切注意。

3）在挖方前，应做好地面排水和降低地下水位工作。

有不少施工现场由于缺乏排水和降低地下水位的措施，而对施工产生影响。土方施工应尽快完成，以避免造成集水、坑底隆起及对环境影响增大。

4）平整场地的表面坡度应符合设计要求，如设计无要求时，排水沟方向的坡度不应少于 2‰。平整后的场地表面应逐点检查。检查点为每 $100 \sim 400m^2$ 取 1 点，但不应少于 10 点，长度、宽度和边坡均为每 20m 取 1 点，每边不应少于 1 点。

5）土方工程施工，应经常测量和校核其平面位置、水平标高和边坡坡度。平面控制桩和水准控制点采取可靠的保护措施，定期复测和检查。土方不应堆在基坑边缘。

在土方工程施工测量中，除开工前的复测放线外，还应配合施工对平面位置（包括控制边界线、分界线、边坡的上口线和底口线等），边坡坡度（包括放坡线、变坡等）和标高（包括各个地段的标高）等经常进行测量，校核是否符合设计要求。上述施工测量的基准——平面控制桩和水准控制点，也应定期进行复测和检查。

6）对雨期和冬期施工还应遵守国家现行有关标准。

2.1.2 土方开挖

1. 质量控制要点

1）在土方工程施工测量中，应对平面位置（包括控制边界线、分界线、边坡的上口线和底口线等）、边坡坡度（包括放坡线、变坡等）和标高（包括各个地段的标高）等经常进行测量，校核是否符合设计要求。

上述施工测量的基准——平面控制桩和水准控制点，也应定期进行复测和检查。

2）挖土堆放不能离基坑上边缘太近。

3）土方开挖应具有一定的边坡坡度，临时性挖方的边坡值应符合表2-1的规定。

表2-1　临时性挖方边坡值

土 的 类 别		边坡值（高∶宽）
砂土（不包括细砂、粉砂）		1∶1.25~1∶1.50
一般性黏土	硬	1∶0.75~1∶1.00
	硬、塑	1∶1.00~1∶1.25
	软	1∶1.50 或更缓
碎石类土	充填坚硬、硬塑黏性土	1∶0.50~1∶1.00
	充填砂土	1∶1.00~1∶1.50

注：1. 设计有要求时，应符合设计标准。
2. 如采用降水或其他加固措施，可不受本表限制，但应计算复核。
3. 开挖深度，对软土不应超过4m，对硬土不应超过8m。

4）为了使建（构）筑物有一个比较均匀的下沉，对地基应进行严格的检验，与地质勘查报告进行核对，检查地基土与工程地质勘查报告、设计图纸是否相符，有无破坏原状土的结构或发生较大的扰动现象。进行验槽的主要方法有：

①表面检查验槽法：

a. 根据槽壁土层分布情况及走向，初步判明全部基底是否已挖至设计所要求的土层。

b. 检查槽底是否已挖至原（老）土，是否需继续下挖或进行处理。

c. 检查整个槽底土的颜色是否均匀一致；土的坚硬程度是否一样，有否局部过松软或过坚硬的部位；有否局部含水量异常现象，走上去有没有颤动的感觉等。如有异常部位，要会同设计等有关单位进行处理。

②钎探检查验槽法：基坑挖好后，用锤把钢钎打入槽底的基土内，根据每打入一定深度的锤击次数，来判断地基土质情况。

a. 钢钎的规格和重量：钢钎用直径22~25mm的钢筋制成，钎尖呈60°尖锥状，长度为1.8~2.0m。配合重量3.6~4.5kg的铁锤。打锤时，举高离钎顶50~70cm，将钢钎垂直打入土中，并记录每打入土层30cm的锤击数。

b. 钎孔布置和钎探深度：应根据地基土质的复杂情况和基槽宽度、形状而定，一般可参考表2-2。

表2-2　钎孔布置表

槽宽（cm）	排列方式及图示	间距（m）	钎探深度（m）
小于80	中心一排	1~2	1.2

续表 2-2

槽宽（cm）	排列方式及图示	间距（m）	钎探深度（m）
80～200	两排错开	1～2	1.5
大于200	梅花形	1～2	2.0
柱基	梅花形	1～2	≥1.5，并不浅于短边宽度

注：对于较软弱的新近沉积黏性土和人工杂填土的地基，钎孔间距应不大于1.5m。

　　c. 钎探记录和结果分析：先绘制基槽平面图，在图上根据要求确定钎探点的平面位置，并依次编号制成钎探平面图。钎探时按钎探平面图标定的钎探点顺序进行，最后整理成钎探记录表。

　　d. 全部钎探完后，逐层分析研究钎探记录，然后逐点进行比较，将锤击数显著过多或过少的钎孔在钎探平面图上做上记号，然后再在该部位进行重点检查，如有异常情况，要认真进行处理。

　　③洛阳铲钎探验槽法：在黄土地区基坑挖好后或大面积基坑挖土前，根据建筑物所在地区的具体情况或设计要求，对基坑底以下的土质、古墓、洞穴用专用洛阳铲进行钎探检查。

　　a. 探孔的布置：探孔布置见表 2-3。

表 2-3　探孔布置表

基槽宽（mm）	排列方式及图示	间距 L（m）	探孔深度（m）
小于2000		1.5～2.0	3.0
大于2000		1.5～2.0	3.0

续表 2 - 3

基槽宽（mm）	排列方式及图示	间距 L（m）	探孔深度（m）
柱基		1.5 ~ 2.0	3.0（荷重较大时为4.0 ~ 5.0）
加孔		< 2.0（如基础过宽时中间再加孔）	3.0

b. 探查记录和成果分析：先绘制基础平面图，在图上根据要求确定探孔的平面位置，并依次编号，再按编号顺序进行探孔。探查过程中，一般每 3 ~ 5 铲看一下土，查看土质变化和含有物的情况。遇有土质变化或含有杂物情况，应测量深度并用文字记录清楚。遇有墓穴、地道、地窖、废井等时，应在此部位缩小探孔距离（一般为 1m 左右），沿其周围仔细探查清其大小、深浅、平面形状，并在探孔平面图中标注出来，全部探查完后，绘制探孔平面图和各探孔不同深度的土质情况表，为地基处理提供完整的资料。探完以后，尽快用素土或灰土将探孔回填。

c. 轻型动力触探法验槽：

（a）遇到下列情况之一时，应在基坑底普遍进行轻型动力触探：持力层明显不均匀；浅部有软弱下卧层；有浅埋的坑穴、古墓、古井等，直接观察难以发现时，勘察报告或设计文件规定应进行轻型动力触探时。

（b）采用轻型动力触探进行基槽检验时，检验深度及间距按表 2 - 4 的规定执行。

表 2 - 4　轻型动力触探检验深度及间距表（m）

排列方式	基槽宽度	检验深度	检验间距
中心一排	< 0.8	1.2	
两排错开	0.8 ~ 2.0	1.5	1.0 ~ 1.5，视地层复杂情况定
梅花型	> 2.0	2.1	

2. 质量检验标准

土方开挖工程质量检验标准应符合表 2 - 5 的规定。

表 2 – 5　土方开挖工程质量检验标准（mm）

项目	序号	检验项目	允许偏差或允许值					检验方法
			柱基基坑基槽	挖方场地平整		管沟	地(路)面基层	
				人工	机械			
主控项目	1	标高	– 50	± 30	± 50	– 50	– 50	水准仪
	2	长度、宽度（由设计中心线向两边量）	+ 200，– 50	+ 300，– 100	+ 500，– 150	+ 100	—	经纬仪，用钢尺量
	3	边坡	设计要求					观察或用坡度尺量
一般项目	1	表面平整度	20	20	50	20	20	用2m靠尺和楔形塞尺检查
	2	基底土性	设计要求					观察或土样分析

注：地（路）面基层的偏差只适用于直接在挖、填方上做地（路）面的基层。

2.1.3　土方回填

1. 质量控制要点

1）土方回填前应清除基底的垃圾、树根等杂物，抽除坑穴积水、淤泥，验收基底标高。如在耕植土或松土上填方，应在基底压实后再进行。

填方基底处理，属于隐蔽工程，必须按设计要求施工。如设计无要求时，必须符合以上规定。

2）填方基底处理应做好隐蔽工程验收，重点内容应画图表示，基底处理经中间验收合格后，才能进行填方和压实。

3）经中间验收合格的填方区域场地应基本平整，并有 0.2% 坡度有利排水，填方区域有陡于 1/5 的坡度时，应控制好阶宽不小于 1m 的阶梯形台阶，台阶面口严禁上抬造成台阶上积水。

4）回填土的含水量控制：土的最佳含水率和最少压实遍数可通过试验求得。土的最优含水量和最大干密度也可参见表 2 – 6 的规定。

表 2 – 6　土的最佳含水量和最大干密度参考表

土的种类	变动范围	
	最佳含水量（重量比）（%）	最大干密度（g/cm³）
砂土	8 ~ 12	1.80 ~ 1.88
黏土	19 ~ 23	1.58 ~ 1.70
粉质黏土	12 ~ 15	1.85 ~ 1.95
粉土	16 ~ 22	1.61 ~ 1.80

注：1. 表中土的最大密度应根据现场实际达到的数字为准。

　　2. 一般性的回填可不作此项测定。

5）填土的边坡控制见表 2 – 7 的规定。

表 2 – 7　填土的边坡控制

土 的 种 类	填方高度（m）	边坡坡度
黏土类土、黄土、类黄土	6	1:1.50
粉质黏土、泥灰岩土	6 ~ 7	1:1.50
中砂和粗砂	10	1:1.50
砾石和碎石土	10 ~ 12	1:1.50
易风化的岩土	12	1:1.50
轻微风化、尺寸在 25cm 内的石料	6 以内	1:1.33
	6 ~ 12	1:1.50
轻微风化、尺寸大于 25cm 的石料，边坡用最大石块、分排整齐铺砌	12 以内	1:1.50 ~ 1:1.75
轻微风化、尺寸大于 40cm 的石料，其边坡分排整齐	5 以内	1:0.50
	5 ~ 10	1:0.65
	> 10	1:1.00

注：1. 当填方高度超过本表规定限值时，其边坡可做成折线形，填方下部的边坡坡度应为 1:1.75 ~ 1:2.00。

2. 凡永久性填方，土的种类未列入本表者，其边坡坡度不得大于 $\phi + 45°/2$，ϕ 为土的自然倾斜角。

6）对填方土料应按设计要求验收后方可填入。

7）填方施工过程中应检查排水措施、每层填筑厚度、含水量控制、压实程度。

8）填筑厚度及压实遍数应根据土质、压实系数及所用机具确定。如无试验依据，应符合表 2 – 8 的规定。

表 2 – 8　填土施工时的分层厚度及压实遍数

压 实 机 具	分层厚度（mm）	每层压实遍数
平碾	250 ~ 300	6 ~ 8
振动压实机	250 ~ 350	3 ~ 4
柴油打夯机	200 ~ 250	3 ~ 4
人工打夯	< 200	3 ~ 4

9）分层压实系数 λ_0 的检查方法按设计规定方法进行。

当设计没有规定时，分层压实系数 λ_0 采用环刀取样测定土的干密度，求出土的密实系数（$\lambda_0 = \rho_d / \rho_{dmax}$，$\rho_d$ 为土的控制干密度，ρ_{dmax} 为土的最大干密度）；或用小轻便触探仪直接通过锤击数来检验密实系数；也可用钢筋贯入深度法检查填土地基质量，但必须按击实试验测得的钢筋贯入深度的方法。

环刀取样、小轻便触探仪锤数、钢筋贯入深度法取得的压实系数均应符合设计要求的压实系数。当设计无详细规定时，可参见表 2 – 9 填方的压实系数（密实度）要求。

表 2 – 9　填方的压实系数（密实度）要求

结 构 类 型	填 土 部 位	压实系数 λ_0
砌体承重结构和框架结构	在地基主要持力层范围内 在地基主要持力层范围以下	> 0.96 0.93 ~ 0.96
简支结构和排架结构	在地基主要持力层范围内 在地基主要持力层范围以下	0.94 ~ 0.97 0.91 ~ 0.93
一般工程	基础四周或两侧一般回填土 室内地坪、管道地沟回填土 一般堆放物体场地回填土	0.90 0.90 0.85

注：压实系数 λ_0 为土的控制干密度 ρ_d 与最大干密度 ρ_{dmax} 的比值。控制含水量为 $\omega_{op} \pm 2\%$ 。

2．质量检验标准

填土工程质量检验标准应符合表 2 – 10 的规定。

表 2 – 10　填土工程质量检验标准（mm）

项目	序号	检验项目	允许偏差或允许值					检验方法
			桩基基坑基槽	场地平整		管沟	地（路）面基础层	
				人工	机械			
主控项目	1	标高	– 50	± 30	± 50	– 50	– 50	水准仪
	2	分层压实系数	设计要求					按规定方法
一般项目	1	回填土料	设计要求					取样检查或直观鉴别
	2	分层厚度及含水量	设计要求					水准仪及抽样检查
	3	表面平整度	20	20	30	20	20	用靠尺或水准仪

2.2　地基工程

2.2.1　一般规定

1）建筑物地基的施工应具备下述资料：

①岩土工程勘察资料；

②邻近建筑物和地下设施类型、分布及结构质量情况；

③工程设计图纸、设计要求及需达到的标准、检验手段。

2）砂、石子、水泥、钢材、石灰、粉煤灰等原材料的质量、检验项目、批量和检验方法，应符合国家现行标准的规定。

3）地基施工结束，宜在一个间歇期后进行质量验收，间歇期由设计确定。

地基施工考虑间歇期是因为地基土的密实、孔隙水压力的消散、水泥或化学浆液的固结等均无原则，有一个期限，施工结束即进行验收有不符实际的可能。至于间歇多长时间在各类地基规范中有所考虑，但仅是参数数字，具体可由设计人员根据要求确定。有些大工程施工周期较长，一部分已到间歇要求，另一部分仍有施工，就不一定待全部工程施工结束后再进行取样检查，可先在已完工程部位进行，但是否有代表性就应由设计方确定。

4）地基加固工程，应在正式施工前进行试验施工，论证设定的施工参数及加固效果。为验证加固效果所进行的载荷试验，其施加载荷应不低于设计载荷的 2 倍。

试验工程目的在于取得数据，以指导施工。对无经验可查的工程更应强调这样做，目的是能使施工质量更容易满足要求，既不造成浪费也不会造成大面积返工。同时对试验荷载考虑稍大一些，有利于分析比较，以取得可靠的施工参数。

5）对灰土地基、砂和砂石地基、土工合成材料地基、粉煤灰地基、强夯地基、注浆地基、预压地基，其竣工后的结果（地基强度或承载力）必须达到设计要求的标准。检验数量，每单位工程不应少于 3 点；1000m² 以上工程，每 100m² 至少应有 1 点；3000m² 以上工程，每 300m² 至少应有 1 点；每一独立基础下至少应有 1 点；基槽每 20 延米应有 1 点。

6）对水泥土搅拌复合地基、高压喷射注浆桩复合地基、砂桩地基、振冲桩复合地基、土和灰土挤密桩复合地基、水泥粉煤灰碎石桩复合地基及夯实水泥土桩复合地基，其承载力检验，数量为总数的 1% ~ 1.5%，但不应少于 3 根。

水泥土搅拌桩地基、高压喷射注浆桩地基、砂桩地基、振冲桩地基、土和灰土挤密桩地基、水泥粉煤灰碎石桩地基及夯实水泥土桩地基为复合地基，桩是主要施工对象，首先应检验桩的质量，检查方法可按国家现行行业标准《建筑基桩检测技术规范》JGJ 106—2014 的规定执行。

7）除 5）6）指定的主控项目外，其他主控项目及一般项目可随意抽查，但复合地基中的水泥土搅拌桩、高压喷射注浆桩、振冲桩、土和灰土挤密桩、水泥粉煤灰碎石桩及夯实水泥土桩至少应抽查 20%。

2.2.2　灰土地基

1. 质量控制要点

1）铺设前应先检查基槽，若发现有软弱土层或孔穴应挖除并用素土或灰土分层填实；有积水时，采取相应排水措施。待合格后方可施工。

2）灰土施工时，应适当控制其含水量，以手握成团，两指轻捏能碎为宜，如土料多或不足时，可以晾干或洒水润湿。

3）灰土搅拌好应当分层进行铺设，每层铺土厚度按表 2 - 11 的规定。厚度用样灰土夯打遍数，应根据设计的干土质量密度在现场试验确定。

表 2 – 11　灰土最大虚铺厚度

序号	夯实机具	质量（t）	厚度（mm）	备　　注
1	石夯、木夯	0.04 ~ 0.08	200 ~ 250	人力送夯，落距为 400 ~ 500mm，每夯搭接半夯
2	轻型夯实机械	—	200 ~ 250	蛙式或柴油打夯机
3	压路机	机重 6 ~ 10	200 ~ 300	双轮

4）灰土分段施工时，不得在墙角、柱墩及承重窗间墙下接缝，上下相邻两层间距不得小于 500mm，接缝处的灰土应充分夯实。

5）质量检查可用环刀取样测量土质量密度，按设计要求或不小于表 2 – 12 的规定。

表 2 – 12　灰土质量标准

项　　次	土料种类	灰土最小干土质量密度（g/cm³）
1	粉土	1.55 ~ 1.60
2	粉质黏土	1.50 ~ 1.55
3	黏土	1.45 ~ 1.50

6）压实填土的承载力是设计的重要参数，也是检验压实填土质量的主要现场采用静载荷试验或其他原位测试，其结果较准确，可信度高。

当采用载荷试验检验压实填土的承载力时，应考虑压板尺寸与压实填土厚实，填土厚度大，压板尺寸也要相应增大，或采取分层检验。否则，检测结果只能是某一深度范围内压实填土的承载力。

7）压实系数检测：

①压实系数宜用环刀法抽样，取样点应位于每层 2/3 的深度处，测定其干密度。

②合格标准：经检查求得的压实系数不得低于设计要求或表 2 – 13 的规定。

表 2 – 13　压实填土的质量控制

结构类型	填土部位	压实系数 λ_c	控制含水量（%）
砌体承重结构和框架结构	在地基主要受力层范围内	≥0.97	$\omega_{op} \pm 2$
	在地基主要受力层范围以下	≥0.95	
排架结构	在地基主要受力层范围内	≥0.96	
	在地基主要受力层范围以下	≥0.94	

2．质量检验标准

灰土地基的质量验收标准应符合表 2 – 14 的规定。

表 2 - 14　灰土地基质量检验标准

项目	序号	检 查 项 目	允许偏差或允许值		检 查 方 法
			单位	数值	
主控项目	1	地基承载力	设计要求		按规定方法
	2	配合比	设计要求		按拌和时的体积比
	3	压实系数	设计要求		现场实测
一般项目	1	石灰粒径	mm	≤5	筛分法
	2	土料有机质含量	%	≤5	试验室焙烧法
	3	土颗粒粒径	mm	≤15	筛分法
	4	含水量（与要求的最优含水量比较）	%	±2	烘干法
	5	分层厚度偏差（与设计要求比较）	mm	±50	水准仪

2.2.3　砂和砂石地基

1. 质量控制要点

1）铺设前应先验槽，清除基底表面浮土、淤泥杂物。地基槽底有孔洞、沟、井、墓穴应先填实，基底无积水。槽应有一定坡度，防止振捣时塌方。

2）由于垫层标高不尽相同，施工时应分段施工，接头处应控成斜坡或阶梯搭接，并按先深后浅的顺序施工。搭接处，每层应错开 0.5～1.0m，并注意充分捣实。

3）砂石地基应分层铺垫、分层夯实。每层铺设厚度、捣实方法可参照表 2 - 15 的规定选用。每铺好一层垫层，经干密度检验合格后方可进行上一层施工。

表 2 - 15　砂和砂石垫层每层铺筑厚度及最优含水量

捣实方法	每层铺设厚度（mm）	施工时最优含水量（%）	施 工 要 点	备 注
插振法	振捣器插入深度	饱和	①用插入式振捣器插振 ②插入间距可根据机械振幅大小决定 ③不得插至下卧黏性土层中 ④插入振捣完毕，所留孔洞应用砂填实	不宜用于细砂或含泥量较大的砂所铺筑的地基；湿陷性黄土、膨胀土基层不得使用此法
平振法	200～250	15～20	①用平板式振捣器往复振捣，往复次数以简易测定密实度合格为准 ②振捣器移动时，每行应搭接 1/3	不宜用于细砂或含泥量较大的砂所铺筑的地基

续表 2 – 15

捣实方法	每层铺设厚度（mm）	施工时最优含水量（%）	施工要点	备注
水撼法	250	饱和	①注水高度略超过铺设高度 ②用钢叉摇撼捣实，插入点间距为100mm 左右 ③有控制地注水和排水 ④钢叉分四齿，齿的间距为80mm，长为300mm，木柄长为90mm	湿陷性黄土、膨胀土和细砂基层不得使用此法
碾压法	150 ~ 300	8 ~ 12	6 ~ 10t 压路机往复碾压，碾压遍数以达到设计要求的密实度为准，一般不少于 4 遍	适用于大面积砂石地基，不宜用于地下水位以下的砂地基
夯实法	150 ~ 200	8 ~ 12	①用木夯式机械夯 ②木夯重为 40kg，落距为 400 ~ 500mm ③一夯压半夯，全面夯实	适用于砂石地基

4）垫层铺设完毕，应立即进行下道工序的施工，严禁人员及车辆在砂石层面上行走，必要时应在垫层上铺板行走。

5）冬期施工时，不得采用含有冰块的砂石。

2. 质量检验标准

砂和砂石地基的质量验收标准应符合表 2 – 16 的规定。

表 2 – 16 砂及砂石地基质量检验标准

项目	序号	检查项目	允许偏差或允许值		检查方法
			单位	数值	
主控项目	1	地基承载力	设计要求		按规定的方法
	2	配合比	设计要求		检查拌和时的体积比或重量比
	3	压实系数	设计要求		现场实测
一般项目	1	砂石料有机质含量	%	≤5	焙烧法
	2	砂石料含泥量	%	≤5	水洗法
	3	石料粒径	mm	≤100	筛分法
	4	含水量（与最优含水量比较）	%	±2	烘干法
	5	分层厚度（与设计要求比较）	mm	±50	水准仪

2.2.4　土工合成材料地基

1. 质量控制要点

1）施工前，应先检验基槽，清除基土中杂物、草根，将基坑修整平顺，尤其是水面以下的基底面，要先抛一层砂，将凹凸不平的面层予以平整，再由潜水员下去检查。

2）当土工织物用作反滤层时，应使织物有均匀折皱，使其保持一定的松紧度，以防在抛填石块时产生超过织物弹性极限的变形。

3）铺设土工织物滤层的关键是保证织物的连续性，使织物的弯曲、折皱、重叠以及拉伸至显著程度时，仍不丧失抗拉强度，尤其应注意接缝的连接质量。

4）土工织物应沿堤轴线的横向展开铺设，不容许有褶皱，更不容许断开，并尽量以人工拉紧。

5）铺设应从一端向另外端进行，最后是中间，铺设松紧适度，端部须精心铺设铺固。

6）土工织物铺完之后，不得长时间受阳光曝晒，最好在一个月之内把上面的保护层做好。备用的土工织物在运送、贮存过程中，也应加以遮盖，不得长时间受阳光曝晒。

7）若用块石保护土工织物，施工时应将块石轻轻铺放，不得在高处抛掷。如块石下落的情况不可避免时，应先在织物上铺一层砂保护。

8）土工织物上铺垫层时，第一层铺设厚度在50mm以下，用推土机铺设，施工时，要防止刮土板损坏土工织物，局部不得应力过度集中。

9）在地基中埋设孔隙水压力计，在土工织物垫层下埋设钢弦压力盒，在基础周围设置沉降观测点，对各阶段的测试数据进行仔细整理。

2. 质量检验标准

土工合成材料地基质量检验标准应符合表2-17的规定。

表2-17　土工合成材料地基质量检验标准

项目	序号	检查项目	允许偏差或允许值		检查方法
			单位	数值	
主控项目	1	土工合成材料强度	%	≤5	置于夹具上做拉伸试验（结果与设计标准相比）
	2	土工合成材料延伸率	%	≤3	
	3	地基承载力	设计要求		按规定方法
一般项目	1	土工合成材料搭接长度	mm	≥300	用钢尺量
	2	土石料有机质含量	%	≤5	焙烧法
	3	层面平整度	mm	≤20	用2m靠尺
	4	每层铺设厚度	mm	±25	水准仪

2.2.5 粉煤灰地基

1. 质量控制要点

1）铺设前应先验槽，清除地基底面垃圾杂物。

2）粉煤灰铺设含水量应控制在最佳含水（$\omega_{op} \pm 2\%$）范围内；如含水量过大时，需摊铺沥干后再碾压。粉煤灰铺设后，应于当天压完；如压实时含水量过低，呈松散状态，则应洒水湿润再碾压密实，洒水的水质不得含有油质，pH 值应为 6~9。

3）垫层应分层铺设与碾压，分层厚度，压实遍数等施工参数应根据机具种类、功能大小，设计要求通过实验确定铺设厚度，用机动夯为 200~300mm，夯完后厚度为 150~200mm；用压路机铺设厚度为 300~400mm，压实后为 250mm 左右。对小面积基坑、槽垫层，可用人工分层摊铺，用平板振动器和蛙式打夯机压实，每次振（夯）板应重叠 1/3~1/2 板，往复压实由二侧或四周向中间进行，务实不少于 3 遍。大面积垫层应用推土机摊铺，先用推土机预压 2 遍，然后用 8t 压路机碾压，施工时压轮重叠 1/3~1/2 轮宽，往复碾压，一般碾压 4~6 遍。

4）在软弱地基上填筑粉煤灰垫层时，应先铺设 20cm 的中、粗砂或高炉干渣，以免下卧软土层表面受到扰动，同时有利于下卧的软土层的排水固结，并切断毛细水的上升。

5）夯实或碾压时，如出现"橡皮土"现象，应暂停压实，可采取将垫层开槽、翻松、晾晒或换灰等方法处理。

6）每层铺完经检测合格后，应及时铺筑上层，以防干燥、松散、起尘、污染环境，并应严格将延伸率对比≤3% 为合格。

7）冬期施工，最低气温低于 0℃时，不得施工，以免粉煤粉灰含水冻胀。

2. 质量检验标准

粉煤灰地基质量检验标准应符合表 2-18 的规定。

表 2-18 粉煤灰地基质量检验标准

项目	序号	检查项目	允许偏差或允许值		检查方法
			单位	数值	
主控项目	1	压实系数	设计要求		现场实测
	2	地基承载力	设计要求		按规定的方法
一般项目	1	粉煤灰粒径	mm	0.001~2.000	过筛
	2	氧化铝及二氧化硅含量	%	≥70	试验室化学分析
	3	烧失量	%	≤12	试验室烧结法
	4	每层铺筑厚度	mm	±50	水准仪
	5	含水量（与最优含水量比较）	%	±2	取样后试验室确定

2.2.6　注浆地基

1. 质量控制要点

1）施工前应掌握有关技术文件（注浆点位置、浆液配比、注浆施工技术参数、检测要求等）。浆液组成材料的性能应符合设计要求，注浆设备应确保正常运转。

2）为确保注浆加固地基的效果，施工前应进行室内浆液配比试验及现场注浆试验，以确定浆液配方及施工参数。常用浆液类型见表 2 – 19。

表 2 – 19　常用浆液类型

浆 液		浆 液 类 型
粒状浆液（悬液）	不稳定粒状浆液	水泥浆
		水泥砂浆
	稳定粒状浆液	黏土浆
		水泥黏土浆
化学浆液（溶液）	无机浆液	硅酸盐
	有机浆液	环氧树脂类
		甲基丙烯酸酯类
		丙烯酰胺类
		木质素类
		其他

3）根据设计要求制订施工技术方案，选定送注浆管下沉的钻机型号及性能、压送浆液压浆泵的性能（必须附有自动计量装置和压力表）；规定注浆孔施工程序；规定材料检验取样方法和浆液拌制的控制程序；注浆过程所需的记录等。

4）连接注浆管的连接件与注浆管同直径，防止注浆管周边与土体之间有间隙而产生冒浆。

5）每天检查配制浆液的计量装置正确性，配制浆液的主要性能指标。储浆桶中应有防沉淀的搅拌叶片。

6）如实记录注浆孔位的顺序、注浆压力、注浆体积、冒浆情况及突发事故处理等。

7）对化学注浆加固的施工顺序宜按以下规定进行：

①加固渗透系数相同的土层应自上而下进行；

②如土的渗透系数随深度而增大，应自下而上进行；

③如相邻土层的土质不同，应首先加固渗透系数大的土层。

检查时，如发现施工顺序与此有异，应及时制止，以确保工程质量。

8）施工结束后，应检查注浆体强度、承载力等。检查孔数为总量的 2% ~ 5%，不合格率大于或等于 20% 时应进行二次注浆。检验应在注浆后 15d（砂土、黄土）或 60d（黏性土）进行。

2．质量检验标准

注浆地基的质量检验标准应符合表 2 – 20 的规定。

表 2 – 20   注浆地基质量检验标准

项目	序号	检 查 项 目		允许偏差或允许值		检 查 方 法
				单位	数值	
主控项目	1	原材料检验	水泥	设计要求		查产品合格证书或抽样送检
		注浆用砂	粒径	mm	<2.5	试验室试验
			细度模数		<2.0	
			含泥量及有机物含量	%	<3	
		注浆用黏土	塑性指数		>14	
			黏粒含量	%	>25	
			含砂量	%	<5	
			有机物含量	%	<3	
		粉煤灰	细度	不粗于同时使用的水泥		
			烧失量	%	<3	
		水玻璃：模数		2.5 ~ 3.3		抽样送检
		其他化学浆液		设计要求		查产品合格证书或抽样送检
	2	注浆体强度		设计要求		取样检验
	3	地基承载力		设计要求		按规定方法
一般项目	1	各种注浆材料称量误差		%	<3	抽查
	2	注浆孔位		mm	±20	用钢尺量
	3	注浆孔深		mm	±100	量测注浆管长度
	4	注浆压力（与设计参数比）		%	±10	检查压力表读数

2.2.7 预压地基

1．质量控制要点

（1）施工方法。

1）水平排水垫层施工时，应避免对软土表层的过大扰动，以免造成砂和淤泥混合，影响垫层的排水效果。另外，在铺设砂垫层前，应清除干净砂井顶面的淤泥或其他杂质，以利砂井排水。

2）对于预压软土地基，因软土固结系数较小，软土层较厚时，达到工作要求的固结度需要较长时间，为此，对软土预压应设置排水通道，排水通道的长度和间距宜通过试压试验确定。

（2）堆载预压法。

1）塑料排水带要求滤网膜渗透性好。

2）塑料带滤水膜在转盘和打设过程中应避免损坏，防止淤泥进入带芯堵塞输水孔而影响塑料带的排水效果。塑料带与桩尖的连接要牢固，避免提管时脱开将塑料带拔出。塑料带需接长时，采用滤水膜内平搭接的连接方式，搭接长度宜大于 200mm。

3）堆载预压过程中，堆在地基上的荷载不得超过地基的极限荷载，避免地基失稳破坏。应分级加载，一般堆载预压控制指标是：地基最大下沉量不宜超过 10 ~ 15mm/d；水平位置不宜大于 4 ~ 7mm/d；孔隙水压力不超过预压荷载所产生应力的 60%。通常加载在 60kPa 之前，加荷速度可不加限制。

①不同型号塑料排水带的厚度应符合表 2 – 21 的规定。

表 2 – 21　不同型号塑料排水带的厚度（mm）

型　　号	A 型	B 型	C 型	D 型
厚度	>3.5	>4.0	>4.5	>6

②塑料排水带的性能应符合表 2 – 22 的规定。

表 2 – 22　塑料排水带的性能

项　　目		单位	A 型	B 型	C 型	条　　件
纵向通水量		cm^3/s	≥15	≥25	≥40	侧压力
滤膜渗透系数		cm/s	≥5 × 10^{-4}			试件在水中浸泡 24h
滤膜等效孔径		μm	<75			以 D_{98} 计 D 为孔径
复合体抗拉强度（干态）		kN/10cm	≥1.0	≥1.3	≥1.5	延伸率为 10% 时
滤膜抗拉强度	干态	N/cm	≥15	≥25	≥30	延伸率为 10% 时
	湿态		≥10	≥20	≥25	延伸率为 15% 时，试件在水中浸泡 24h
滤膜重度		N/m²	—	0.8	—	—

注：1. A 型排水带适用于插入深度小于 15m。
　　2. B 型排水带适用于插入深度小于 25m。
　　3. C 型排水带适用于插入深度小于 35m。

4）预压时间应根据建筑物的要求和固结情况来确定，一般达到如下条件即可卸荷：

①地面总沉降量达到预压荷载下计算最终沉降量的 80% 以上。

②理论计算的地基总固结度达 80% 以上。

③地基沉降速度已降到 0.5 ~ 1.0mm/d。

（3）真空预压法。

1）真空预压的抽气设备宜采用射流真空泵，真空泵的设置应根据预压面积大小、真空泵效率以及工程经验确定，但每块预压区至少应设置两台真空泵。

2）真空管路的连接点应严格进行密封，为避免膜内真空度在停泵后很快降低，在真空管路中应设置止回阀和截门。

3）密封膜热合黏结时宜用两条膜的热合黏结缝平搭接，搭接宽度应大于 15mm。密封膜宜设三层，覆盖膜周边可采用挖沟折铺、平铺用黏土压边、围埝沟内覆水、膜上全面覆水等方法密封。

4）真空预压的真空度可一次抽气至最大，当连续 5d 实测沉降小于每天 2mm 或固结度 ≥80%，或符合设计要求时，可以停止抽气。

2．质量检验标准

预压地基和塑料排水带质量检验标准应符合表 2－23 的规定。

表 2－23　预压地基和塑料排水带质量检验标准

项目	序号	检查项目	允许偏差或允许值		检查方法
			单位	数值	
主控项目	1	预压载荷	%	≤2	水准仪
	2	固结度（与设计要求比）	%	≤2	根据设计要求采用不同的方法
	3	承载力或其他性能指标	设计要求		按规定方法
一般项目	1	沉降速率（与控制值比）	%	±10	水准仪
	2	砂井或塑料排水带位置	mm	±100	用钢尺量
	3	砂井或塑料排水带插入深度	mm	±200	插入时用经纬仪检查
	4	插入塑料排水带时回带长度	mm	≤500	用钢尺量
	5	塑料排水带或砂井高出砂垫层距离	mm	≥200	用钢尺量
	6	插入塑料排水带的回带根数值	%	<5	目测

注：如真空预压，主控项目中预压载荷的检查为真空度降低值 <2%。

2.2.8　振冲地基

1．质量控制要点

（1）施工前准备。

1）施工前应检查振冲器的性能，电流表、电压表的准确度及填料的性能。为确切掌握好填料量、密实电流和留振时间，使各段桩体都符合规定的要求，应通过现场试成桩确定这些施工参数。填料应选择不溶于地下水，或不受侵蚀影响且本身无侵蚀性和性能稳定的硬粒料。

2）施工前应进行振冲试验，以确定成孔合适的水压、水量、成孔速度和填料方法；达到土体密度时的密实电流、填料量和留振时间。一般来说：密实电流不小于 50A，填料

量每米桩长不小于 $0.6m^3$，每次搅拌量控制在 $0.20 \sim 0.35m^3$，留振时间为 $30 \sim 60s$。

3）振冲前应按设计图要求定出桩孔中心位置并编好孔号，施工时应复查孔位和编号，并做好记录。

（2）孔位偏差。

1）施工时振冲器尖端喷水中心与孔径中心偏差不得大于 50mm。

2）振冲造孔后，成孔中心与设计定位中心偏差不得大于 100mm。

3）完成后的桩顶中心与定位中心偏差不得大于 100mm。

4）桩数、孔径、深度及填料配合比必须符合设计要求。

（3）施工过程。

1）造孔时，振冲器贯入速度一般为 $1 \sim 2m/min$。每贯入 $0.5 \sim 1.0m$，宜悬留振冲 $5 \sim 10s$ 扩孔，待孔内泥浆溢出时再继续贯入。当造孔接近加固深度时，振冲器应在孔底适当停留并减小射水压力。

2）振冲填料时，宜保持小水量补给。采用边振边填，应对称均匀；如将振冲器提出孔口再加填料时，每次加料量以孔高 $0.5m$ 为宜。每根桩的填料总量必须符合设计要求或规范规定。

3）填料密实度以振冲器工作电流达到规定值为控制标准。完工后，应在距地表面 $1m$ 左右深度桩身部位加填碎石进行夯实，以保证桩顶密实度。密实度必须符合设计要求或施工规范规定。

4）振冲地基施工时对原土结构造成扰动，强度降低。因此，质量检验应在施工结束后间歇一定时间，对砂土地基间隔 $1 \sim 2$ 周，黏性土地基间隔 $3 \sim 4$ 周，对粉土、杂填土地基间隔 $2 \sim 3$ 周。桩顶部位由于周围土体约束力小，密实度较难达到要求，检验取样时应考虑此因素。

5）对用振冲密实法加固的砂土地基，如不加填料，质量检验主要是地基的密实度。可用标准贯入、动力触探等方法进行，但选点应有代表性。质量检验具体选择检验点时，宜由设计、施工、监理（或业主方）在施工结束后根据施工实施情况共同确定检验位置。

2. 质量检验标准

振冲地基质量检验标准应符合表 2 - 24 的规定。

表 2 - 24　振冲地基质量检验标准

项目	序号	检查项目	允许偏差或允许值		检查方法
			单位	数值	
主控项目	1	填料粒径	设计要求		抽样检查
	2	密实电流（黏性土） 密实电流（砂性土或粉土） （以上为功率 30kW 振冲器） 密实电流（其他类型振冲器）	A A A_0	$50 \sim 55$ $40 \sim 50$ $1.5 \sim 2.0$	电流表读数 电流表读数 电流表读数，A_0 为空振电流
	3	地基承载力	设计要求		按规定方法

续表 2-24

项目	序号	检 查 项 目	允许偏差或允许值		检 查 方 法
			单位	数值	
一般项目	1	填料含泥量	%	<5	抽样检查
	2	振冲器喷水中心与孔径中心偏差	mm	≤50	用钢尺量
	3	成孔中心与设计孔位中心偏差	mm	≤100	用钢尺量
	4	桩体直径	mm	<50	用钢尺量
	5	孔深	mm	±200	量钻杆或重锤测

2.2.9　高压喷射注浆地基

1. 质量控制要点

1）施工前应检查水泥、外掺剂等的质量，桩位，压力表、流量表的精度和灵敏度，高压喷射设备的性能等。

2）高压喷射注浆工艺宜用普遍硅酸盐工艺，强度等级不得低于 42.5 级，水泥用量、压力宜通过试验确定，如无条件可参考表 2-25 的规定。

表 2-25　1m 桩长喷射桩水泥用量表

桩径（mm）	桩长（m）	强度为 32.5 普硅水泥单位用量	喷射施工方法		
			单管	二重管	三管
φ600	1	kg/m	200~250	200~250	—
φ800	1	kg/m	300~350	300~350	—
φ900	1	kg/m	350~400（新）	350~400	—
φ1000	1	kg/m	400~450（新）	400~450（新）	700~800
φ1200	1	kg/m	—	500~600（新）	800~900
φ1400	1	kg/m	—	700~800（新）	900~1000

注："新"系指采用高压水泥浆泵，压力为 36~40MPa，流量为 80~110L/min 的新单管法和二重管法。

水压比为 0.7~1.0 较妥。为确保施工质量，施工机具必须配置准确的计量仪表。

3）施工中应检查施工参数（压力、水泥浆量、提升速度、旋转速度等）及施工程序。

4）旋喷施工前，应将钻机定位安放平稳，旋喷管的允许倾斜度不得大于 1.5%。

5）由于喷射压力较大，容易发生窜浆（即第二个孔喷进的浆液，从相邻的孔内冒出），影响邻孔的质量，应采用间隔跳打法施工，一般二孔间距大于 1.5m。

6）水泥浆的水灰比一般为 0.7~1.0。水泥浆的搅拌宜在旋喷前 1h 以内搅拌。旋喷过程中冒浆量应控制在 10%～25% 之间。

7）当高压喷射注浆完毕，应迅速拔出注浆管，用清水冲洗管路。为防止浆液凝固收缩影响桩顶高程，必要时可在原孔位采用冒浆回灌或第二次注浆等措施。

8）施工结束后，应检验桩体强度、平均直径、桩身中心位置、桩体质量及承载力等。桩体质量及承载力检验应在施工结束后 28d 进行。

2. 质量检验标准

高压喷射注浆地基质量检验标准应符合表 2-26 的规定。

表 2-26　高压喷射注浆地基质量检验标准

项目	序号	检查项目	允许偏差或允许值		检查方法
			单位	数值	
主控项目	1	水泥及外掺剂质量	符合出厂要求		查产品合格证书或抽样送检
	2	水泥用量	设计要求		查看流量表及水泥浆水灰比
	3	桩体强度或完整性检验	设计要求		按规定方法
	4	地基承载力	设计要求		按规定方法
一般项目	1	钻孔位置	mm	≤50	用钢尺量
	2	钻孔垂直度	%	≤1.5	经纬仪测钻杆或实测
	3	孔深	mm	±200	用钢尺量
	4	注浆压力	按设定参数指标		查看压力表
	5	桩体搭接	mm	>200	用钢尺量
	6	桩体直径	mm	≤50	开挖后用钢尺量
	7	桩身中心允许偏差	—	≤0.2D	开挖后桩顶下 500mm 处用钢尺量，D 为桩径

2.2.10　水泥土搅拌桩地基

1. 质量控制要点

1）试桩控制应按下面规定：不论采用湿法或干法施工，都必须做工艺试桩，把灰浆或喷粉泵的输浆量或输粉量和搅拌机的提升速度等施工参数通过试桩使之符合设计要求，以确定搅拌桩的水泥浆配合比和每分钟输入的浆量或粉量。

2）配制浆液时应按下面要求：湿法施工时应先按照试桩确定的配合比拌制浆液，浆液在灰浆搅拌机中应不断地搅拌，直至送浆前。

3）搅拌加密施工控制应按下列规定：

①湿作业时，搅拌头下沉到设计深度后，开启灰浆泵将浆液送入桩底，当浆液到达出浆口后，自桩底反向旋转，喷浆搅拌 30s，再开始提升搅拌头，边喷浆边匀速搅拌提升。

②干法作业时，钻进下沉到设计深度后，开启粉喷机将粉体送入桩底，自桩底反向旋转，边喷粉边匀速搅拌提升。提升时，搅拌头每旋转一周，其提升高度不得超过16mm。搅拌头距地面300～500mm时关闭粉体发射器，停止向土体喷射加固材料。按照设计要求的次数，重复上述过程。如果喷浆或喷粉量已经达到设计要求后，只需复拌而不再喷浆或喷粉作业。

③冬期施工时要求水泥浆进钻温度不得低于5℃。并且已施桩应做好保温工作，尤其是清除桩间保护土层后要及时地用岩棉被或草苫等物件覆盖桩位。

2．质量检验标准

水泥土搅拌桩地基质量检验标准应符合表2－27的规定。

表2－27　水泥土搅拌桩地基质量检验标准

项目	序号	检查项目	允许偏差或允许值		检查方法
			单位	数值	
主控项目	1	水泥及外掺剂质量	设计要求		查产品合格证书或抽样送检
	2	水泥用量	参数指标		查看流量表
	3	桩体强度	设计要求		按规定方法
	4	地基承载力	设计要求		按规定方法
一般项目	1	机头提升速度	m/min	≤0.5	量机头上升距离及时间
	2	桩底标高	mm	±200	测机头深度
	3	桩顶标高	mm	+100 −50	水准仪（最上部500mm不计入）
	4	桩位偏差	mm	<50	用钢尺量
	5	桩径	—	≤0.04D	用钢尺量，D为桩径
	6	垂直度	%	≤1.5	经纬仪
	7	搭接	mm	>200	用钢尺量

2.2.11　土和灰土挤密桩复合地基

1．质量控制要点

1）施工前对土及灰土的质量、桩孔放样位置等做检查。

施工前应在现场进行成孔、夯填工艺和挤密效果试验，以确定填料厚度、最优含水量、夯击次数及干密度等施工参数质量标准。成孔顺序应先外后内，同排桩应间隔施工。填料含水量如过大，宜预干或预湿处理后再填入。

2）施工中应对桩孔直径、桩孔深度、夯击次数、填料的含水量等做检查。

3）施工结束后，应检验成桩的质量及地基承载力。

2．质量检验标准

土和灰土挤密桩地基质量检验标准应符合表2－28的规定。

表 2 –28　土和灰土挤密桩地基质量检验标准

项目	序号	检 查 项 目	允许偏差或允许值		检 查 方 法
			单位	数值	
主控项目	1	桩体及桩间土干密度	设计要求		现场取样检查
	2	桩长	mm	+ 500	测桩管长度或垂球测孔深
	3	地基承载力	设计要求		按规定方法
	4	桩径	mm	– 20	用钢尺量
一般项目	1	土料有机质含量	%	≤ 5	试验室焙烧法
	2	石灰粒径	mm	≤ 5	筛分法
	3	桩位偏差	满堂布桩 ≤0.40D 条基布桩 ≤0.25D		用钢尺量，D 为桩径
	4	垂直度	%	≤ 1.5	用经纬仪测桩管
	5	桩径	mm	– 20	用钢尺量

注：桩径允许偏差负值是指个别断面。

2.2.12　水泥粉煤灰碎石桩复合地基

1．质量控制要点

1）施工前应对水泥、粉煤灰、砂及碎石等原材料进行检验。

2）桩机就位必须平整、稳固。待桩机就位后，调整沉管与地面垂直，确保垂直度偏差不大于 1.5%。

3）水泥、粉煤灰、砂石、碎石等原材料应符合设计要求。施工时按试验室提供的配合比配置混合料（采用商品混凝土时，应有符合设计要求的商品混凝土出厂合格证）。施工时要严格控制混合料或商品混凝土的坍落度，长螺旋钻孔，管内压混合料成桩施工的混合料坍落度宜为 160 ~ 200mm，振动沉管桩所需的混合料坍落度宜为 30 ~ 50mm。

4）施工前应进行成桩工艺和成桩质量试验，确定工艺参数，包括水泥粉煤灰碎石混合物的填充量、钻杆提管速度、电动机工作电流等。

5）在施工过程中必须随时检查施工记录和计量记录，并对照规定的施工工艺对每根桩进行质量评定。检查重点是桩身混合料的配合比、坍落度和提拔钻杆速度（或提拔套管速度）、成孔深度、混合料灌入量等。

6）提拔钻杆（或套管）的速度必须与泵入混合料的速度相配，否则容易产生缩颈或断桩，而且不同土层中提拔的速度不一样，砂性土、砂质黏土、黏土中提拔的速度为 1.2 ~ 1.5m/min，在淤泥质土中应当放慢。桩顶标高应高出设计标高 0.5m。由沉管方法成孔时，应注意新施工桩对已成桩的影响，避免挤桩。

7）长螺旋钻孔，管内压混合物成桩施工时，桩顶标高应低于钻机工作面标高，以避免在机械清理停机面的余土时碰撞桩头造成断桩。

8）成桩过程中，应按规定留置试块。

9）施工结束后，应对桩顶标高、桩位、桩体质量、地基承载力以及褥垫层的质量做检查。复合地基检验应在桩体强度符合试验荷载条件时进行，一般宜在施工结束 2~4 周后进行。

2．质量检验标准

水泥粉煤灰碎石桩复合地基的质量检验标准应符合表 2-29 的规定。

表 2-29　水泥粉煤灰碎石桩复合地基质量检验标准

项目	序号	检查项目	允许偏差或允许值		检查方法
			单位	数值	
主控项目	1	原材料	设计要求		查产品合格证书或抽样送检
	2	桩径	mm	-20	用钢尺量或计算填料量
	3	桩身强度	设计要求		查 28d 试块强度
	4	地基承载力	设计要求		按规定方法
一般项目	1	桩身完整性	按桩基检测技术规范		按桩基检测技术规范
	2	桩位偏差	满堂布桩≤0.40D 条基布桩≤0.25D		用钢尺量，D 为桩径
	3	桩垂直度	%	≤1.5	用经纬仪测桩管
	4	桩长	mm	+100	测桩管长度或垂球测孔深
	5	褥垫层夯填度	≤0.9		用钢尺量

注：1. 夯填度指夯实后的褥垫层厚度与虚体厚度的比值。

2. 桩径允许偏差负值是指个别断面。

2.2.13　夯实水泥土桩复合地基

1．质量控制要点

1）水泥及夯实用土料的质量应符合设计要求。

2）施工中应检查孔位、孔深、孔径、水泥和土的配合比、混合料含水量等。

3）采用人工洛阳铲或螺旋钻机成孔时，按梅花形布置进行并及时成桩，以避免大面积成孔后再成桩，由于夯机自重和夯锤的冲击，地表水灌入孔内而造成塌孔。

4）向孔内填料前，先夯实孔底虚土，采用二夯一填的连续成桩工艺。每根桩要求一气呵成，不得中断，防止出现松填或漏填现象。桩身密实度要求成桩 1h 后，击数不小于

30 击，用轻便触探检查"检定击数"。

5）施工结束应对桩体质量及复合地基承载力做检验，褥垫层应检查其夯填度。承载力检验一般为单桩的载荷试验，对重要、大型工程应进行复合地基载荷试验。

2．质量检验标准

夯实水泥土桩复合地基的质量检验标准应符合表 2 – 30 的规定。

表 2 – 30　夯实水泥土桩复合地基质量检验标准

项目	序号	检 查 项 目	允许偏差或允许值		检 查 方 法
			单位	数值	
主控项目	1	桩径	mm	– 20	用钢尺量
	2	桩长	mm	+ 500	测桩孔深度
	3	桩体干密度	设计要求		现场取样检查
	4	地基承载力	设计要求		按规定方法
一般项目	1	土料有机质含量	%	≤5	焙烧法
	2	含水量（与最优含水量比）	%	±2	烘干法
	3	土料粒径	mm	≤20	筛分法
	4	水泥质量	设计要求		查产品合格证书或抽样送检
	5	桩位偏差	满堂布桩≤0.40D 条基布桩≤0.25D		用钢尺量，D 为桩径
	6	桩孔垂直度	%	≤1.5	用经纬仪测桩管
	7	褥垫层夯填度	≤0.9		用钢尺量

注：见表 2 – 29。

2.2.14　砂桩地基

1．质量控制要点

1）施工前应检查砂料的含泥量及有机质含量、样桩的位置等。

2）振动法施工时，控制好填砂石量、提升速度和高度、挤压次数和时间，电动机的工作电流等，拔管速度约为 1 ~ 1.5m/min，且振动过程不断以振动棒捣实管中砂子，使其更密实。

3）砂桩施工应从外围或两侧向中间进行。灌砂量应按桩孔的体积和砂在中密状态时的干密度计算（一般取 2 倍桩管入土体积），其实际灌砂量（不包括水量）不得少于计算值的 95% 。如发现砂量不足或砂桩中断等情况，可在原位进行复打灌砂。

4）施工中检查每根砂桩的桩位、灌砂量、标高、垂直度等。

5）施工结束后，应检验被加固地基的强度或承载力。

2．质量检验标准

砂桩地基的质量检验标准应符合表 2 – 31 的规定。

表 2－31　砂桩地基的质量检验标准

项目	序号	检 查 项 目	允许偏差或允许值		检 查 方 法
			单位	数值	
主控项目	1	灌砂量	%	≥95	实际用砂量与计算体积比
	2	地基强度	设计要求		按规定方法
	3	地基承载力	设计要求		按规定方法
一般项目	1	砂料的含泥量	%	≤3	试验室测定
	2	砂料的有机质含量	%	≤5	焙烧法
	3	桩位	mm	≤50	用钢尺量
	4	砂桩标高	mm	±150	水准仪
	5	垂直度	%	≤1.5	经纬仪检查桩管垂直度

2.3　桩基础工程

2.3.1　一般规定

1）桩位的放样允许偏差如下：

群桩为 20mm；

单排桩为 10mm。

2）桩基工程的桩位验收，除设计有规定外，应按下述要求进行：

①当桩顶设计标高与施工现场标高相同时，或桩基施工结束后，有可能对桩位进行检查时，桩基工程的验收应在施工结束后进行。

②当桩顶设计标高低于施工场地标高，送桩后无法对桩位进行检查时，对打入桩可在每根桩桩顶沉至场地标高时，进行中间验收；待全部桩施工结束，承台或底板开挖到设计标高后，再做最终验收；对灌注桩可对护筒位置做中间验收。

3）打（压）入桩（预制凝土方桩、先张法预应力管桩、钢桩）的桩位偏差，必须符合表 2－32 的规定。斜桩倾斜度的偏差不得大于倾斜角正切值的 15%（倾斜角系桩的纵向中心线与铅垂线间夹角）。

表 2－32　预制桩（钢桩）桩位的允许偏差（mm）

序号	项　　　目	允许偏差
1	盖有基础梁的桩： ①垂直基础梁的中心线 ②沿基础梁的中心线	$100+0.01H$ $150+0.01H$
2	桩数为 1~3 根桩基中的桩	100

续表 2－32

序号	项　　　目	允　许　偏　差
3	桩数为 4～16 根桩基中的桩	1/2 桩径或边长
4	桩数大于 16 根桩基中的桩： ①最外边的桩 ②中间桩	1/3 桩径或边长 1/2 桩径或边长

注：H 为施工现场地面标高与桩顶设计标高的距离。

表 2－32 中的数值未计及由于降水和基坑开挖等造成的位移，但由于打桩顺序不当，造成挤土而影响已入土桩的位移，是包括在表列数值中。为此，必须在施工中考虑合适的顺序及打桩速率。布桩密集的基础工程应有必要的措施来减少沉桩的挤土影响。

4）灌注桩的桩位偏差必须符合表 2－33 的规定。桩顶标高至少要比设计标高高出 0.5m，桩底清孔质量按不同的成桩工艺有不同的要求，应按本节要求执行。每浇注 50m³ 必须有 1 组试件，小于 50m³ 的桩，每根桩必须有 1 组试件。

表 2－33　灌注桩的平面位置和垂直度的允许偏差

序号	成孔方法		桩径允许偏差（mm）	垂直度允许偏差（%）	桩位允许偏差（mm）	
					1～3 根、单排桩基垂直于中心线方向和群桩基础的边桩	条形桩基沿中心线方向和群桩基础的中间桩
1	泥浆护壁钻孔桩	D≤1000mm	±50	＜1	D/6，且不大于 100	D/4，且不大于 150
		D＞1000mm	±50		100＋0.01H	150＋0.01H
2	套管成孔灌注桩	D≤500mm	－20	＜1	70	150
		D＞500mm			100	150
3	干成孔灌注桩		－20	＜1	70	150
4	人工挖孔桩	混凝土护壁	＋50	＜0.5	50	150
		钢套管护壁	＋50	＜1	100	200

注：1. 桩径允许偏差的负值是指个别断面。
　　2. 采用复打、反插法施工的桩，其桩径允许偏差不受上表限制。
　　3. H 为施工现场地面标高与桩顶设计标高的距离，D 为设计桩径。

5）工程桩应进行承载力检验。对于地基基础设计等级为甲级或地质条件复杂、成桩质量可靠性低的灌注桩，应采用静载荷试验的方法进行检验，检验桩数不应少于总数的 1%，且不应少于 3 根，当总桩数少于 50 根时，不应少于 2 根。

6）桩身质量应进行检验。对设计等级为甲级或地质条件复杂，成桩质量可靠性低的灌注桩，抽检数量不应少于总数的 30%，且不应少于 20 根；其他桩基工程的抽检数量不应少于总数的 20%，且不应少于 10 根；对混凝土预制桩及地下水位以上且终孔后经过核验的灌注桩，检验数量不应少于总桩数的 10%，且不得少于 10 根。每个柱子承台下不得少于 1 根。

7）对砂、石子、钢材、水泥等原材料的质量、检验项目、批量和检验方法，应符合国家现行标准的规定。

8）除 5）、6）规定的主控项目外，其他主控项目应全部检查。对一般项目，除已明确规定外，其他可按 20% 抽查，但混凝土灌注桩应全部检查。

2.3.2　静力压桩

1. 质量控制要点

1）施工前应对成品桩（锚杆静压成品桩一般均由工厂制造，运至现场堆放）做外观及强度检验，接桩用焊条或半成品硫黄胶泥应有产品合格证书，或送有关部门检验。压桩用压力表、锚杆规格及质量也应进行检查。硫黄胶泥半成品应每 100kg 做一组试件（3件）。

半成品硫黄胶泥必须在进场后做检验。压桩用压力表必须标定合格方能使用，压桩时的压力数值是判断承载力的依据，也是指导压桩施工的一项重要参数。

2）静力压桩在一般情况下桩分段预制，分段压入，逐段接长。接桩方法有焊接法、硫黄胶泥锚接法。

3）压桩施工前，应了解施工现场土层土质情况，检查桩机设备，以免压桩时中途中断造成土层固结，使压桩困难。如果压桩过程原定需要停歇，则应考虑桩尖应停歇在软弱土层中，以使压桩启动阻力不致过大。压桩机自重大，行驶路基必须有足够承载力，必要时应加固处理。

4）压桩过程中应检查压力、桩垂直度、接桩间歇时间、桩的连接质量及压入深度。重要工程应对电焊接桩的接头做 10% 的探伤检查。对承受反力的结构应加强观测。按桩间歇时间对硫黄胶泥必须控制，浇注硫黄胶泥时间必须快，慢了硫黄胶泥在容器内结硬，浇注入连接孔内不易均匀流淌，质量也不易保证。

5）压桩时，应始终保持桩轴心受压，若有偏移应立即纠正。接桩应保证上下节桩轴线一致，并应尽量减少每根桩的接头个数，一般不宜超过 4 个接头。施工中，有可能桩尖遇到厚砂层等使阻力增大，这时可以用最大压桩力作用于桩顶，采用忽停忽开的办法，使桩有可能缓慢下沉，穿过砂层。

6）当桩压至接近设计标高时，不可过早停压，应使压桩一次成功，以免发生压不下或超压现象。若工程中有少数桩不能压至设计标高、可采取截去桩顶的方法。

7）施工结束后，应做桩的承载力及桩体质量检验。压桩的承载力试验，在有经验地区将最终压入力作为承载力估算的依据，如果有足够的经验是可行的，但最终应由设计确定。

2. 质量检验标准

锚杆静力压桩质量检验标准应符合表 2 - 34 的规定。

表2-34　锚杆静力压桩质量检验标准

项目	序号	检查项目		允许偏差或允许值		检查方法
				单位	数值	
主控项目	1	桩体质量检验		按基桩检测技术规范		按基桩检测技术规范
	2	桩位偏差		见表2-32		用钢尺量
	3	承载力		按基桩检测技术规范		按基桩检测技术规范
一般项目	1	成品桩质量	外观	表面平整，颜色均匀，掉角深度<10mm，蜂窝面积小于总面积的0.5%		直观
			外形尺寸	见表2-36		见表2-36
			强度	满足设计要求		查产品合格证书或钻芯试压
	2	硫黄胶泥质量（半成品）		设计要求		查产品合格证书或抽样送检
	3	接桩	焊缝质量	见表2-38		见表2-38
		电焊接桩	电焊结束后的停歇时间	min	>1.0	秒表测定
		硫黄胶泥接桩	胶泥浇注时间	min	<2	秒表测定
			浇注后停歇时间	min	>7	秒表测定
	4	电焊条质量		设计要求		查产品合格证书
	5	压桩压力（设计有要求时）		%	±5	查压力表读数
	6	接桩时上下节平面偏差接桩时节点弯曲矢高		mm	<10 <l/1000	用钢尺量 用钢尺量，l为两节桩长
	7	桩顶标高		mm	±50	水准仪

2.3.3　先张法预应力管桩

1. 质量控制要点

1）施工前应检查进入现场的成品桩，接桩用电焊条等产品质量。

先张法预应力管桩均为工厂生产后运到现场施打，工厂生产时的质量检验应由生产的单位负责，但运入工地后，打桩单位有必要对外观及尺寸进行检验并检查产品合格证书。

2）场地应碾压平整，地基承载力不小于0.2~0.3MPa，打桩前应认真检查施工设备，将导杆调直。

3）按施工方案合理安排打桩路线，避免压桩及挤桩。

4）桩位放样应采用不同方法二次核样。桩身倾斜率应控制在：底桩倾斜率≤0.5%，其余桩倾斜率≤0.8%。

5）桩间距小于3.5d（d为桩径）时，宜采用跳打，应控制每天打桩根数，同一区域内不宜超过12根桩，避免桩体上浮，桩身倾斜。

6）施打时应保证桩锤、桩帽、桩身中心线在同一条直线上，保证打桩时不偏心受力。

7）打底桩时应采用锤重或冷锤（不挂挡位）施工，将底桩徐徐打入，调直桩身垂直度，遇地下障碍物及时清理后再重新施工。

8）接桩时焊缝要连续饱满，焊渣要清除；焊接自然冷却时间应不少于1min，地下水位较高的应适当延长冷却时间，避免焊缝遇水淬火易脆裂；对接后间隙要用不超过5mm厚的钢片充填，保证打桩时桩顶不偏心受力；避免接头脱节。

9）施工过程中应检查桩的贯入情况、桩顶完整状况、电焊接桩质量、桩体垂直度、电焊后的停歇时间。重要工程应对电焊接头做10%的焊缝探伤检查，对接头做X光拍片检查。

10）施工结束后，应做承载力检验及桩体质量检验。由于锤击次数多，对桩体质量进行检验是有必要的，可检查桩体，是否被打裂，电焊接头是否完整。

2．质量检验标准

先张法预应力管桩的质量检验应符合表2-35的规定。

表2-35 先张法预应力管桩质量检验标准

项目	序号	检查项目		允许偏差或允许值		检查方法
				单位	数值	
主控项目	1	桩体质量检验		按基桩检测技术规范		按基桩检测技术规范
	2	桩位偏差		见表2-32		用钢尺量
	3	承载力		按基桩检测技术规范		按基桩检测技术规范
一般项目	1	成品桩质量	外观	无蜂窝、露筋、裂缝、色感均匀，桩顶处无空隙		直观
			桩径	mm	±5	用钢尺量
			管壁厚度	mm	±5	用钢尺量
			桩尖中心线	mm	<2	用钢尺量
			顶面平整度	mm	10	用水平尺量
			桩体弯曲	—	<$l/1000$	用钢尺量，l为桩长

续表 2 – 35

项目	序号	检查项目		允许偏差或允许值		检查方法
				单位	数值	
一般项目	2	接桩	焊缝质量	见表 2 – 38		见表 2 – 38
			电焊结束后的停歇时间	min	>1.0	用秒表测定
			上下节平面偏差	mm	<10	用钢尺量
			节点弯曲矢高	mm	<l/1000	用钢尺量,l 为两节桩长
	3	停锤标准		设计要求		现场实测或查沉桩记录
	4	桩顶标高		mm	±50	水准仪

2.3.4 混凝土预制桩

1. 质量控制要点

(1) 现场检查。

1) 桩在现场预制时,应对原材料、钢筋骨架、混凝土强度进行检查;采用工厂生产的成品桩时,桩进场后应进行外观及尺寸检查。

2) 施工中应对桩体垂直度、沉桩情况、桩顶完整状况、接桩质量等进行检查,对电焊接桩,重要工程应做 10% 的焊缝探伤检查。

(2) 打桩控制。

1) 对于桩尖位于坚硬土层的端承型桩,以贯入度控制为主,桩尖进入持力层深度或桩尖标高可作参考。如贯入度已达到而桩尖标高未达到时,应继续锤击 3 阵,每阵 10 击的平均贯入度不应大于规定的数值。

2) 桩尖位于软土层的摩擦型桩,应以桩尖设计标高控制为主,贯入度可作参考。如主要控制指标已符合要求,而其他指标与要求相差较大时,应会同有关单位研究解决。

(3) 打桩过程控制。

1) 测量最后贯入度应在下列正常条件下进行:桩顶没有破坏;锤击没有偏心;锤的落距符合规定;桩帽和弹性垫层正常;汽锤的蒸汽压力符合规定。

2) 打桩时,如遇桩顶破碎或桩身严重裂缝,应立即暂停,在采取相应的技术措施后方可继续施打。

3) 打桩时,除了注意桩顶与桩身由于桩锤冲击破坏外,还应注意桩身受锤击拉应力而导致的水平裂缝。在软土中打桩,在桩顶以下 1/3 桩长范围内常会因反射的张力波使桩身受拉而引起水平裂缝。开裂的地方往往出现在吊点和混凝土缺陷处,这些地方容易形成应力集中。采用重锤低速击桩和较软的桩垫可减少锤击拉应力。

4) 打桩时,引起桩区及附近地区的土体隆起和水平位移,由于邻桩相互挤压导致桩位偏移,会影响整个工程质量。如在已有建筑群中施工,打桩还会引起临近已有地下管线、地面交通道路和建筑物的损坏和不安全。为此，在邻近建（构）筑物打桩时，应采取适当的措施：如挖防振沟、砂井排水（或塑料排水板排水）、预钻孔取土打桩、采取合理打桩顺序、控制打桩速度等。

5）对长桩或总锤击数超过 500 击的锤击桩，应符合桩体强度及 28d 龄期的两项条件才能锤击。

6）施工结束后，应对承载力及桩体质量做检验。

2．质量检验标准

钢筋混凝土预制桩的质量检验标准应符合表 2 – 36 的规定。

表 2 – 36　钢筋混凝土预制桩的质量检验标准

项目	序号	检 查 项 目		允许偏差或允许值		检 查 方 法
				单位	数值	
主控项目	1	桩体质量检验		按基桩检测技术规范		按基桩检测技术规范
	2	桩位偏差		见表 2 – 32		用钢尺量
	3	承载力		按基桩检测技术规范		按基桩检测技术规范
一般项目	1	砂、石、水泥、钢材等原材料（现场预制时）		符合设计要求		查出厂质保文件或抽样送检
	2	混凝土配合比及强度（现场预制时）		符合设计要求		检查称量及查试块记录
	3	成品桩外形		表面平整，颜色均匀，掉角深度 <10mm，蜂窝面积小于总面积的 0.5%		直观
	4	成品桩裂缝（收缩裂缝或起吊、装运、堆放引起的裂缝）		深度 <20mm，宽度 <0.25mm，横向裂缝不超过边长的一半		裂缝测定仪，该项在地下水有侵蚀地区及锤击数超过 500 击的长桩不适用
	5	成品桩尺寸	横截面边长	mm	±5	用钢尺量
			桩顶对角线差	mm	<10	用钢尺量
			桩尖中心线	mm	<10	用钢尺量
			桩身弯曲矢高	mm	<l/1000	用钢尺量，l 为桩长
			桩顶平整度	mm	<2	用水平尺量
	6	电焊接桩	焊缝质量	见表 2 – 38		见表 2 – 38
			电焊结束后停歇时间	min	>1.0	用秒表测定

续表 2-36

项目	序号	检查项目		允许偏差或允许值		检查方法
				单位	数值	
一般项目	6	电焊接桩	上下节平面偏差	mm	<10	用钢尺量
			节点弯曲矢高	mm	<l/1000	用钢尺量,l 为两节桩长
	7	硫黄胶泥接桩	胶泥浇注时间	min	<2	用秒表测定
			浇注后停歇时间	min	>7	用秒表测定
	8	停锤标准		设计要求		现场实测或查沉桩记录
	9	桩顶标高		mm	±50	水准仪

2.3.5　钢桩

1. 质量控制要点

1）施工前应检查进入现场的成品钢桩。钢桩包括钢管桩、型钢桩等。成品桩也是在工厂生产,应有一套质检标准,但也会因运输堆放造成桩的变形,因此,进场后需再做检验。

2）H 型钢桩断面刚度较小,锤重不宜大于 4.5t 级(柴油锤),且在锤击过程中桩架前应有横向约束装置,防止横向失稳。持力层较硬时,H 型钢桩不宜送桩。

3）钢管桩如锤击沉桩有困难,可在管内取土以助沉。

4）施工过程中应检查钢桩的垂直度、沉入过程、电焊连接质量、电焊后的停歇时间、桩顶锤击后的完整状况。

5）施工结束后应做承载力检验。

2. 质量检验标准

成品钢桩质量检验标准和钢桩施工质量检验标准应符合表 2-37 及表 2-38 的规定。

表 2-37　成品钢桩质量检验标准

项目	序号	检查项目		允许偏差或允许值		检查方法
				单位	数值	
主控项目	1	外径或断面尺寸	桩端部	mm	±0.5%D	用钢尺量,D 为外径或边长
			桩身	mm	±1D	
	2	矢高		mm	≤l/1000	用钢尺量,l 为桩长
一般项目	1	长度		mm	+10	用钢尺量
	2	端部平整度		mm	≤2	用水平尺量

续表 2 – 37

项目	序号	检查项目	允许偏差或允许值 单位	允许偏差或允许值 数值	检查方法
一般项目	3	H 型钢桩的方正度 $h > 300$　$h < 300$	mm mm	$T + T' \leqslant 8$ $T + T' \leqslant 6$	用钢尺量，h、T、T' 见图示
	4	端部平面与桩身中心线的倾斜值	mm	$\leqslant 2$	用水平尺量

表 2 – 38　钢桩施工质量检验标准

项目	序号	检查项目			允许偏差或允许值 单位	允许偏差或允许值 数值	检查方法
主控项目	1	桩位偏差			见表 2 – 32		用钢尺量
	2	承载力			按基桩检测技术规范		按基桩检测技术规范
一般项目	1	电焊接桩焊缝	上下节端部错口	钢管桩外径≥700mm	mm	$\leqslant 3$	用钢尺量
				钢管桩外径 <700mm	mm	$\leqslant 2$	用钢尺量
			焊缝咬边深度		mm	$\leqslant 0.5$	焊缝检查仪
			焊缝加强层高度		mm	2	焊缝检查仪
			焊缝加强层宽度		mm	2	焊缝检查仪
			焊缝电焊质量外观		无气孔、无焊瘤、无裂缝		直观
			焊缝探伤检验		满足设计要求		按设计要求
	2	电焊结束后的停歇时间			min	>1	用秒表测定
	3	节点弯曲矢高			mm	$< l/1000$	用钢尺量，l 为两节桩长
	4	停锤标准			设计要求		用钢尺量或沉桩记录
	5	桩顶标高			mm	± 50	水准仪

2.3.6 混凝土灌注桩

1. 质量控制要点

1）施工前应对水泥、砂、石子（如现场搅拌）、钢材等原材料进行检查。对施工组织设计中制定的施工顺序、监测手段（包括仪器、方法）也应检查。

混凝土灌注桩的质量检验应较其他桩种严格，这是工艺本身要求，再则工程事故也较多，因此，对监测手段要事先落实。

2）施工中应对成孔、清查、放置钢筋笼、灌注混凝土等进行全过程检查，人工挖孔桩尚应复验孔底持力层土（岩）性。嵌岩桩必须有桩端持力层的岩性报告。

沉渣厚度应在钢筋笼放入后，混凝土浇注前测定。成孔结束后，放钢筋笼、混凝土导管都会造成土体跌落，增加沉渣厚度，因此，沉渣厚度应是二次清孔后的结果。沉渣厚度的检查目前均用重锤，有些地方用较先进的沉渣仪，这种仪器应预先做标定。人工挖孔桩一般对持力层有要求，而且到孔底察看土性是有条件的。

3）施工结束后，应检查混凝土强度，并应做桩体质量及承载力的检验。

2. 质量检验标准

混凝土灌注桩的质量检验标准应符合表2－39、表2－40的规定。

表2－39　混凝土灌注桩钢筋笼质量检验标准

项目	序号	检查项目	允许偏差或允许值（mm）	检查方法
主控项目	1	主筋间距	±10	用钢尺量
	2	钢筋骨架长度	±100	用钢尺量
一般项目	1	钢筋材质检验	设计要求	抽样送检
	2	箍筋间距	±20	用钢尺量
	3	直径	±10	用钢尺量

表2－40　混凝土灌注桩质量检验标准

项目	序号	检查项目	允许偏差或允许值		检查方法
			单位	数值	
主控项目	1	桩位	见表2－33		基坑开挖前量护筒，开挖后量桩中心
	2	孔深	mm	+300	只深不浅，用重锤测，或测钻杆、套管长度，嵌岩桩应确保进入设计要求的嵌岩深度
	3	桩体质量检验	按桩基检测技术规范。如钻芯取样，大直径嵌岩桩应钻至桩尖下500mm		按桩基检测技术规范

项目	序号	检查项目	允许偏差或允许值		检查方法
			单位	数值	
主控项目	4	混凝土强度	设计要求		试件报告或钻芯取样送检
	5	承载力	按桩基检测技术规范		按桩基检测技术规范
一般项目	1	垂直度	见表 2 – 33		测套管或钻杆，或用超声波探测
	2	桩径	见表 2 – 33		井径仪或超声波检测
	3	泥浆密度（黏土或砂性土中）	1.15 ~ 1.2		用密度计测，清孔后在距孔底 500mm 处取样
	4	泥浆面标高（高于地下水位）	m	0.5 ~ 1.0	目测
	5	沉渣厚度　端承桩	mm	≤50	用沉渣仪或重锤测量
		沉渣厚度　摩擦桩	mm	≤150	
	6	混凝土坍落度	mm	160 ~ 220	坍落度仪
	7	钢筋笼安装深度	mm	±100	用钢尺量
	8	混凝土充盈系数	>1		检查每根桩的实际灌注量
	9	桩顶标高	mm	+30，−50	水准仪，需扣除桩顶浮浆层及劣质桩体

2.4　基 坑 工 程

2.4.1　一般规定

1）在基坑（槽）或管沟工程等开挖施工中，现场不宜进行放坡开挖，当可能对邻近建（构）筑物、地下管线、永久性道路产生危害时，应对基坑（槽）、管沟进行支护后再开挖。

2）基坑（槽）、管沟开挖前应做好下述工作：

①基坑（槽）、管沟开挖前，应根据支护结构形式、挖深、地质条件、施工方法、周围环境、工期、气候和地面载荷等资料制定施工方案、环境保护措施、监测方案，经审批后方可施工。

②土方工程施工前，应对降水、排水措施进行设计，系统应经检查和试运转，一切正常时方可开始施工。

③有关围护结构的施工质量验收可按本章第 2.2 节、第 2.3 节和本节的规定执行，验收合格后方可进行土方开挖。

基坑的支护与开挖方案，各地均有严格的规定，应按当地的要求，对方案进行申报，经批准后才能施工。降水、排水系统对维护基坑的安全极为重要，必须在基坑开挖施工期间安全运转，应时刻检查其工作状况。临近有建筑物或有公共设施，在降水过程中要予以观测，不得因降水而危及这些建筑物或设施的安全。许多围护结构由水泥土搅拌桩、钻孔灌注桩、高压水泥喷射桩等构成。因在本章第 2.2 节、第 2.3 节中这类桩的验收已提及，可按相应的规定标准验收，其他结构在本节内均有标准可查。

　　3）土方开挖的顺序、方法必须与设计工况一致，并遵循"开槽支撑，先撑后挖，分层开挖，严禁超挖"的原则。

　　4）基坑（槽）、管沟的挖土应分层进行。在施工过程中基坑（槽）、管沟边堆置土方不应超过设计荷载，挖方时不应碰撞或损伤支护结构、降水设施。

　　基坑（槽）、管沟挖土要分层进行，分层厚度应根据工程具体情况（包括土质、环境等）决定。开挖本身是一种卸荷过程，防止局部区域挖土过深、卸载过速，引起土体失稳，降低土体抗剪性能，同时在施工中应不损伤支护结构，以保证基坑的安全。

　　5）基坑（槽）、管沟土方施工中应对支护结构、周围环境进行观察和监测，如出现异常情况应及时处理，待恢复正常后方可继续施工。

　　6）基坑（槽）、管沟开挖至设计标高后，应对坑底进行保护，经验槽合格后，方可进行垫层施工。对特大型基坑，宜分区分块挖至设计标高，分区分块及时浇筑垫层。必要时，可加强垫层。

　　7）基坑（槽）、管沟土方工程验收必须确保支护结构安全和周围环境安全为前提。当设计有指标时，以设计要求为依据，如无设计指标时应按表 2-41 的规定执行。

表 2-41　基坑变形的监控值（cm）

基坑类别	围护结构墙顶位移监控值	围护结构墙体最大位移监控值	地面最大沉降监控值
一级基坑	3	5	3
二级基坑	6	8	6
三级基坑	8	10	10

　　注：1. 符合下列情况之一，为一级基坑。
　　（1）重要工程或支护结构做主体结构的一部分；
　　（2）开挖深度大于 10m；
　　（3）与邻近建筑物、重要设施的距离在开挖深度以内的基坑；
　　（4）基坑范围内有历史文物、近代优秀建筑、重要管线等需严加保护的基坑。
　　2. 三级基坑为开挖深度小于 7m，且周围环境无特别要求时的基坑。
　　3. 除一级和三级外的基坑属二级基坑。
　　4. 当周围已有的设施有特殊要求时，尚应符合这些要求。

2.4.2　排桩墙支护工程

　　1）排桩墙支护结构包括灌注桩、预制桩、板桩等类型桩构成的支护结构。

　　2）灌注桩、预制桩的检验标准应符合本章第 2.3 节的规定。钢板桩均为工厂成品，新桩可按出厂标准检验，重复使用的钢板桩应符合表 2-42 的规定，混凝土板桩应符合表 2-43 的规定。

表 2 – 42 重复使用的钢板桩检验标准

序号	检查项目	允许偏差或允许值		检查方法
		单位	数值	
1	桩垂直度	%	<1%	用钢尺量
2	桩身弯曲度	%	<2%	用钢尺量
3	齿槽平直光滑度	无电焊渣或毛刺		用1m长的桩段做通过试验
4	桩长度	不小于设计长度		用钢尺量

表 2 – 43 混凝土板桩制作标准

项目	序号	检查项目	允许偏差或允许值		检查方法
			单位	数值	
主控项目	1	桩长度	mm	+10 0	用钢尺量
	2	桩身弯曲度	%	<0.1l%	用钢尺量，l 为桩长
一般项目	1	保护层厚度	mm	±5	用钢尺量
	2	横截面相对两面之差	mm	5	用钢尺量
	3	桩尖对桩轴线的位移	mm	10	用钢尺量
	4	桩厚度	mm	+10 0	用钢尺量
	5	凹凸槽尺寸	mm	±3	用钢尺量

3）排桩墙支护的基坑，开挖后应及时支护，每一道支撑施工应确保基坑变形在设计要求的控制范围内。

4）在含水量地层范围内的排桩墙支护基坑，应有确实可靠的止水措施，确保基坑施工及邻近构筑物的安全。含水地层内的支护结构常因止水措施不当而造成地下水从坑外向坑内渗漏，大量抽排造成土颗粒流失，致使坑外土体沉降，危及坑外的设施。因此，必须有可靠的止水措施。这些措施有深层搅拌桩帷幕、高压喷射注浆止水帷幕、注浆帷幕，或者降水井（点）等，可根据不同的条件选用。

2.4.3 水泥土桩墙支护工程

1）水泥土墙支护结构指水泥土搅拌桩（包括加筋水泥土搅拌桩）、高压喷射注浆桩所构成的围护结构。

加筋水泥土桩是在水泥土搅拌桩内插入筋性材料如型钢、钢板桩、混凝土板桩、混凝土工字梁等。这些筋性材可以拔出，也可不拔，视具体条件而定。如要拔出，应考虑相应的填充措施，而且应同拔出的时间同步，以减少周围的土体变形。

2）水泥土搅拌桩及高压喷射注浆桩的质量检验应满足本章2.2.9和2.2.10的规定。

3）加筋水泥土桩应符合表 2 – 44 的规定。

表 2 – 44　加筋水泥土桩质量检验标准

序号	检查项目	允许偏差或允许值		检查方法
		单位	数值	
1	型钢长度	mm	±10	用钢尺量
2	型钢垂直度	%	<1	经纬仪
3	型钢插入标高	mm	±30	水准仪
4	型钢插入平面位置	mm	10	用钢尺量

2.4.4　锚杆及土钉墙支护工程

1）锚杆及土钉墙支护工程施工前应熟悉地质资料、设计图纸及周围环境，降水系统应确保正常工作，必须的施工设备如挖掘机、钻机、压浆泵、搅拌机等应能正常运转。土钉墙一般适用于开挖深度不超过 5m 的基坑，如措施得当也可再加深，但设计与施工均应有足够的经验。

2）一般情况下，应遵循分段开挖、分段支护的原则，不宜按一次挖就再行支护的方式施工。尽管有了分段开挖、分段支护，仍要考虑土钉与锚杆均有一段养护时间，不能为抢进度而不顾及养护期。

3）施工中应对锚杆或土钉位置，钻孔直径、深度及角度，锚杆或土钉插入长度，注浆配比、压力及注浆量，喷锚墙面厚度及强度、锚杆或土钉应力等进行检查。

4）每段支护体施工完成后，应检查坡顶或坡面位移，坡顶沉降及周围环境变化，如有异常情况应采取措施，恢复正常后方可继续施工。

5）锚杆及土钉墙支护工程质量检验应符合表 2 – 45 的规定。

表 2 – 45　锚杆及土钉墙支护工程质量检验标准

项目	序号	检查项目	允许偏差或允许值		检查方法
			单位	数值	
主控项目	1	锚杆土钉长度	mm	±30	用钢尺量
	2	锚杆锁定力	设计要求		现场实测
一般项目	1	锚杆或土钉位置	mm	±100	用钢尺量
	2	钻孔倾斜度	°	±1	测钻机倾角
	3	浆体强度	设计要求		试样送检
	4	注浆量	大于理论计算浆量		检查计量数据
	5	土钉墙面厚度	mm	±10	用钢尺量
	6	墙体强度	设计要求		试样送检

2.4.5　钢支撑及混凝土支撑系统

1）支撑系统包括围囹及支撑，当支撑较长时（一般超过15m），还包括支撑下的立柱及相应的立柱桩。工程中常用的支撑系统有混凝土围囹、钢围囹、混凝土支撑、钢支撑、格构式立柱、钢管立桩、型钢立柱等。立柱往往埋入灌注桩内，也有直接打入一根钢管桩或型钢桩，使桩柱合为一体，甚至有钢支撑和混凝土支撑混合使用的实例。

2）施工前应熟悉支撑系统的图纸及各种计算工况，掌握开挖及支撑设置的方式、预顶力及周围环境保护的要求。预顶力应由设计规定，所用的支撑应能施加预顶力。

3）施工过程中应严格控制开挖和支撑的程序及时间，对支撑的位置（包括立柱及立柱桩的位置）、每层开挖深度、预加顶力（如需要时）、钢围囹与围护体或支撑与围囹的密贴度应做周密检查。一般支撑系统不宜承受垂直荷载，因此不能在支撑上堆放钢材，甚至做脚手用。只有采取可靠的措施，并经复核后方可做他用。

4）全部支撑安装结束后，仍应维持整个系统的正常运转直至支撑全部拆除。支撑安装结束，即已投入使用，应对整修使用期做观测，尤其一些过大的变形应尽可能防止。

5）作为永久性结构的支撑系统尚应符合现行国家标准《混凝土结构工程施工质量验收规范》GB 50204—2015的要求。

6）钢或混凝土支撑系统工程质量检验标准应符合表2-46的规定。

表2-46　钢及混凝土支撑系统工程质量检验标准

项目	序号	检查项目	允许偏差或允许值		检查方法
			单位	数值	
主控项目	1	支撑位置：标高 　　　　　平面	mm mm	30 100	水准仪 用钢尺量
	2	预加顶力	kN	±50	油泵读数或传感器
一般项目	1	围檩标高	mm	30	水准仪
	2	立柱位置：标高 　　　　　平面	mm mm	30 50	水准仪 用钢尺量
	3	开挖超深（开槽放支撑不在此范围）	mm	<200	水准仪
	4	支撑安装时间	设计要求		用钟表估测

2.4.6　地下连续墙

1）地下连续墙均应设置导墙，导墙形式有预制及现浇两种，现浇导墙形状有"L"型或倒"L"型，可根据不同土质选用。导墙施工是确保地下墙的轴线位置及成槽质量的关键工序。土层性质较好时，可选用倒"L"型，甚至预制钢导墙；采用"L"型导墙，应加强导墙背后的回填夯实工作。

2）地下墙施工前宜先试成槽，以检验泥浆的配比、成槽机的选型并可复核地质资料。泥浆配方及成槽机选型与地质条件有关，常发生配方或成槽机选型不当而产生槽段坍方的事例，因此一般情况下应试成槽，以确保工程的顺利进行。仅对专业施工经验丰富，熟悉土层性质的施工单位可不进行成槽。

3）作为永久结构的地下连续墙，其抗渗质量标准可按现行国家标准《地下防水工程质量验收规范》GB 50208—2011 执行。

4）地下墙槽段间的连接接头形式，应根据地下墙的使用要求选用，且应考虑施工单位的经验。无论选用何种接头，在浇注混凝土前，接头处必须刷洗干净，不留任何泥砂或污物。目前地下墙的接头形式多种多样，从结构性能来分有刚性、柔性、刚柔结合型；从材质来分有钢接头、预制混凝土接头等，但无论选用何种型式，从抗渗要求着眼，接头部位经常是薄弱环节，严格这部分的质量要求实有必要。

5）地下墙与地下室结构顶板、楼板、底板及梁之间连接可预埋钢筋或接驳器（锥螺纹或直螺纹），对接驳器也应按原材料检验要求，抽样复验。数量每 500 套为一个检验批，每批应抽查 3 件，复验内容为外观、尺寸、抗拉试验等。地下墙作为永久结构，必然与楼板、顶盖等构成整体。工程中采用接驳器（锥螺纹或直螺纹）已较普遍，但生产接驳器厂商较多，使用部位又是重要结点，必须对接驳器的外形及力学性能复验，以符合设计要求。

6）施工前应检验进场的钢材、电焊条。已完工的导墙应检查其净空尺寸，墙面平整度与垂直度。检查泥浆用的仪器、泥浆循环系统应完好。地下连续墙应用商品混凝土。泥浆护壁在地下墙施工时是确保槽壁不坍的重要措施，必须有完整的仪器，经常地检验泥浆指标，随着泥浆的循环使用，泥浆指标将会劣化，只有通过检验，方可把好此关。地下连续墙连续浇注，以在初凝期内完成一个槽段为好，商品混凝土可保证短期内的浇灌量。

7）施工中应检查成槽的垂直度、槽底的淤积物厚度、泥浆密度、钢筋笼尺寸、浇注导管位置、混凝土上升速度、浇注面标高、地下墙连接面的清洗程度、商品混凝土的坍落度、锁口管或接头箱的拔出时间及速度等。检查混凝土上升速度与浇注面标高均为确保槽段混凝土顺利浇注及浇注质量的监测措施。锁口管（或称槽段浇注混凝土时的临时封堵管）拔得过快，入槽的混凝土将流淌到相邻槽段中给该槽段成槽造成极大困难，影响质量；拔管过慢又会导致锁口管拔不出或拔断，使地下墙构成隐患。

8）成槽结束后应对成槽的宽度、深度及倾斜度进行检验，重要结构每段槽段都应检查，一般结构可抽查总槽段数的 20%，每槽段应抽查 1 个段面。检查槽段的宽度及倾斜度宜用超声测槽仪，机械式的不能保证精度。

9）永久性结构的地下墙，在钢筋笼沉放后，应做二次清孔，沉渣厚度应符合要求。沉渣过多，施工后的地下墙沉降加大，往往造成楼板、梁系统开裂，这是不允许的。

10）每 50m³ 地下墙应做 1 组试件，每幅槽段不得少于 1 组，在强度满足设计要求后方可开挖土方。

11）作为永久性结构的地下连续墙，土方开挖后应进行逐段检查，钢筋混凝土底板也应符合现行国家标准《混凝土结构工程施工质量验收规范》GB 50204—2015 的规定。

12）地下连续墙的钢筋笼检验标准应符合表 2–39 的规定。地下连续墙的质量检验标准应符合表 2–47 的规定。

表 2 – 47　地下连续墙质量检验标准

项目	序号	检验项目		允许偏差或允许值		检查方法
				单位	数值	
主控项目	1	墙体结构		设计要求		查试件记录或取芯试压
	2	垂直度	永久结构	1/300		测声波测槽仪或成槽机上的监测系统
			临时结构	1/150		
一般项目	1	导墙尺寸	宽度	mm	$w + 40$	用钢尺量，w 为地下连续墙设计厚度
			墙面平整度	mm	<5	用钢尺量
			导墙平面位置	mm	±10	用钢尺量
	2	沉渣厚度	永久结构	mm	≤100	重锤测或沉积物测定仪测
			临时结构	mm	≤200	
	3	槽深		mm	+100	重锤测
	4	混凝土坍落度		mm	180~220	坍落度测定仪
	5	钢筋笼尺寸		见表 2 – 29		
	6	地下墙表面平整度	永久结构	mm	<100	此为均匀黏土层，松散及易塌土层由设计决定
			临时结构	mm	<150	
			插入式结构	mm	<20	
	7	永久结构时的预埋件位置	水平向	mm	≤10	用钢尺量
			垂直向	mm	≤20	水准仪

2.4.7　沉井与沉箱

1）沉井是下沉结构，必须掌握确凿的地质资料，钻孔可按下述要求进行：

①面积在 $200m^2$ 以下（包括 $200m^2$）的沉井（箱），应有一个钻孔（可布置在中心位置）；

②面积在 $200m^2$ 以上的沉井（箱），在四角（圆形为相互垂直的两直径端点）应各布置一个钻孔；

③特大沉井（箱）可根据具体情况增加钻孔；

④钻孔底标高应深于沉井的终沉标高；

⑤每座沉井（箱）应有一个钻孔提供土的各项物理力学指标、地下水位和地下水含量资料。

2）沉井（箱）的施工应由具有专业施工经验的单位承担。

3）沉井制作时，承垫木或砂垫层的采用，与沉井的结构情况、地质条件、制作高度等有关。无论采用何种型式，均应有沉井制作时的稳定计算及措施。承垫木或砂垫层的采用，影响到沉井的结构，应征得设计的认同。

4）多次制作和下沉的沉井（箱），在每次制作接高时，应对下卧层做稳定复核计算，并确定沉井接高的稳定措施。沉井（箱）在接高时，一次性加了一节混凝土重量，对沉井（箱）的刃脚踏面增加了载荷。如果踏面下土的承载力不足以承担该部分荷载，会造成沉井（箱）在浇注过程中，产生大的沉降，甚至突然下沉，荷载不均匀时还会产生大的倾斜。工程中往往在沉井（箱）接高之前，在井内回填部分黄砂，以增加接触面，减少沉井（箱）的沉降。

5）沉井采用排水封底，应确保终沉时，井内不发生管涌、涌土及沉井止沉稳定。如不能保证时，应采用水下封底。排水封底，操作人员可下井施工，质量容易控制。但当井外水位较高，井内抽水后，大量地下水涌入井内，或者井内土体的抗剪强度不足以抵挡井外较高的土体质量，产生剪切破坏而使大量土体涌入，沉井（箱）不能稳定，则必须井内灌水，进行不排水封底。

6）沉井施工除应符合本规范外，尚应符合现行国家标准《混凝土结构工程施工质量验收规范》GB 50204—2015 及《地下防水工程质量验收规范》GB 50208—2011 的规定。

7）沉井（箱）在施工前应对钢筋、电焊条及焊接成形的钢筋半成品进行检验。如不用商品混凝土，则应对现场的水泥、骨料做检验。

8）混凝土浇注前，应对模板尺寸、预埋件位置、模板的密封性进行检验。拆模后应检查浇注质量（外观及强度），符合要求后方可下沉。浮运沉井尚需做起浮可能性检查。下沉过程中应对下沉偏差做过程控制检查。下沉后的接高应对地基强度、沉井的稳定做检查。封底结束后，应对底板的结构（有无裂缝）及渗漏做检查。有关渗漏验收标准应符合现行国家标准《地下防水工程质量验收规范》GB 50208—2011 的规定。

9）沉井（箱）竣工后的验收应包括沉井（箱）的平面位置、终端标高、结束完整性、渗水等进行综合检查。

10）沉井（箱）的质量检验标准应符合表2-48的要求。

表2-48　沉井（箱）的质量检验标准

项目	序号	检查项目	允许偏差或允许值		检查方法
			单位	数值	
主控项目	1	混凝土强度	满足设计要求（下沉前必须达到70%设计强度）		查试件记录或抽样送检
	2	封底前，沉井（箱）的下沉稳定	mm/8h	<10	水准仪
	3	封底结束后的位置	刃脚平均标高（与设计标高比） mm	<100	水准仪

续表 2－48

项目	序号	检查项目		允许偏差或允许值		检查方法
				单位	数值	
主控项目	3	封底结束后的位置	刃脚平面中心线位移	mm	<1%H	经纬仪，H 为下沉总深度，H<10m 时，控制在 100mm 之内
			四角中任何两角的底面高差	mm	<1%L	水准仪，L 为两角的距离，但不超过 300mm，L<10m 时，控制在 100mm 之内
一般项目	1	钢材、对接钢筋、水泥、骨料等原材料检查		符合设计要求		查出厂质保书或抽样送检
	2	结构体外观		无裂缝，无风窝、空洞，不露筋		直观
	3	平面尺寸	长与宽	%	±0.5	用钢尺量，最大控制在 100mm 之内
			曲线部分半径	%	±0.5	用钢尺量，最大控制在 50mm 之内
			两对角线差	%	1.0	用钢尺量
			预埋件	mm	20	用钢尺量
	4	下沉过程中的偏差	高差	%	1.5~2.0	水准仪，但最大不超过 1m
			平面轴线	mm	<1.5%H	经纬仪，H 为下沉深度，最大应控制在 300mm 之内，此数值不包括高差引起的中线位移
	5	封底混凝土坍落度		cm	18~22	坍落度测定器

注：主控项目 3 的三项偏差可同时存在。下沉总深度，系指下沉前后刃脚之高差。

2.4.8 降水与排水

1）降水与排水是配合基坑开挖的安全措施，施工前应有降水与排水设计。当在基坑外降水时，应有降水范围的估算，对重要建筑物或公共设施在降水过程中应监测。降水会影响周边环境，应有降水范围估算以估计对环境的影响，必要时需有回灌措施，尽可能减少对周边环境的影响。降水运转过程中要设水位观测井及沉降观测点，以估计降水的影响。

2）对不同的土质应用不同的降水形式，表 2－49 为常用的降水形式。

表 2 - 49　降水类型及适用条件

降水类型 \ 适用条件	渗透系数（cm/s）	可能降低的水位深度（m）
轻型井点 多级轻型井点	$10^{-5} \sim 10^{-2}$	3 ~ 6 6 ~ 12
喷射井点	$10^{-6} \sim 10^{-3}$	8 ~ 20
电渗井点	$< 10^{-6}$	宜配合其他形式降水使用
深井井管	$\geqslant 10^{-5}$	> 10

　　3）降水系统施工完后，应试运转，如发现井管失效，应采取措施使其恢复正常，如不可能恢复则应报废，另行设置新的井管。

　　4）降水系统运转过程中，应随时检查观测孔中的水位。

　　5）基坑内明排水应设置排水沟及集水井，排水沟纵坡宜控制在 1‰ ~ 2‰。

　　6）降水与排水施工的质量检验标准应符合表 2 - 50 的规定。

表 2 - 50　降水与排水施工质量检验标准

序号	检 查 项 目	允许偏差或允许值		检 查 方 法
		单位	数值	
1	排水沟坡度	‰	1 ~ 2	目测：坑内不积水，沟内排水畅通
2	井管（点）垂直度	%	1	插管时目测
3	井管（点）间距（与设计相比）	%	≤150	用钢尺量
4	井管（点）插入深度（与设计相比）	mm	≤200	水准仪
5	过滤砂砾料填灌（与计算值相比）	mm	≤5	检查回填料用量
6	井点真空度：轻型井点 喷射井点	kPa kPa	>60 >93	真空度表 真空度表
7	电渗井点阴阳距离：轻型井点 喷射井点	mm mm	80 ~ 100 120 ~ 150	用钢尺量 用钢尺量

3 砌体工程质量控制

3.1 砖砌体工程

3.1.1 一般规定

1）用于清水墙、柱表面的砖，应边角整齐，色泽均匀。

2）砌体砌筑时，混凝土多孔砖、混凝土实心砖、蒸压灰砂砖、蒸压粉煤灰砖等块体的产品龄期不应小于28d。

3）有冻胀环境和条件的地区，地面以下或防潮层以下的砌体，不应采用多孔砖。

4）不同品种的砖不得在同一楼层混砌。

5）砌筑烧结普通砖、烧结多孔砖、蒸压灰砂砖、蒸压粉煤灰砖砌体时，砖应提前1~2d适度湿润，严禁采用干砖或处于吸水饱和状态的砖砌筑，块体湿润程度宜符合下列规定：

①烧结类块体的相对含水率为60%~70%。

②混凝土多孔砖及混凝土实心砖不需浇水湿润，但在气候干燥炎热的情况下，宜在砌筑前对其喷水湿润。其他非烧结类块体的相对含水率为40%~50%。

6）采用铺浆法砌筑砌体，铺浆长度不得超过750mm；当施工期间气温超过30℃时，铺浆长度不得超过500mm。

砖砌体砌筑宜随铺砂浆随砌筑。采用铺浆法砌筑时，铺浆长度对砌体的抗剪强度影响明显，在气温为15℃时，铺浆后立即砌砖和铺浆后30min再砌砖，砌体的抗剪强度相差30%。气温较高时砖和砂浆中的水分蒸发较快，影响工人操作和砌筑质量，因而应缩短铺浆长度。

7）240mm厚承重墙的每层墙的最上一皮砖，砖砌体的台阶水平面上及挑出层的外皮砖，应整砖丁砌。

8）弧拱式及平拱式过梁的灰缝应砌成楔形缝，拱底灰缝宽度不宜小于5mm，拱顶灰缝宽度不应大于15mm，拱体的纵向及横向灰缝应填实砂浆；平拱式过梁拱脚下面应伸入墙内不小于20mm；砖砌平拱过梁底应有1%的起拱。

9）砖过梁底部的模板及其支架拆除时，灰缝砂浆强度不应低于设计强度的75%。

过梁底部模板是砌筑过程中的承重结构，只有砂浆达到一定强度后，过梁部位砌体方能承受荷载作用，才能拆除底模。

10）多孔砖的孔洞应垂直于受压面砌筑。半盲孔多孔砖的封底面应朝上砌筑。

多孔砖的孔洞垂直于受压面，能使砌体有较大的有效受压面积，有利于砂浆结合层进入上下砖块的孔洞产生"销键"作用，提高砌体的抗剪强度和砌体的整体性。此外，孔洞垂直于受压面砌筑也符合砌体强度试验时试件的砌筑方法。

11）竖向灰缝不应出现瞎缝、透明缝和假缝。

12）砖砌体施工临时间断处补砌时，必须将接槎处表面清理干净，洒水湿润，并填实砂浆，保持灰缝平直。

砖砌体的施工临时间断处的接槎部位是受力的薄弱点，为保证砌体的整体性，必须强调补砌时的要求。

13）夹心复合墙的砌筑应符合下列规定：

①墙体砌筑时，应采取措施防止空腔内掉落砂浆和杂物。

②拉结件设置应符合设计要求，拉结件在叶墙上的搁置长度不应小于叶墙厚度的2/3，并不应小于60mm。

③保温材料品种及性能应符合设计要求。保温材料的浇注压力不应对砌体强度、变形及外观质量产生不良影响。

3.1.2　砖砌体工程质量控制要点

1. 放线和皮数杆

1）建筑物的标高，应引自标准水准点或设计指定的水准点。基础施工前，应在建筑物的主要轴线部位设置标志板。标志板上应标明基础、墙身和轴线的位置及标高。外形或构造简单的建筑物，可用控制轴线的引桩代替标志板。

2）砌筑前，弹好墙基大放脚外边沿线、墙身线、轴线、门窗洞口位置线，并必须用钢尺校核放线尺寸。

3）砌筑基础前，应校核放线尺寸，允许偏差应符合表3-1的规定。

表3-1　放线尺寸的允许偏差

长度 L、宽度 B 的尺寸（m）	允许偏差（mm）
L（或 B）≤30	±5
30＜L（或 B）≤60	±10
60＜L（或 B）≤90	±15
L（或 B）＞90	±20

4）按设计要求，在基础及墙身的转角及某些交接处立好皮数杆，其间距每隔10～15m立一根，皮数杆上划有每皮砖和灰缝厚度及门窗洞口、过梁、楼板等竖向构造的变化位置，控制楼层及各部位构件的标高。砌筑完每一楼层（或基础）后，应校正砌体的轴线和标高。

2. 砌体工作段的划分

1）相邻工作段的分段位置，宜设在伸缩缝、沉降缝、防震缝构造柱或门窗洞口处。

2）相邻工作段的高度差，不得超过一个楼层的高度，且不得大于4m。

3）砌体临时间断处的高度差，不得超过一步脚手架的高度。

4）砌体施工时，楼面堆载不得超过楼板允许荷载值。

5）尚未安装楼板或屋面的墙和柱，当可能遇到大风时，其允许自由高度不得超过表3-2的规定。如超过规定，必须采取临时支撑等有效措施以保证墙或柱在施工中的稳定性。

表3-2　墙和柱的允许自由高度

墙（柱）厚（mm）	砌体密度 >1600kg/m³			砌体密度 1300~1600kg/m³		
	风载（kN/m²）			风载（kN/m²）		
	0.3（约7级风）	0.4（约8级风）	0.6（约9级风）	0.3（约7级风）	0.4（约8级风）	0.6（约9级风）
190	—	—	—	1.4	1.1	0.7
240	2.8	2.1	1.4	2.2	1.7	1.1
370	5.2	3.9	2.6	4.2	3.2	2.1
490	8.6	6.5	4.3	7.0	5.2	3.5
620	14.0	10.5	7.0	11.4	8.6	5.7

注：1. 本表适用于施工处相对标高（H）在10m范围内的情况。如10m<H≤15m、15m<H≤20m时，表中的允许自由高度应分别乘以0.9、0.8的系数；如H>20m时，应通过抗倾覆验算确定其允许自由高度。

2. 当所砌筑的墙，有横墙和其他结构与其连接，而且间距小于表列限值的2倍时，砌筑设计可不受本表规定的限制。

3. 砌体留槎和拉结筋

1）砖砌体接槎时必须将接槎处的表面清理干净，浇水湿润，填实砂浆并保持灰缝平直。

2）多层砌体结构中，后砌的非承重砌体隔墙，应沿墙高每隔500mm配置2根$\phi6$的钢筋与承重墙或柱拉结，每边伸入墙内不应小于500mm。抗震设防烈度为8度和9度区，长度大于5m的后砌隔墙的墙顶，尚应与楼板或梁拉结。隔墙砌至梁板底时，应留一定空隙，间隔一周后再补砌挤紧。

4. 砖砌体灰缝

1）水平灰缝砌筑方法宜采用"三一"砌砖法，即"一铲灰、一块砖、一揉挤"的操作方法。竖向灰缝宜采用挤浆法或加浆法，使其砂浆饱满，严禁用水冲浆灌缝。如采用铺浆法砌筑，铺浆长度不得超过750mm。施工期间气温超过30℃时，铺浆长度不得超过500mm。水平灰缝的砂浆饱满度不得低于80%；竖向灰缝不得出现透明缝、瞎缝和假缝。

2）清水墙面不应有上下二皮砖搭接长度小于25mm的通缝，不得有三分头砖，不得在上部随意变活乱缝。

3）空斗墙的水平灰缝厚度和竖向灰缝宽度一般为10mm，但不应小于7mm，也不应大于13mm。

4）筒拱拱体灰缝应全部用砂浆填满，拱底灰缝宽度宜为5~8mm，筒拱的纵向缝应与拱的横断面垂直。筒拱的纵向两端，不宜砌入墙内。

5）为保持清水墙面立缝垂直一致，当砌至一步架子高时，水平间距每隔2m，在丁砖竖缝位置弹两道垂直立线，控制游丁走缝。

6）清水墙勾缝应采用加浆勾缝，勾缝砂浆宜采用细砂拌制的 1∶1.5 水泥砂浆。勾凹缝时深度为 4～5mm，多雨地区或多孔砖可采用稍浅的凹缝或平缝。

7）砖砌平拱过梁的灰缝应砌成楔形缝。灰缝宽度，在过梁底面不应小于 5mm；在过梁的顶面不应大于 15mm。拱脚下面应伸入墙内不小于 20mm，拱底应有 1% 起拱。

8）砌体的伸缩缝、沉降缝、防震缝中，不得夹有砂浆、碎砖和杂物等。

5. 砖砌体预留孔洞和预埋件

1）设计要求的洞口、管道、沟槽，应在砌筑时按要求预留或预埋未经设计同意，不得打凿墙体和在墙体上开凿水平沟槽。超过 300mm 的洞口上部应设过梁。

2）砌体中的预埋件应作防腐处理，预埋木砖的木纹应与钉子垂直。

3）在墙上留置临时施工洞口，其侧边离高楼处墙面不应小于 500mm，洞口净宽度不应超过 1m，洞顶部应设置过梁。

抗震设防烈度为 9 度的地区建筑物的临时施工洞口位置，应会同设计单位确定。临时施工洞口应做好补砌。

4）不得在下列墙体或部位设置脚手眼：

①120mm 厚墙、料石清水墙和独立柱。

②过梁上与过梁呈 60° 角的三角形范围及过梁净跨度 1/2 的高度范围内。

③宽度小于 1m 的窗间墙。

④砌体门窗洞口两侧 200mm（石砌体为 300mm）和转角处 450mm（石砌体为 600mm）范围内。

⑤梁或梁垫下及其左右 500mm 范围内。

⑥设计不允许设置脚手眼的部位。

5）预留外窗洞口位置应上下挂线，保持上下楼层洞口位置垂直；洞口尺寸应准确。

3.1.3 砖砌体工程质量检验与验收

1. 主控项目

1）砖和砂浆的强度等级必须符合设计要求。

抽检数量：每一生产厂家，烧结普通砖、混凝土实心砖每 15 万块，烧结多孔砖、混凝土多孔砖、蒸压灰砂砖及蒸压粉煤灰砖每 10 万块各为一验收批，不足上述数量时按 1 批计，抽检数量为 1 组。砂浆试块的抽检数量执行《砌体结构工程施工质量验收规范》GB 50203—2011 第 4.0.12 条的有关规定。

检验方法：查砖和砂浆试块试验报告。

2）砌体灰缝砂浆应密实饱满，砖墙水平灰缝的砂浆饱满度不得低于 80%；砖柱水平灰缝和竖向灰缝饱满度不得低于 90%。

抽检数量：每检验批抽查不应少于 5 处。

检验方法：用百格网检查砖底面与砂浆的黏结痕迹面积。每处检测 3 块砖，取其平均值。

3）砖砌体的转角处和交接处应同时砌筑，严禁无可靠措施的内外墙分砌施工。在抗震设防烈度为 8 度及 8 度以上地区，对不能同时砌筑而又必须留置的临时间断处应砌成斜槎，普通砖砌体斜槎水平投影长度不应小于高度的 2/3，多孔砖砌体的斜槎长高比不应小于 1/2。斜槎高度不得超过一步脚手架的高度。

　　抽检数量：每检验批抽查不应少于 5 处。

　　检验方法：观察检查。

　　4）非抗震设防及抗震设防烈度为 6 度、7 度地区的临时间断处，当不能留斜槎时，除转角处外，可留直槎，但直槎必须做成凸槎，且应加设拉结钢筋，拉结钢筋应符合下列规定：

　　①每 120mm 墙厚放置 1φ6 拉结钢筋（120mm 厚墙应放置 2φ6 拉结钢筋）。

　　②间距沿墙高不应超过 500mm，且竖向间距偏差不应超过 100mm。

　　③埋入长度从留槎处算起每边均不应小于 500mm，对抗震设防烈度 6 度、7 度的地区，不应小于 1000mm。

　　④末端应有 90°弯钩，见图 3-1。

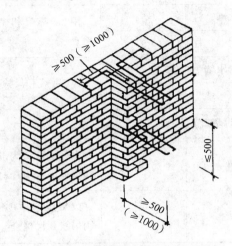

图 3-1　直槎处拉结钢筋示意图

　　抽检数量：每检验批抽查不应少于 5 处。

　　检验方法：观察和尺量检查。

2．一般项目

　　1）砖砌体组砌方法应正确，内外搭砌，上、下错缝。清水墙、窗间墙无通缝；混水墙中不得有长度大于 300mm 的通缝，长度 200~300mm 的通缝每间不超过 3 处，且不得位于同一面墙体上。砖柱不得采用包心砌法。

　　抽检数量：每检验批抽查不应少于 5 处。

　　检验方法：观察检查。砌体组砌方法抽检每处应为 3~5m。

　　2）砖砌体的灰缝应横平竖直，厚薄均匀，水平灰缝厚度及竖向灰缝宽度宜为 10mm，但不应小于 8mm，也不应大于 12mm。

　　抽检数量：每检验批抽查不应少于 5 处。

　　检验方法：水平灰缝厚度用尺量 10 皮砖砌体高度折算；竖向灰缝宽度用尺量 2m 砌体长度折算。

　　3）砖砌体尺寸、位置的允许偏差及检验应符合表 3-3 的规定。

表 3 – 3　砖砌体尺寸、位置的允许偏差及检验

序号	项 目			允许偏差（mm）	检验方法	抽检数量
1	轴线位移			10	用经纬仪和尺或用其他测量仪器检查	承重墙、柱全数检查
2	基础、墙、柱顶面标高			±15	用水准仪和尺检查	不应少于 5 处
3	墙面垂直度	每层		5	用 2m 托线板检查	不应少于 5 处
		全高	≤10m	10	用经纬仪、吊线和尺或用其他测量仪器检查	外墙全部阳角
			>10m	20		
4	表面平整度	清水墙、柱		5	用 2m 靠尺和楔形塞尺检查	不应少于 5 处
		混水墙、柱		8		
5	水平灰缝平直度	清水墙		7	拉 5m 线和尺检查	不应少于 5 处
		混水墙		10		
6	门窗洞口高、宽（后塞口）			±10	用尺检查	不应少于 5 处
7	外墙上下窗口偏移			20	以底层窗口为准，用经纬仪或吊线检查	不应少于 5 处
8	清水墙游丁走缝			20	以每层第一皮砖为准，用吊线和尺检查	不应少于 5 处

3.2　石砌体工程

3.2.1　一般规定

1）石砌体采用的石材应质地坚实，无裂纹和无明显风化剥落；用于清水墙、柱表面的石材，尚应色泽均匀；石材的放射性应经检验，其安全性应符合现行国家标准《建筑材料放射性核素限量》GB 6566—2010 的有关规定。

2）石材表面的泥垢、水锈等杂质，砌筑前应清除干净。

3）砌筑毛石基础的第一皮石块应坐浆，并将大面向下；砌筑料石基础的第一皮石块应用丁砌层坐浆砌筑。

4）毛石砌体的第一皮及转角处、交接处和洞口处，应用较大的平毛石砌筑。每个楼层（包括基础）砌体的最上一皮，宜选用较大的毛石砌筑。

5）毛石砌筑时，对石块间存在较大的缝隙，应先向缝内填灌砂浆并捣实，然后再用小石块嵌填，不得先填小石块后填灌砂浆，石块间不得出现无砂浆相互接触现象。

6) 砌筑毛石挡土墙应按分层高度砌筑，并应符合下列规定：

①每砌 3~4 皮为一个分层高度，每个分层高度应将顶层石块砌平。

②两个分层高度间分层处的错缝不得小于 80mm。

7) 料石挡土墙，当中间部分用毛石砌筑时，丁砌料石伸入毛石部分的长度不应小于 200mm。

8) 毛石、毛料石、粗料石、细料石砌体灰缝厚度应均匀，灰缝厚度应符合下列规定：

①毛石砌体外露面的灰缝厚度不宜大于 40mm。

②毛料石和粗料石的灰缝厚度不宜大于 20mm。

③细料石的灰缝厚度不宜大于 5mm。

9) 挡土墙的泄水孔当设计无规定时，施工应符合下列规定：

①泄水孔应均匀设置，在每米高度上间隔 2m 左右设置一个泄水孔。

②泄水孔与土体间铺设长宽各为 300mm、厚 200mm 的卵石或碎石作疏水层。

10) 挡土墙内侧回填土必须分层夯填，分层松土厚度宜为 300mm。墙顶土面应有适当坡度使流水流向挡土墙外侧面。

11) 在毛石和实心砖的组合墙中，毛石砌体与砖砌体应同时砌筑，并每隔 4~6 皮砖用 2~3 皮丁砖与毛石砌体拉结砌合；两种砌体间的空隙应填实砂浆。

12) 毛石墙和砖墙相接的转角处和交接处应同时砌筑。转角处、交接处应自纵墙（或横墙）每隔 4~6 皮砖高度引出不小于 120mm 与横墙（或纵墙）相接。

3.2.2 石砌体工程质量控制要点

1. 石砌体接槎

1) 石砌体的转角处和交接处应同时砌筑。对不能同时砌筑而必须留置的临时间断处，应砌成踏步槎。

2) 在毛石和实心砖的组合墙中，毛石砌体与砖砌体应同时砌筑，并每隔 4~6 皮砖用 2~3 皮丁砖与毛石砌体拉结砌合。两种砌体间的空隙应用砂浆填满。

3) 毛石墙和砖墙相接的转角处和交接处应同时砌筑。转角处应自纵墙（或横墙）每隔 4~6 皮砖高度引出不小于 120mm 与横墙（或纵墙）相接；交接处应自纵墙每隔 4~6 皮砖高度引出不小于 120mm 与横墙相接。

4) 在料石和毛石或砖的组合墙中，料石砌体和毛石砌体或砖砌体应同时砌筑，并每隔 2~3 皮料石层用丁砌层与毛石砌体或砖砌体拉结砌合。丁砌料石的长度宜与组合墙厚度相同。

2. 石砌体错缝与灰缝

1) 毛石砌体宜分皮卧砌，各皮石块间应利用自然形状经敲打修整，使能与先砌石块基本吻合，搭砌紧密；并应上下错缝、内外搭砌，不得采用外面侧立石块中间填心的砌筑方法；中间不得有铲口石（尖石倾斜向外的石块）、斧刃石和过桥石（仅在两端搭砌的石块）。

2) 料石砌体应上下错缝搭砌。砌体厚度等于或大于两块料石宽度时，如同皮内全部采用顺砌，每砌两皮后，应砌一皮丁砌层；如同皮内采用丁顺组砌，丁砌石应交错设置，其中心间距不应大于2m。

3）毛石砌体的灰缝厚度宜为20~30mm，砂浆应饱满，石块间不得有相互接触现象。石块间较大的空隙应先填砂浆后用碎石块嵌实，不得采用先摆碎石块后塞砂浆或干填碎石块的方法。

4）料石砌体的灰缝厚度：细料石不宜大于5mm；粗、毛料石不宜大于20mm。砌筑时，砂浆铺设厚度应略高于规定灰缝厚度。

5）当设计未作规定时，石墙勾缝应采用凸缝或平缝，毛石墙尚应保持砌合的自然缝。

3．石砌体基础

1）砌筑毛石基础的第一皮石块应坐浆，并将大面向下。毛石基础如做成阶梯形，上级阶梯的石块应至少压砌下级阶梯的1/2，相邻阶梯的毛石应相互错缝搭砌。

2）砌筑料石基础的第一皮应用丁砌层坐浆砌筑。阶梯形料石基础，上级阶梯的料石应至少压砌下级阶梯的1/3。

4．石砌挡土墙

1）毛石的中部厚度不宜小于200mm。

2）毛石每砌3~4皮为一个分层高度，每个分层高度应找平一次。

3）毛石外露面的灰缝厚度不得大于40mm，两个分层高度间分层处毛石的错缝不得小于80mm。

4）料石挡土墙宜采用同皮内丁顺相同的砌筑形式。当中间部分用毛石填砌时，丁砌料石伸入毛石部分长度不应小于200mm。

5）湿砌挡土墙泄水孔当设计无规定时，应符合下列规定：

泄水孔应均匀设置，在每米高度上间隔2m左右设置一个泄水孔；泄水孔与土体间铺设长宽各为300mm、厚200mm的卵石或碎石作疏水层。

6）挡土墙内侧回填土必须分层夯填，分层松土厚度应为300mm。墙顶土面应有坡度使水流向挡土墙外侧。

3.2.3　石砌体工程质量检验与验收

1．主控项目

1）石材及砂浆强度等级必须符合设计要求。

抽检数量：同一产地的同类石材抽检不应少于1组。砂浆试块的抽检数量执行《砌体结构工程施工质量验收规范》GB 50203—2011第4.0.12条的有关规定。

检验方法：料石检查产品质量证明书，石材、砂浆检查试块试验报告。

2）砌体灰缝的砂浆饱满度不应小于80%。

抽检数量：每检验批抽查不应少于5处。

检验方法：观察检查。

2．一般项目

1）石砌体尺寸、位置的允许偏差及检验方法应符合表3-4的规定。

表3-4 石砌体尺寸、位置的允许偏差及检验方法

序号	项目		允许偏差（mm）						检验方法
			毛石砌体		料石砌体				
					毛料石		粗料石	细料石	
			基础	墙	基础	墙	基础	墙	墙、柱	
1	轴线位置		20	15	20	15	15	10	10	用经纬仪和尺检查，或用其他测量仪器检查
2	基础和墙砌体顶面标高		±25	±15	±25	±15	±15	±15	±10	用水准仪和尺检查
3	砌体厚度		+30	+20 -10	+30	+20 -10	+15	+10 -5	+10 -5	用尺检查
4	墙面垂直度	每层	—	20	—	20		10	7	用经纬仪、吊线和尺检查或用其他测量仪器检查
		全高	—	30	—	30		25	10	
5	表面平整度	清水墙、柱	—	—	—	20		10	5	细料石用2m靠尺和楔形塞尺检查，其他用两直尺垂直于灰缝拉2m线和尺检查
		混水墙、柱	—	—	—	20		15	—	
6	清水墙水平灰缝平直度		—	—	—	—		10	5	拉10m线和尺检查

抽检数量：每检验批抽查不应少于5处。

2）石砌体的组砌形式应符合下列规定：

①内外搭砌，上下错缝，拉结石、丁砌石交错设置。

②毛石墙拉结石每0.7m²墙面不应少于1块。

抽检数量：每检验批抽查不应少于5处。

检验方法：观察检查。

3.3 混凝土砌体工程

3.3.1 一般规定

1）施工前，应按房屋设计图编绘小砌块平、立面排块图，施工中应按排块图施工。

2）施工采用的小砌块的产品龄期不应小于28d。

小砌块龄期达到28d之前，自身收缩速度较快，其后收缩速度减慢，且强度趋于稳

定。为有效控制砌体收缩裂缝，检验小砌块的强度，规定砌体施工时所用的小砌块，产品龄期不应小于28d。

3）砌筑小砌块时，应清除表面污物，剔除外观质量不合格的小砌块。

4）砌筑小砌块砌体，宜选用专用小砌块砌筑砂浆。

专用的小砌块砌筑砂浆是指符合现行行业标准《混凝土小型空心砌块和混凝土砖砌筑砂浆》JC 860—2008的砌筑砂浆，该砂浆可提高小砌块与砂浆间的黏结力，且施工性能好。

5）底层室内地面以下或防潮层以下的砌体，应采用强度等级不低于C20（或Cb20）的混凝土灌实小砌块孔洞。

用混凝土填小砌块砌体一些部位的孔洞属于构造措施，主要目的是提高砌体的耐久性及结构整体性。

6）砌筑普通混凝土小型空心砌块砌体，不需对小砌块浇水湿润，如遇天气干燥炎热，宜在砌筑前对其喷水湿润；对轻骨料混凝土小砌块，应提前浇水湿润，块体的相对含水率宜为40%～50%。雨天及小砌块表面有浮水时，不得施工。

普通混凝土小砌块具有吸水率小和吸水、失水速度迟缓的特点，一般情况下砌墙时可不浇水。轻骨料混凝土小砌块的吸水率较大，吸水、失水速度较普通混凝土小砌块快，应提前对其浇水湿润。

7）承重墙体使用的小砌块应完整、无破损、无裂缝。

小砌块为薄壁、大孔且块体较大的建筑材料，单个块体如果存在破损、裂缝等质量缺陷，对砌体强度将产生不利影响；小砌块的原有裂缝也容易发展并形成墙体新的裂缝。

8）小砌块墙体应孔对孔、肋对肋错缝搭砌。单排孔小砌块的搭接长度应为块体长度的1/2；多排孔小砌块的搭接长度可适当调整，但不宜小于小砌块长度的1/3，且不应小于90mm。墙体的个别部位不能满足上述要求时，应在灰缝中设置拉结钢筋或钢筋网片，但竖向通缝仍不得超过两皮小砌块。

9）小砌块应将生产时的底面朝上反砌于墙上。

10）小砌块墙体宜逐块坐（铺）浆砌筑。

11）在散热器、厨房和卫生间等设备的卡具安装处砌筑的小砌块，宜在施工前用强度等级不低于C20（或Cb20）的混凝土将其孔洞灌实。

12）每步架墙（柱）砌筑完后，应随即刮平墙体灰缝。

13）芯柱处小砌块墙体砌筑应符合下列规定：

①每一楼层芯柱处第一皮砌块应采用开口小砌块。

②砌筑时应随砌随清除小砌块孔内的毛边，并将灰缝中挤出的砂浆刮净。

14）芯柱混凝土宜选用专用小砌块灌孔混凝土。浇筑芯柱混凝土应符合下列规定：

①每次连续浇筑的高度宜为半个楼层，但不应大于1.8m。

②浇筑芯柱混凝土时，砌筑砂浆强度应大于1MPa。

③清除孔内掉落的砂浆等杂物，并用水冲淋孔壁。

④浇筑芯柱混凝土前，应先注入适量与芯柱混凝土成分相同的去石砂浆。

⑤每浇筑400～500mm高度捣实一次，或边浇筑边捣实。

3.3.2 混凝土小型空心砌块工程质量控制要点

1. 小砌块砌筑

1）小砌块砌筑前应预先绘制砌块排列图，并应确定皮数。不够主规格尺寸的部位，应采用辅助规格小砌块。

2）小砌块砌筑墙体时应对孔错缝搭砌；当不能对孔砌筑时，搭接长度不得小于90mm；当个别部位不能满足时，应在水平灰缝中设置拉结钢筋网片，网片两端距竖缝长度均不得小于300mm。竖向通缝（搭接长度小于90mm）不得超过两皮。

3）小砌块砌筑应将底面（壁、肋稍厚一面）朝上反砌于墙上。

4）常温下，普通混凝土小砌块日砌高度控制在1.8m以内；轻集料混凝土小砌块日砌高度控制在2.4m以内。

5）需要移动砌体中的小砌块或砌体被撞动后，应重新铺砌。

6）厕浴间和有防水要求的楼面，墙底部浇筑高度不宜小于200mm的混凝土坎。

7）雨天砌筑应有防雨措施，砌筑完毕应对砌体进行遮盖。

2. 小砌块砌体灰缝

1）小砌块砌体铺灰长度不宜超过两块主规格块体的长度。

2）小砌块清水墙的勾缝应采用加浆勾缝，当设计无具体要求时宜采用平缝形式。

3. 混凝土芯柱

1）砌筑芯柱（构造柱）部位的墙体，应采用不封底的通孔小砌块，砌筑时要保证上下孔通畅且不错孔，确保混凝土浇筑时不侧向流窜。

2）在芯柱部位，每层楼的第一皮块体，应采用开口小砌块或U形小砌块砌出操作孔，操作孔侧面宜预留连通孔；砌筑开口小砌块或U形小砌块时，应随时刮去灰缝内凸出的砂浆，直至一个楼层高度。

3）浇灌芯柱的混凝土，宜选用专用的小砌块灌孔混凝土，当采用普通混凝土时，其坍落度不应小于90mm。

4）浇灌芯柱混凝土，应遵守下列规定：

①清除孔洞内的砂浆等杂物，并用水冲洗。

②砌筑砂浆强度大于1MPa时，方向浇灌芯柱混凝土。

③在浇灌芯柱混凝土前应先注入适量与芯柱混凝土相同的去石水泥砂浆，再浇灌混凝土。

3.3.3 混凝土小型空心砌块工程质量检验与验收

1. 主控项目

1）小砌块和芯柱混凝土、砌筑砂浆的强度等级必须符合设计要求。

抽检数量：每一生产厂家，每1万块小砌块为一验收批，不足1万块按一批计，抽检数量为1组；用于多层以上建筑的基础和底层的小砌块抽检数量不应少于2组。砂浆试块的抽检数量：每一检验批且不超过250m³砌体的各种类型及强度等级的砌筑砂浆，每台搅拌机应至少抽检一次。

检验方法：检查小砌块和芯柱混凝土、砌筑砂浆试块试验报告。

2）砌体水平灰缝和竖向灰缝的砂浆饱满度，按净面积计算不得低于90%。

抽检数量：每检验批抽查不应少于5处。

检验方法：用专用百格网检测小砌块与砂浆黏结痕迹，每处检测3块小砌块，取其平均值。

3）墙体转角处和纵横交接处应同时砌筑。临时间断处应砌成斜槎，斜槎水平投影长度不应小于斜槎高度。施工洞口可预留直槎，但在洞口砌筑和补砌时，应在直槎上下搭砌的小砌块孔洞内用强度等级不低于C20（或Cb20）的混凝土灌实。

抽检数量：每检验批抽查不应少于5处。

检验方法：观察检查。

4）小砌块砌体的芯柱在楼盖处应贯通，不得削弱芯柱截面尺寸；芯柱混凝土不得漏灌。

抽检数量：每检验批抽查不应少于5处。

检验方法：观察检查。

2. 一般项目

1）砌体的水平灰缝厚度和竖向灰缝宽度宜为10mm，但不应小于8mm，也不应大于12mm。

抽检数量：每检验批抽查不应少于5处。

检验方法：水平灰缝厚度用尺量5皮小砌块的高度折算；竖向灰缝宽度用尺量2m砌体长度折算。

2）小砌块砌体尺寸、位置的允许偏差应按表3-3的规定执行。

3.4　配筋砌体工程

3.4.1　一般规定

1）施工配筋小砌块砌体剪力墙，应采用专用的小砌块砌筑砂浆砌筑，专用小砌块灌孔混凝土浇筑芯柱。

2）设置在灰缝内的钢筋，应居中置于灰缝内，水平灰缝厚度应大于钢筋直径4mm以上。

3.4.2　配筋砌体工程质量控制要点

1. 配筋砖砌体

1）砌体水平灰缝中钢筋的锚固长度不宜小于$50d$（d为钢筋直径），且其水平或垂直弯折段长度不宜小于$20d$和150mm；钢筋的搭接长度不应小于$55d$。

2）配筋砌块砌体剪力墙的灌孔混凝土中竖向受拉钢筋，钢筋搭接长度不应小于$35d$且不小于300mm。

3）砌体与构造柱、芯柱的连接处应设$2\phi6$拉结筋或$\phi4$钢筋网片，间距沿墙高不应超过500mm（小砌块为600mm）；埋入墙内长度每边不宜小于600mm；对抗震设防地区不宜小于1m；钢筋末端应有90°弯钩。

4）钢筋网可采用连弯网或方格网。钢筋直径宜采用3～4mm；当采用连弯网时，钢筋的直径不应大于 8mm。

5）钢筋网中钢筋的间距不应大于 120mm，并不应小于 30mm。

2．构造柱、芯柱

1）构造柱浇灌混凝土前，必须将砌体留槎部位和模板浇水湿润，将模板内的落地灰、砖渣和其他杂物清理干净，并在结合面处注入适量与构造柱混凝土相同的去石水泥砂浆。振捣时，应避免触碰墙体，严禁通过墙体传震。

2）配筋砌块芯柱在楼盖处应贯通，并不得削弱芯柱截面尺寸。

3）构造柱纵筋应穿过圈梁，保证纵筋上下贯通；构造柱箍筋在楼层上下各500mm范围内应进行加密，间距宜为 100mm。

4）墙体与构造柱连接处应砌成马牙槎，从每层柱脚起，先退后进，马牙槎的高度不应大于 300；并应先砌墙后浇混凝土构造柱。

5）小砌块墙中设置构造柱时，与构造柱相邻的砌块孔洞，当设计未具体要求时，6度（抗震设防烈度，下同）时宜灌实，7度时应灌实，8度时应灌实并插筋。

3．构造柱、芯柱中箍筋

1）当纵向钢筋的配筋率大于 0.25%，且柱承受的轴向力大于受压承载力设计值的25% 时，柱应设箍筋；当配筋率等于或小于 0.25% 时，或柱承受的轴向力小于受压承载力设计值的 25% 时，柱中可不设置箍筋。

2）箍筋直径不宜小于 6mm。

3）箍筋的间距不应大于 16 倍的纵向钢筋直径、48 倍箍筋直径及柱截面短边尺寸中较小者。

4）箍筋应做成封闭式，端部应弯钩。

5）箍筋应设置在灰缝或灌孔混凝土中。

3.4.3 配筋砌体工程质量检验与验收

1．主控项目

1）钢筋的品种、规格、数量和设置部位应符合设计要求。

检验方法：检查钢筋的合格证书、钢筋性能复试试验报告、隐蔽工程记录。

2）构造柱、芯柱、组合砌体构件、配筋砌体剪力墙构件的混凝土及砂浆的强度等级应符合设计要求。

抽检数量：每检验批砌体，试块不应少于 1 组，验收批砌体试块不得少于 3 组。

检验方法：检查混凝土和砂浆试块试验报告。

3）构造柱与墙体的连接应符合下列规定：

①墙体应砌成马牙槎，马牙槎凹凸尺寸不宜小于 60mm，高度不应超过 300mm，马牙槎应先退后进，对称砌筑；马牙槎尺寸偏差每一构造柱不应超过 2 处。

②预留拉结钢筋的规格、尺寸、数量及位置应正确，拉结钢筋应沿墙高每隔 500mm 设 2ϕ6，伸入墙内不宜小于 600mm，钢筋的竖向移位不应超过 100mm，且竖向移位每一构造柱不得超过 2 处。

③施工中不得任意弯折拉结钢筋。

抽检数量：每检验批抽查不应少于 5 处。

检验方法：观察检查和尺量检查。

4）配筋砌体中受力钢筋的连接方式及锚固长度、搭接长度应符合设计要求。

检查数量：每检验批抽查不应少于 5 处。

检验方法：观察检查。

2．一般项目

1）构造柱一般尺寸允许偏差及检验方法应符合表 3－5 的规定。

表 3－5　构造柱一般尺寸允许偏差及检验方法

项　　目			允许偏差（mm）	检　验　方　法
柱中心线位置			10	用经纬仪和尺检查或用其他测量仪器检查
柱层间错位			8	用经纬仪和尺检查或用其他测量仪器检查
柱垂直度	每层		10	用 2m 托线板检查
	全高	≤10m	15	用经纬仪、吊线和尺检查，或用其他测量仪器检查
		>10m	20	

抽检数量：每检验批抽查不应少于 5 处。

2）设置在砌体灰缝中钢筋的防腐保护应符合设计规定，且钢筋防护层完好，不应有肉眼可见裂纹、剥落和擦痕等缺陷。

抽检数量：每检验批抽查不应少于 5 处。

检验方法：观察检查。

3）网状配筋砖砌体中，钢筋网规格及放置间距应符合设计规定。每一构件钢筋网沿砌体高度位置超过设计规定一皮砖厚不得多于一处。

抽检数量：每检验批抽查不应少于 5 处。

检验方法：通过钢筋网成品检查钢筋规格，钢筋网放置间距采用局部剔缝观察，或用探针刺入灰缝内检查，或用钢筋位置测定仪测定。

4）钢筋安装位置的允许偏差及检验方法应符合表 3－6 的规定。

表 3－6　钢筋安装位置的允许偏差和检验方法

项　　目		允许偏差（mm）	检　验　方　法
受力钢筋保护层厚度	网状配筋砌体	±10	检查钢筋网成品，钢筋网放置位置局部剔缝观察，或用探针刺入灰缝内检查，或用钢筋位置测定仪测定
	组合砖砌体	±5	支模前观察与尺量检查
	配筋小砌块砌体	±10	浇筑灌孔混凝土前观察与尺量检查
配筋小砌块砌体墙凹槽中水平钢筋间距		±10	钢尺量连续三档，取最大值

抽检数量：每检验批抽查不应少于 5 处。

3.5 填充墙砌体工程

3.5.1 一般规定

1）砌筑填充墙时，轻骨料混凝土小型空心砌块和蒸压加气混凝土砌块的产品龄期不应小于28d，蒸压加气混凝土砌块的含水率宜小于30%。

2）烧结空心砖、蒸压加气混凝土砌块、轻骨料混凝土小型空心砌块等的运输、装卸过程中，严禁抛掷和倾倒；进场后应按品种、规格堆放整齐，堆置高度不宜超过2m。蒸压加气混凝土砌块在运输及堆放中应防止雨淋。

3）吸水率较小的轻骨料混凝土小型空心砌块及采用薄灰砌筑法施工的蒸压加气混凝土砌块，砌筑前不应对其浇（喷）水湿润；在气候干燥炎热的情况下，对吸水率较小的轻骨料混凝土小型空心砌块宜在砌筑前喷水湿润。

4）采用普通砌筑砂浆砌筑填充墙时，烧结空心砖、吸水率较大的轻骨料混凝土小型空心砌块应提前1~2d浇（喷）水湿润。蒸压加气混凝土砌块采用蒸压加气混凝土砌块砌筑砂浆或普通砌筑砂浆砌筑时，应在砌筑当天对砌块砌筑面喷水湿润。块体湿润程度宜符合下列规定：

①烧结空心砖的相对含水率为60%~70%。

②吸水率较大的轻骨料混凝土小型空心砌块、蒸压加气混凝土砌块的相对含水率为40%~50%。

5）在厨房、卫生间、浴室等处采用轻骨料混凝土小型空心砌块、蒸压加气混凝土砌块砌筑墙体时，墙底部宜现浇混凝土坎台，其高度宜为150mm。

6）填充墙拉结筋处的下皮小砌块宜采用半盲孔小砌块或用混凝土灌实孔洞的小砌块；薄灰砌筑法施工的蒸压加气混凝土砌块砌体，拉结筋应放置在砌块上表面设置的沟槽内。

7）蒸压加气混凝土砌块、轻骨料混凝土小型空心砌块不应与其他块体混砌，不同强度等级的同类块体也不得混砌。

注：窗台处和因安装门窗需要，在门窗洞口处两侧填充墙上、中、下部可采用其他块体局部嵌砌；对与框架柱、梁不脱开方法的填充墙，填塞填充墙顶部与梁之间缝隙可采用其他块体。

8）填充墙砌体砌筑，应待承重主体结构检验批验收合格后进行。填充墙与承重主体结构间的空（缝）隙部位施工，应在填充墙砌筑14d后进行。

3.5.2 填充墙砌体工程质量控制要点

1）砌块、空心砖应提前2d浇水湿润；加气砌块砌筑时，应向砌筑面适量洒水；当采用黏结剂砌筑时不得浇水湿润。用砂浆砌筑时的含水率：轻骨料小砌块宜为5%~8%，空心砖宜为10%~15%，加气砌块宜小于15%，对于粉煤灰加气混凝土制品宜小于20%。

2）轻骨料小砌块、加气砌块和薄壁空心砖（如三孔砖）砌筑时，墙底部应砌筑烧结普通砖、多孔砖、普通小砖块（采用混凝土灌孔更好）或烧筑混凝土，其高度不宜小于200mm。

3）厕浴间和有防水要求的房间，所有墙底部200mm高度内均应浇筑混凝土坎台。

4）轻骨料小砌块和加气砌块砌体，由于干缩值大（是烧结黏土砖的数倍），不应与其他块材混砌。但对于因构造需要的墙底部、顶部、门窗固定部位等，可局部适量镶嵌其他块材。不同砌体交接处可采用构造柱连接。

5）填充墙的水平灰缝砂浆饱满度均应不小于80%；小砌块、加气砌块砌体的竖向灰缝也不应小于80%，其他砖砌体的竖向灰缝应填满砂浆，并不得有透明缝、瞎缝、假缝。

6）填充墙砌筑时应错缝搭砌。单排孔小砌块应对孔错缝砌筑，当不能对孔时，搭接长度不应小于90mm，加气砌块搭接长度不小于砌块长度的1/3；当不能满足时，应在水平灰缝中设置钢筋加强。

7）填充墙砌至梁、板底部时，应留一定空隙，至少间隔7d后再砌筑、挤紧；或用坍落度较小的混凝土或水泥砂浆填嵌密实。在封砌施工洞口及外墙井架洞口时，尤其应严格控制，千万不能一次到顶。

8）钢筋混凝土结构中砌筑填充墙时，应沿框架柱（剪力墙）全高每隔500mm（砌块模数不能满足时可为600mm）设2ϕ6拉结筋，拉结筋伸入墙内的长度应符合设计要求；当设计未具体要求时：非抗震设防及抗震设防烈度为6度、7度时，不应小于墙长的1/5且不小于700mm；烈度为8度、9度时宜沿墙全长贯通。

3.5.3　填充墙砌体工程质量检验与验收

1. 主控项目

1）烧结空心砖、小砌块和砌筑砂浆的强度等级应符合设计要求。

抽检数量：烧结空心砖每10万块为一验收批，小砌块每1万块为一验收批，不足上述数量时按一批计，抽检数量为1组。砂浆试块的抽检数量：每一检验批且不超过250m³砌体的各种类型及强度等级的砌筑砂浆，每台搅拌机应至少抽检一次。

检验方法：查砖、小砌块进场复验报告和砂浆试块试验报告。

2）填充墙砌体应与主体结构可靠连接，其连接构造应符合设计要求，未经设计同意，不得随意改变连接构造方法。每一填充墙与柱的拉结筋的位置超过一皮块体高度的数量不得多于一处。

抽检数量：每检验批抽查不应少于5处。

检验方法：观察检查。

3）填充墙与承重墙、柱、梁的连接钢筋，当采用化学植筋的连接方式时，应进行实体检测。锚固钢筋拉拔试验的轴向受拉非破坏承载力检验值应为6.0kN。抽检钢筋在检验值作用下应基材无裂缝、钢筋无滑移宏观裂损现象；持荷2min期间荷载值降低不大于5%。检验批验收可按表3－7通过正常检验一次、二次抽样判定。填充墙砌体植筋锚固力检测记录可按表3－8填写。

表3－7　正常一次性抽样的判定

样本容量	合格判定数	不合格判定数
5	0	1
8	1	2

续表 3 – 7

样本容量	合格判定数	不合格判定数
10	1	2
20	2	3
32	3	4
50	5	6

表 3 – 8　填充墙砌体植筋锚固力检测记录

共　页　第　页

工程名称		分项工程名称		植筋日期	
施工单位		项目经理			
分包单位		施工班组组长		检测日期	
检测执行标准及编号					
试件编号	实测荷载（kN）	检测部位		检测结果	
		轴线	层	完好	不符合要求情况
监理（建设）单位验收结论					
备　注	1. 植筋埋置深度（设计）：　mm 2. 设计型号： 3. 基材混凝土设计强度等级为（C　） 4. 锚固钢筋拉拔承载力检验值：6.0kN				

复核：　　　　检测：　　　　记录：

抽检数量：按表 3 – 9 确定。

表 3 – 9　检验批抽检锚固钢筋样本最小容量

检验批的容量	样本最小容量
≤90	5
91 ~ 150	8
151 ~ 280	13
281 ~ 500	20
501 ~ 1200	32
1201 ~ 3200	50

检验方法：原位试验检查。

2. 一般项目

1）填充墙砌体尺寸、位置的允许偏差及检验方法应符合表3－10的规定。

表3－10　填充墙砌体尺寸、位置的允许偏差及检验方法

序号	项　　　目		允许偏差（mm）	检　验　方　法
1	轴线位移		10	用尺检查
	垂直度	≤3m	5	用2m托线板或吊线、尺检查
		>3m	10	
2	表面平整度		8	用2m靠尺和楔形尺检查
3	门窗洞口高、宽（后塞口）		±10	用尺检查
4	外墙上、下窗口偏移		20	用经纬仪或吊线检查

抽检数量：每检验批抽查不应少于5处。

2）填充墙砌体的砂浆饱满度及检验方法应符合表3－11的规定。

表3－11　填充墙砌体的砂浆饱满度及检验方法

砌　体　分　类	灰缝	饱满度及要求	检　验　方　法
空心砖砌体	水平	≥80%	采用百格网检查块材底面砂浆的黏结痕迹面积
	垂直	填满砂浆，不得有透明缝、瞎缝、假缝	
蒸压加气混凝土砌块、轻骨料混凝土小型空心砌块砌体	水平	≥80%	
	垂直	≥80%	

抽检数量：每检验批抽查不应少于5处。

3）填充墙留置的拉结钢筋或网片的位置应与块体皮数相符合。拉结钢筋或网片应位于灰缝中，埋置长度应符合设计要求，竖向位置偏差不应超过一皮高度。

抽检数量：每检验批抽查不应少于5处。

检验方法：观察和用尺量检查。

4）砌筑填充墙时应错缝搭砌，蒸压加气混凝土砌块搭砌长度不应小于砌块长度的1/3；轻骨料混凝土小型空心砌块搭砌长度不应小于90mm；竖向通缝不应大于2皮。

抽检数量：每检验批抽查不应少于5处。

检验方法：观察检查。

5）填充墙的水平灰缝厚度和竖向灰缝宽度应正确，烧结空心砖、轻骨料混凝土小型空心砌块砌体的灰缝应为8～12mm；蒸压加气混凝土砌块砌体当采用水泥砂浆、水泥混

合砂浆或蒸压加气混凝土砌块砌筑砂浆时，水平灰缝厚度和竖向灰缝宽度不应超过15mm；当蒸压加气混凝土砌块砌体采用蒸压加气混凝土砌块黏结砂浆时，水平灰缝厚度和竖向灰缝宽度宜为 3~4mm。

　　抽检数量：每检验批抽查不应少于 5 处。

　　检验方法：水平灰缝厚度用尺量 5 皮小砌块的高度折算；竖向灰缝宽度用尺量 2m 砌体长度折算。

4 混凝土结构工程质量控制

4.1 模板工程

4.1.1 一般规定

1）模板工程应编制施工方案。爬升式模板工程、工具式模板工程及高大模板支架工程的施工方案，应按有关规定进行技术论证。

2）模板及支架应根据安装、使用和拆除工况进行设计，并应满足承载力、刚度和整体稳固性要求。

3）模板及支架拆除的顺序及安全措施应符合现行国家标准《混凝土结构工程施工规范》GB 50666—2011 的规定和施工方案的要求。

4.1.2 模板安装

1. 质量控制要点

1）一般情况下，模板应自下而上地安装。在安装过程中要注意模板的稳定性，可设临时支撑稳住模板，待安装完毕且校正无误后方可固定牢固。

2）模板的安装要考虑拆除方便，宜在不拆除梁的底模和支撑的情况下，先拆除梁的侧模，以利周转使用。

3）竖向模板和支架的支承部分必须坐落在坚实的基土上，并应加设垫板，使其具有足够的支承面积。

4）竖向模板安装时，应在安装基面上测量放线并应采取保证模板位置正确的定位措施，在安装过程中应经常检查，注意垂直度、中心线、标高及各部位的尺寸；保证结构部分的几何尺寸和相邻位置的正确。

5）现浇多层房屋和构筑物支模时，宜采用分段分层方法。下层混凝土必须达到足够的强度以承受上层荷载传来的力，且上、下立柱应对齐，并铺设垫板。

2. 质量检验与验收

（1）主控项目：

1）模板及支架用材料的技术指标应符合国家现行有关标准的规定。进场时应抽样检验模板和支架材料的外观、规格和尺寸。

检查数量：按国家现行相关标准的规定确定。

检验方法：检查质量证明文件，观察，尺量。

2）现浇混凝土结构模板及支架的安装质量，应符合国家现行有关标准的规定和施工方案的要求。

检查数量：按国家现行相关标准的规定确定。

检验方法：按国家现行相关标准的规定确定。

3）后浇带处的模板及支架应独立设置。

检查数量：全数检查。

检验方法：观察。

4）支架竖杆和竖向模板安装在土层上时，应符合下列规定：

①土层应坚实、平整，其承载力或密实度应符合施工方案的要求。

②应有防水、排水措施；对冻胀性土，应有预防冻融措施。

③支架竖杆下应有底座或垫板。

检查数量：全数检查。

检验方法：观察；检查土层密实度检测报告、土层承载力验算或现场检测报告。

（2）一般项目：

1）模板安装质量应符合下列规定：

①模板的接缝应严密。

②模板内不应有杂物、积水或冰雪等。

③模板与混凝土的接触面应平整、清洁。

④用作模板的地坪、胎膜等应平整、清洁，不应有影响构件质量的下沉、裂缝、起砂或起鼓。

⑤对清水混凝土及装饰混凝土构件，应使用能达到设计效果的模板。

检查数量：全数检查。

检验方法：观察。

2）隔离剂的品种和涂刷方法应符合施工方案的要求。隔离剂不得影响结构性能及装饰施工；不得沾污钢筋、预应力筋、预埋件和混凝土接槎处；不得对环境造成污染。

检查数量：全数检查。

检验方法：检查质量证明文件；观察。

3）模板的起拱应符合现行国家标准《混凝土结构工程施工规范》GB 50666—2011 的规定，并应符合设计及施工方案的要求。

检查数量：在同一检验批内，对梁，跨度大于18m时应全数检查，跨度不大于18m时应抽查构件数量的10%，且不应少于3件；对板，应按有代表性的自然间抽查10%，且不应少于3间；对大空间结构，板可按纵、横轴线划分检查面，抽查10%，且不应少于3面。

检验方法：水准仪或尺量。

4）现浇混凝土结构多层连续支模应符合施工方案的规定。上下层模板支架的竖杆宜对准。竖杆下垫板的设置应符合施工方案的要求。

检查数量：全数检查。

检验方法：观察。

5）固定在模板上的预埋件和预留孔洞不得遗漏，且应安装牢固。有抗渗要求的混凝土结构中的预埋件，应按设计及施工方案的要求采取防渗措施。

预埋件和预留孔洞的位置应满足设计和施工方案的要求。当设计无具体要求时，其位置偏差应符合表 4-1 的规定。

表 4 - 1　预埋件和预留孔洞的安装允许偏差

项　目		允许偏差（mm）
预埋板中心线位置		3
预埋管、预留孔中心线位置		3
插筋	中心线位置	5
	外露长度	+10，0
预埋螺栓	中心线位置	2
	外露长度	+10，0
预留洞	中心线位置	10
	尺寸	+10，0

注：检查中心线位置时，沿纵、横两个方向量测，并取其中偏差的较大值。

检查数量：在同一检验批内，对梁、柱和独立基础，应抽查构件数量的 10%，且不应少于 3 件；对墙和板，应按有代表性的自然间抽查 10%，且不应少于 3 间；对大空间结构墙可按相邻轴线间高度 5m 左右划分检查面，板可按纵、横轴线划分检查面，抽查 10%，且均不应少于 3 面。

检验方法：观察，尺量。

6）现浇结构模板安装的尺寸偏差及检验方法应符合表 4 - 2 的规定。

表 4 - 2　现浇结构模板安装的允许偏差及检验方法

项　目		允许偏差（mm）	检验方法
轴线位置		5	尺量
底模上表面标高		±5	水准仪或拉线、尺量
模板内部尺寸	基础	±10	尺量
	柱、墙、梁	±5	尺量
	楼梯相邻踏步高差	±5	尺量
垂直度	柱、墙层高≤6m	8	经纬仪或吊线、尺量
	柱、墙层高＞6m	10	经纬仪或吊线、尺量
相邻两块模板表面高差		2	尺量
表面平整度		5	2m 靠尺和塞尺量测

注：检查轴线位置当有纵横两个方向时，沿纵、横两个方向量测，并取其中偏差的较大值。

检查数量：在同一检验批内，对梁、柱和独立基础，应抽查构件数量的 10%，且不应少于 3 件；对墙和板，应按有代表性的自然间抽查 10%，且不应少于 3 间；对大空间结构，墙可按相邻轴线间高度 5m 左右划分检查面，板可按纵、横轴线划分检查面，抽查 10%，且均不应少于 3 面。

7）预制构件模板安装的偏差及检验方法应符合表4-3的规定。

表4-3　预制构件模板安装的允许偏差及检验方法

项　目		允许偏差（mm）	检　验　方　法
长度	梁、板	±4	尺量两侧边，取其中较大值
	薄腹梁、桁架	±8	
	柱	0，-10	
	墙板	0，-5	
宽度	板、墙板	0，-5	尺量两端及中部，取其中较大值
	梁、薄腹梁、桁架	+2，-5	
高（厚）度	板	+2，-3	尺量两端及中部，取其中较大值
	墙板	0，-5	
	梁、薄腹梁、桁架、柱	+2，-5	
侧向弯曲	梁、板、柱	$L/1000$ 且≤15	拉线、尺量最大弯曲处
	墙板、薄腹梁、桁架	$L/1500$ 且≤15	
板的表面平整度		3	2m靠尺和塞尺量测
相邻两板表面高低差		1	尺量
对角线差	板	7	尺量两对角线
	墙板	5	
翘曲	板、墙板	$L/1500$	水平尺在两端量测
设计起拱	薄腹梁、桁架、梁	±3	拉线、尺量跨中

注：L 为构件长度（mm）。

检查数量：首次使用及大修后的模板应全数检查；使用中的模板应抽查10%，且不应少于5件，不足5件时应全数检查。

4.2　钢　筋　工　程

4.2.1　一般规定

1）浇筑混凝土之前，应进行钢筋隐蔽工程验收。隐蔽工程验收应包括下列主要内容：

①纵向受力钢筋的牌号、规格、数量、位置。

②钢筋的连接方式、接头位置、接头质量、接头面积百分率、搭接长度、锚固方式及锚固长度。

③箍筋、横向钢筋的牌号、规格、数量、间距、位置，箍筋弯钩的弯折角度及平直段长度。

④预埋件的规格、数量和位置。

2）钢筋、成型钢筋进场检验，当满足下列条件之一时，其检验批容量可扩大一倍：

①获得认证的钢筋、成型钢筋。

②同一厂家、同一牌号、同一规格的钢筋，连续三批均一次检验合格。

③同一厂家、同一类型、同一钢筋来源的成型钢筋，连续三批均一次检验合格。

4.2.2 材料

1. 质量控制要点

钢筋进场时，应按现行国家标准规定抽取试件做力学性能检验，检查内容包括检查产品合格证、出厂检验报告、进场复验报告；钢筋的品种、规格、型号、化学成分、力学性能等，并且必须满足设计和有关现行国家标准的规定。

钢筋使用前应全数检查其外观质量，钢筋表面标志应清晰明了，标志包括强度级别、厂名（汉语拼音字头表示）和直径（mm）数字，钢筋外表不得有裂纹、折叠、结疤及杂质。盘条允许有压痕及局部凸块、凹块、划痕、麻面，但其深度或高度（从实际尺寸算起）不得大于 0.20mm；带肋钢筋表面凸块，不得超过横肋高度，钢筋表面上其他缺陷的深度和高度不得大于所在部位尺寸的允许偏差；冷拉钢筋不得有局部缩颈；钢筋表面氧化皮（铁锈）重量不大于 16kg/t。

进场的钢筋均应有标牌（标明生产厂、生产日期、钢号、炉罐号、钢筋级别、直径等标记），应按炉罐号、批次及直径分批验收，分别堆放整齐，严防混料，并对其检验状态进行标识，防止混用。

对进场的钢筋按进场的批次和产品的抽样检验方案确定抽样复验，钢筋复验报告结果应符合现行国家标准。进场复验报告是判断材料能否在工程中应用的依据。

2. 质量检验与验收

（1）主控项目：

1）钢筋进场时，应按国家现行标准《钢筋混凝土用钢 第 1 部分：热轧光圆钢筋》GB 1499.1—2008、《钢筋混凝土用钢 第 2 部分：热轧带肋钢筋》GB 1499.2—2007、《钢筋混凝土用余热处理钢筋》GB 13014—2013、《钢筋混凝土用钢 第 3 部分：钢筋焊接网》GB/T 1499.3—2010、《冷轧带肋钢筋》GB 13788—2008、《高延性冷轧带肋钢筋》YB/T 4260—2011、《冷轧扭钢筋》JG 190—2006 及《冷轧带肋钢筋混凝土结构技术规程》JGJ 95—2011、《冷轧扭钢筋混凝土构件技术规格》JGJ 115—2006、《冷拔低碳钢丝应用技术规程》JGJ 19—2010 抽取试件作屈服强度、抗拉强度、伸长率、弯曲性能和重量偏差检验，检验结果应符合相应标准的规定。

检查数量：按进场批次和产品的抽样检验方案确定。

检验方法：检查质量证明文件和抽样检验报告。

2）成型钢筋进场时，应抽取试件作屈服强度、抗拉强度、伸长率和重量偏差检验，检验结果应符合国家现行相关标准的规定。

对由热轧钢筋制成的成型钢筋，当有施工单位或监理单位的代表驻厂监督生产过程，并提供原材钢筋力学性能第三方检验报告时，可仅进行重量偏差检验。

检查数量：同一厂家、同一类型、同一钢筋来源的成型钢筋，不超过 30t 为一批，每批中每种钢筋牌号、规格均应至少抽取 1 个钢筋试件，总数不应少于 3 个。

检验方法：检查质量证明文件和抽样检验报告。

3）对按一、二、三级抗震等级设计的框架和斜撑构件（含梯段）中的纵向受力普通钢筋应采用 HRB335E、HRB400E、HRB500E、HRBF335E、HRBF400E 或 HRBF500E 钢筋，其强度和最大力下总伸长率的实测值应符合下列规定：

①抗拉强度实测值与屈服强度实测值的比值不应小于 1.25。

②屈服强度实测值与屈服强度标准值的比值不应大于 1.30。

③最大力下总伸长率不应小于 9%。

检查数量：按进场的批次和产品的抽样检验方案确定。

检验方法：检查抽样检验报告。

（2）一般项目：

1）钢筋应平直、无损伤，表面不得有裂纹、油污、颗粒状或片状老锈。

检查数量：全数检查。

检验方法：观察。

2）成型钢筋的外观质量和尺寸偏差应符合国家现行相关标准的规定。

检查数量：同一厂家、同一类型的成型钢筋，不超过 30t 为一批，每批随机抽取 3 个成型钢筋试件。

检验方法：观察，尺量。

3）钢筋机械连接套筒、钢筋锚固板以及预埋件等的外观质量应符合国家现行相关标准的规定。

检查数量：按国家现行相关标准的规定确定。

检验方法：检查产品质量证明文件；观察，尺量。

4.2.3 钢筋加工

1. 质量控制要点

1）仔细查看结构施工图，了解不同结构件的配筋数量、规格、间距、尺寸等（注意处理好接头位置和接头百分率问题）。

2）钢筋的表面应洁净。油渍、漆污和用锤敲击时能剥落的浮皮、铁锈等应在使用前清除干净，在焊接前，焊点处的水锈应清除干净。

3）在切断过程中，如果发现钢筋劈裂、缩头或严重弯头，必须切除。若发现钢筋的硬度与该钢筋有较大出入，应向有关人员报告，查明情况。钢筋的端口，不得为马蹄形或出现起弯现象。

4）钢筋切断时，将同规格钢筋根据不同长度搭配，统筹排料；一般先断长料，后断短料，减少短头，减少损耗。断料时应避免用短尺量长料，防止在量料中产生累计误差。

5）钢筋调直宜采用机械方法，也可采用冷拉方法。当采用冷拉方法调直钢筋时，HPB300 级钢筋的冷拉率不宜大于 4%，HRB335 级、HRB400 级和 RRB400 级钢筋的冷拉率不宜大于 1%。

6）钢筋加工过程中，检查钢筋冷拉的方法和控制参数；检查钢筋翻样图及配料单中钢筋的尺寸、形状是否符合设计要求，加工尺寸偏差是否符合规定；检查受力钢筋加工时的弯钩和弯折形状及弯曲半径；检查箍筋末端的弯钩形式。

7）钢筋加工过程中，若发现钢筋脆断、焊接性能不良或力学性能显著不正常时，应立即停止使用，并对该批钢筋进行化学成分检验或其他专项检验，按检验结果进行技术处理。如果发现力学性能或化学成分不符合要求，必须作退货处理。

2. 质量检验与验收

（1）主控项目：

1）钢筋弯折的弯弧内直径应符合下列规定：

①光圆钢筋，不应小于钢筋直径的 2.5 倍。

②335MPa 级、400MPa 级带肋钢筋，不应小于钢筋直径的 4 倍。

③500MPa 级带肋钢筋，当直径为 28mm 以下时不应小于钢筋直径的 6 倍，当直径为 28mm 及以上时不应小于钢筋直径的 7 倍。

④箍筋弯折处尚不应小于纵向受力钢筋的直径。

检查数量：按每工作班同一类型钢筋、同一加工设备抽查不应少于 3 件。

检验方法：尺量。

2）纵向受力钢筋的弯折后平直段长度应符合设计要求。光圆钢筋末端作 180°弯钩时，弯钩的平直段长度不应小于钢筋直径的 3 倍。

检查数量：按每工作班同一类型钢筋、同一加工设备抽查不应少于 3 件。

检验方法：尺量。

3）箍筋、拉筋的末端应按设计要求作弯钩，并应符合下列规定：

①对一般结构构件，箍筋弯钩的弯折角度不应小于 90°，弯折后平直段长度不应小于箍筋直径的 5 倍；对有抗震设防要求或设计有专门要求的结构构件，箍筋弯钩的弯折角度不应小于 135°，弯折后平直段长度不应小于箍筋直径的 10 倍。

②圆形箍筋的搭接长度不应小于其受拉锚固长度，且两末端弯钩的弯折角度不应小于 135°，弯折后平直段长度对一般结构构件不应小于箍筋直径的 5 倍，对有抗震设防要求的结构构件不应小于箍筋直径的 10 倍。

③梁、柱复合箍筋中的单肢箍筋两端弯钩的弯折角度均不应小于 135°，弯折后平直段长度应符合①对箍筋的有关规定。

检查数量：按每工作班同一类型钢筋、同一加工设备抽查不应少于 3 件。

检验方法：尺量。

4）盘卷钢筋调直后应进行力学性能和重量偏差检验，其强度应符合国家现行有关标准的规定，其断后伸长率、重量偏差应符合表 4-4 的规定。

表 4 – 4　盘卷钢筋调直后的断后伸长率、重量偏差要求

钢 筋 牌 号	断后伸长率 A（%）	重量偏差（%）	
		直径 6 ~ 12mm	直径 14 ~ 16mm
HPB300	≥21	≥ – 10	—
HRB335、HRBF335	≥16	≥ – 8	≥ – 6
HRB400、HRBF400	≥15		
RRB400	≥13		
HRB500、HRBF500	≥14		

注：断后伸长率 A 的量测标距为 5 倍钢筋直径。

力学性能和重量偏差检验应符合下列规定：

①应对 3 个试件先进行重量偏差检验，再取其中 2 个试件进行力学性能检验。

②重量偏差应按下式计算：

$$\Delta = \frac{W_d - W_0}{W_0} \times 100 \qquad\qquad (4 - 1)$$

式中：Δ——重量偏差（%）；

　　　W_d——3 个调直钢筋试件的实际重量之和（kg）；

　　　W_0——钢筋理论重量（kg），取每米理论重量（kg/m）与 3 个调直钢筋试件长度之和（m）的乘积。

③检验重量偏差时，试件切口应平滑并与长度方向垂直，其长度不应小于 500mm；长度和重量的量测精度分别不应低于 1mm 和 1g。

采用无延伸功能的机械设备调直的钢筋，可不进行本条规定的检验。

检查数量：同一加工设备、同一牌号、同一规格的调直钢筋，重量不大于 30t 为一批，每批见证抽取 3 个试件。

检验方法：检查抽样检验报告。

（2）一般项目：

钢筋加工的形状、尺寸应符合设计要求，其偏差应符合表 4 – 5 的规定。

表 4 – 5　钢筋加工的允许偏差

项　　目	允许偏差（mm）
受力钢筋沿长度方向的净尺寸	±10
弯起钢筋的弯折位置	±20
箍筋外廓尺寸	±5

检查数量：按每工作班同一类型钢筋、同一加工设备抽查不应少于 3 件。

检验方法：尺量。

4.2.4 钢筋连接

1. 质量控制要点

1）钢筋连接操作前应进行安全技术交底，并履行相关手续。

2）机械连接、焊接（应注意闪光对焊、电渣压力焊的适用范围）、绑扎搭接是钢筋连接的主要方法，纵向受力钢筋的连接方式应符合设计要求。在施工现场应按国家现行标准的规定，对钢筋的机械接头、焊接接头外观质量和力学性能抽取试件进行检验，其质量必须符合要求。绑扎接头应重点查验搭接长度，特别注意钢筋接头百分率对搭接长度的修正；闪光对焊的焊接质量的判别对于缺乏此项经验的人员来说比较困难。因此，具体操作时，在焊接人员、设备、焊接工艺和焊接参数等的选择与质量验收时应予以特别重视。

3）钢筋机械连接和焊接的操作人员必须持证上岗。焊接操作工只能在其上岗证规定的施焊范围实施操作。

4）钢筋连接所用的焊（条）剂、套筒等材料必须符合技术检验认定的技术要求，并具有相应的出厂合格证。

5）钢筋机械连接和焊接连接操作前应首先抽取试件，以确定钢筋连接的工艺参数。

6）在同一构件中钢筋机械连接接头或焊接接头的设置宜相互错开，接头位置、接头百分率应符合规范要求。同一构件相邻纵向受力钢筋的绑扎搭接接头宜相互错开，纵向受拉钢筋搭接接头面积百分率应符合设计要求；绑扎搭接接头中钢筋的横向净距不应小于钢筋直径，且不应小于25mm。同时钢筋接头宜设置在受力较小处，同一纵向受力钢筋不宜设置两个或两个以上接头。接头末端至弯起点的距离不应小于钢筋直径的10倍。

7）帮条焊适用于焊接直径10～40mm的热轧光圆及带肋钢筋、直径10～25mm的余热处理钢筋，帮条长度应符合表4-6的规定。搭接焊适用焊接的钢筋与帮条焊相同。电弧焊接头外观质量检查应注意以下几点：

①焊缝表面应平整，不得有凹陷或焊瘤。

②焊接接头区域不得有肉眼可见的裂纹。

③咬边深度、气孔、夹渣等缺陷允许值应符合相关规定。

④坡口焊、熔槽帮条焊和窄间隙焊接头的焊缝余高不得大于3mm。

表4-6 帮条长度

钢筋的类别	焊接形式	帮条长度
热轧光圆钢筋	单面焊	≥8d
	双面焊	≥4d
热轧带肋钢筋及余热处理钢筋	单面焊	≥10d
	双面焊	≥5d

8）适用于焊接直径14～40mm的HPB300级、HRB335级钢筋。焊机容量应根据钢筋直径选定。电渣压力焊应用于柱、墙、烟囱等现浇混凝土结构中竖向钢筋的连接，不得用于梁、板等构件中的水平钢筋连接。

9）适用于焊接直径 14～40mm 的热轧圆钢及带肋钢筋。当焊接直径不同的钢筋时，两直径之差不得大于 7mm。气压焊等压法、二次加压法、三次加压法等工艺应根据钢筋直径等条件选用。

10）进行电阻点焊、闪光对焊、电渣压力焊、埋弧压力焊时，应随时观察电源电压的波动情况。当电源电压下降大于 5%、小于 8% 时，应采取提高焊接变压器级数的措施；当大于或等于 8% 时，不得进行焊接。钢筋电渣压力焊接头外观质量检查应注意以下几点：

①四周焊包突出钢筋表面的高度不得小于 4mm。

②钢筋与电极接触处，应无烧伤缺陷。

③接头处的弯折角不得大于 3°。

④接头处的轴线偏移不得大于钢筋直径的 0.1 倍，且不得大于 2mm。

11）带肋钢筋套筒挤压连接应符合下列要求：

①钢筋插入套筒内深度应符合设计要求。

②钢筋端头离套筒长度中心点不宜超过 10mm。

③先挤压一端钢筋，插入接连钢筋后，再挤压另一端套筒，挤压宜从套筒中部开始，依次向两端挤压，挤压机与钢筋轴线保持垂直。

12）钢筋锥螺纹连接的螺纹丝头的锥度、螺距必须与套筒的锥度、螺距一致。对准轴线将钢筋拧入套筒内，接头拧紧值应满足规定的力矩。

2．质量检验与验收

（1）主控项目：

1）钢筋的连接方式应符合设计要求。

检查数量：全数检查。

检验方法：观察。

2）钢筋采用机械连接或焊接连接时，钢筋机械连接接头、焊接接头的力学性能、弯曲性能应符合国家现行相关标准的规定。接头试件应从工程实体中截取。

检查数量：按现行行业标准《钢筋机械连接技术规程》JGJ 107—2010 和《钢筋焊接及验收规程》JGJ 18—2012 的规定确定。

检验方法：检查质量证明文件和抽样检验报告。

3）螺纹接头应检验拧紧扭矩值，挤压接头应量测压痕直径，检验结果应符合现行行业标准《钢筋机械连接技术规程》JGJ 107—2010 的相关规定。

检查数量：按现行行业标准《钢筋机械连接技术规程》JGJ 107—2010 的规定确定。

检验方法：采用专用扭力扳手或专用量规检查。

（2）一般项目：

1）钢筋接头的位置应符合设计和施工方案要求。有抗震设防要求的结构中，梁端、柱端箍筋加密区范围内不应进行钢筋搭接。接头末端至钢筋弯起点的距离不应小于钢筋直径的 10 倍。

检查数量：全数检查。

检验方法：观察，尺量。

2）钢筋机械连接接头、焊接接头的外观质量应符合现行行业标准《钢筋机械连接技术规程》JGJ 107—2010 和《钢筋焊接及验收规程》JGJ 18—2012 的规定。

检查数量：按现行行业标准《钢筋机械连接技术规程》JGJ 107—2010 和《钢筋焊接及验收规程》JGJ 18—2012 的规定确定。

检验方法：观察，尺量。

3）当纵向受力钢筋采用机械连接接头或焊接接头时，同一连接区段内纵向受力钢筋的接头面积百分率应符合设计要求；当设计无具体要求时，应符合下列规定：

①受拉接头，不宜大于 50%；受压接头，可不受限制。

②直接承受动力荷载的结构构件中，不宜采用焊接；当采用机械连接时，不应超过 50%。

检查数量：在同一检验批内，对梁、柱和独立基础，应抽查构件数量的 10%，且不应少于 3 件；对墙和板，应按有代表性的自然间抽查 10%，且不应少于 3 间；对大空间结构，墙可按相邻轴线间高度 5m 左右划分检查面，板可按纵横轴线划分检查面，抽查 10%，且均不应少于 3 面。

检验方法：观察，尺量。

注：1. 接头连接区段是指长度为 35d 且不小于 500mm 的区段，d 为相互连接两根钢筋的直径较小值。
    2. 同一连接区段内纵向受力钢筋接头面积百分率为接头中点位于该连接区段内的纵向受力钢筋截面面积与全部纵向受力钢筋截面面积的比值。

4）当纵向受力钢筋采用绑扎搭接接头时，接头的设置应符合下列规定：

①接头的横向净间距不应小于钢筋直径，且不应小于 25mm。

②同一连接区段内，纵向受拉钢筋的接头面积百分率应符合设计要求；当设计无具体要求时，应符合下列规定：

a. 梁类、板类及墙类构件，不宜超过 25%；基础筏板，不宜超过 50%。

b. 柱类构件，不宜超过 50%。

c. 当工程中确有必要增大接头面积百分率时，对梁类构件，不应大于 50%。

检查数量：在同一检验批内，对梁、柱和独立基础，应抽查构件数量的 10%，且不应少于 3 件；对墙和板，应按有代表性的自然间抽查 10%，且不应少于 3 间；对大空间结构，墙可按相邻轴线间高度 5m 左右划分检查面，板可按纵横轴线划分检查面，抽查 10%，且均不应少于 3 面。

检验方法：观察，尺量。

注：1. 接头连接区段是指长度为 1.3 倍搭接长度的区段。搭接长度取相互连接两根钢筋中较小直径计算。
    2. 同一连接区段内纵向受力钢筋接头面积百分率为接头中点位于该连接区段内的纵向受力钢筋截面面积与全部纵向受力钢筋截面面积的比值。

5）梁、柱类构件的纵向受力钢筋搭接长度范围内箍筋的设置应符合设计要求；当设计无具体要求时，应符合下列规定：

①箍筋直径不应小于搭接钢筋较大直径的 1/4。

②受拉搭接区段的箍筋间距不应大于搭接钢筋较小直径的 5 倍，且不应大于 100mm。

③受压搭接区段的箍筋间距不应大于搭接钢筋较小直径的 10 倍，且不应大于 200mm。

④当柱中纵向受力钢筋直径大于 25mm 时，应在搭接接头两个端面外 100mm 范围内各设置两个箍筋，其间距宜为 50mm。

检查数量：在同一检验批内，应抽查构件数量的 10%，且不应少于 3 件。

检验方法：观察，尺量。

4.2.5 钢筋安装

1. 质量控制要点

1）钢筋安装前，应进行安全技术交底，并履行有关手续。

2）钢筋安装前，应根据施工图核对钢筋的品种、规格、尺寸和数量，并落实钢筋安装工序。

3）钢筋安装时检查钢筋骨架、钢筋网绑扎方法是否正确、是否牢固可靠。

4）纵向受拉钢筋的绑扎搭接接头的搭接长度，应根据位于同一连接段区段内的钢筋搭接接头面积百分率按《混凝土结构设计规范》GB 50010—2010 中的公式计算，且不小于 300mm。

5）在任何情况下，纵向受拉钢筋的搭接长度不应小于 100mm，受压钢筋搭接长度不应小于 200mm。在绑扎接头的搭接长度范围内，应采用铁丝绑扎三点。

6）绑扎钢筋用钢丝规格是 20～22 号镀锌钢丝或 20～22 号钢丝（火烧丝）。绑扎楼板钢筋网片时，一般用单根 22 号钢丝；绑扎梁柱钢筋骨架时，则用双根 22 号钢丝。

7）钢筋混凝土梁、柱、墙板钢筋安装时要注意的控制点：

①框架结构节点核心区、剪力墙结构暗柱与连梁交接处，梁与柱的箍筋设置是否符合要求。

②框架剪力墙结构或剪力墙结构中连梁箍筋在暗柱中的设置是否符合要求。

③框架梁、柱箍筋加密区长度和间距是否符合要求。

④框架梁、连梁在柱、墙、梁中的锚固方式和锚固长度是否符合设计要求（工程中往往存在部分钢筋水平段锚固不满足设计要求的现象）。

⑤框架柱在基础梁、板或承台中的箍筋设置（类型、根数、间距）是否符合要求。

⑥剪力墙结构跨高比小于等于 2 时，检查连梁中交叉加强钢筋的设置是否符合要求。

⑦剪力墙竖向钢筋搭接长度是否符合要求（注意搭接长度的修正，通常是接头百分率的修正）。

⑧框架柱特别是角柱箍筋间距、剪力墙暗柱箍筋形式和间距是否符合要求。

⑨钢筋接头质量、位置和百分率是否符合设计要求。

⑩注意在施工时，由于施工方法等原因可能形成短柱或短梁。

⑪注意控制基础梁柱交界处、阳角放射筋部位的钢筋保护层质量。

⑫框架梁与连系梁钢筋的相互位置关系必须正确，特别注意悬臂梁与其支撑梁钢筋位置的相互关系。

⑬当剪力墙钢筋直径较细时，注意控制钢筋的水平度与垂直度，应当采取适当措施（如增加梯子筋数量等）确保钢筋位置正确。

⑭当剪力墙钢筋直径较细时，剪力墙钢筋往往"跑位"，通常可在剪力墙上口采用水平梯子筋加以控制。

⑮柱中钢筋根数、直径变化处以及构件截面发生变化处的纵向受力钢筋的连接和锚固

方式应予以关注。

8）工程实践中为便于施工，剪力墙中的拉筋加工往往是一端加工成135°弯钩，另一端暂时加工成90°弯钩，待拉筋就位后再将90°弯钩弯折成型。这样，如果加工措施不当往往会出现拉筋变形使剪力墙筋骨架减小，钢筋安装时应予以控制。

9）注意控制预留洞口加强筋的设置是否符合设计要求。

10）工程中常常出现由于墙柱钢筋固定措施不合格，导致下柱（墙）钢筋位置偏离设计要求的现象，隐蔽工程验收时应查验防止墙柱钢筋错位的措施是否得当。

11）钢筋安装时，检查梁、柱箍筋弯钩处是否沿受力钢筋方向相互错开放置，绑扎扣是否按变换方向进行绑扎。

12）钢筋安装完毕后，检查钢筋保护层垫块、马凳等是否根据钢筋直径、间距和设计要求正确放置。

13）钢筋安装时，检查受力钢筋放置的位置是否符合设计要求，特别是梁、板、悬挑构件的上部纵向受力钢筋。

2．质量检验与验收

（1）主控项目：

1）钢筋安装时，受力钢筋的牌号、规格和数量必须符合设计要求。

检查数量：全数检查。

检验方法：观察，尺量。

2）受力钢筋的安装位置、锚固方式应符合设计要求。

检查数量：全数检查。

检验方法：观察，尺量。

（2）一般项目：

钢筋安装允许偏差及检验方法应符合表4-7的规定。

表4-7　钢筋安装允许偏差和检验方法

项　目		允许偏差（mm）	检验方法
绑扎钢筋网	长、宽	±10	尺量
	网眼尺寸	±20	尺量连续三档，取最大偏差值
绑扎钢筋骨架	长	±10	尺量
	宽、高	±5	尺量
纵向受力钢筋	锚固长度	-20	尺量
	间距	±10	尺量两端、中间各一点，取最大偏差值
	排距	±5	
纵向受力钢筋、箍筋的混凝土保护层厚度	基础	±10	尺量
	柱、梁	±5	尺量
	板、墙、壳	±3	尺量

续表 4 - 7

项 目		允许偏差（mm）	检 验 方 法
绑扎箍筋、横向钢筋间距		±20	尺量连续三档，取最大偏差值
钢筋弯起点位置		20	尺量，沿纵、横两个方向量测，并取其中偏差较大值
预埋件	中心线位置	5	尺量
	水平高差	+3，0	塞尺量测

梁板类构件上部受力钢筋保护层厚度的合格点率应达到 90% 及以上，且不得有超过表中数值 1.5 倍的尺寸偏差。

检查数量：在同一检验批内，对梁、柱和独立基础，应抽查构件数量的 10%，且不应少于 3 件；对墙和板，应按有代表性的自然间抽查 10%，且不应少于 3 间；对大空间结构，墙可按相邻轴线间高度 5m 左右划分检查面，板可按纵横轴线划分检查面，抽查 10%，且均不应少于 3 面。

4.3 预应力工程

4.3.1 一般规定

1）浇筑混凝土之前，应进行预应力隐蔽工程验收。隐蔽工程验收应包括下列主要内容：
①预应力筋的品种、规格、级别、数量和位置。
②成孔管道的规格、数量、位置、形状、连接以及灌浆孔、排气兼泌水孔。
③局部加强钢筋的牌号、规格、数量和位置。
④预应力筋锚具和连接器及锚垫板的品种、规格、数量和位置。

2）预应力筋、锚具、夹具、连接器、成孔管道的进场检验，当满足下列条件之一时，其检验批容量可扩大一倍：
①获得认证的产品。
②同一厂家、同一品种、同一规格的产品，连续三批均一次检验合格。

3）预应力筋张拉机具及压力表应定期维护和标定。张拉设备和压力表应配套标定和使用，标定期限不应超过半年。

4.3.2 材料

1. 质量控制要点

1）预应力筋进场时，必须按规定进行复验，做力学性能试验。

2）预应力筋用锚具、夹具和连接器进场时，主要作静载试验，并按出厂检验报告所列指标核对其材质和机加工尺寸。

3）预应力筋张拉机具设备及仪表，应定期维护和校验。张拉设备应配套标定，并配套使用。张拉设备的标定期限不应超过半年。当在使用过程中出现反常现象时或在千斤顶检修后，应重新标定。

4）张拉设备标定时，千斤顶活塞的运行方向应与实际张拉工作状态一致。

5）压力表的精度不应低于1.5级，标定张拉设备用的试验机或测力计精度不应低于±2%。

2. 质量检验与验收

（1）主控项目：

1）预应力筋进场时，应按国家现行标准《预应力混凝土用钢绞线》GB/T 5224—2014、《预应力混凝土用钢丝》GB/T 5223—2014、《预应力混凝土用螺纹钢筋》GB/T 20065—2006 和《无黏结预应力钢绞线》JG 161—2004 抽取试件作抗拉强度、伸长率检验，其检验结果应符合相应标准的规定。

检查数量：按进场的批次和产品的抽样检验方案确定。

检验方法：检查质量证明文件和抽样检验报告。

2）无黏结预应力钢绞线进场时，应进行防腐润滑脂量和护套厚度的检验，检验结果应符合现行行业标准《无黏结预应力钢绞线》JG 161—2004 的规定。

经观察认为涂包质量有保证时，无黏结预应力筋可不作油指量和护套厚度的抽样检验。

检查数量：按现行行业标准《无黏结预应力钢绞线》JG 161—2004 的规定确定。

检验方法：观察，检查质量证明文件和抽样检验报告。

3）预应力筋用锚具应和锚垫板、局部加强钢筋配套使用，锚具、夹具和连接器进场时，应按现行行业标准《预应力筋用锚具、夹具和连接器应用技术规程》JGJ 85—2010的相关规定对其性能进行检验，检验结果应符合该标准的规定。

锚具、夹具和连接器用量不足检验批规定数量的50%，且供货方提供有效的试验报告时，可不作静载锚固性能试验。

检查数量：按现行行业标准《预应力筋用锚具、夹具和连接器应用技术规程》JGJ 85—2010的规定确定。

检验方法：检查质量证明文件、锚固区传力性能试验报告和抽样检验报告。

4）处于三a、三b类环境条件下的无黏结预应力筋用锚具系统，应按现行行业标准《无黏结预应力混凝土结构技术规程》JGJ 92—2004 的相关规定检验其防水性能，检验结果应符合该标准的规定。

检查数量：同一品种、同一规格的锚具系统为一批，每批抽取3套。

检验方法：检验质量证明文件和抽样检验报告。

5）孔道灌浆用水泥应采用硅酸盐水泥或普通硅酸盐水泥，水泥、外加剂的质量应分别符合《混凝土结构工程施工质量验收规范》GB 50204—2015 第7.2.1条、第7.2.2条的规定；成品灌浆材料的质量应符合现行国家标准《水泥基灌浆材料应用技术规范》GB/T 50448—2015的规定。

检查数量：按进场批次和产品的抽样检验方案确定。

检验方法：检查质量证明文件和抽样检验报告。

（2）一般项目：

1）预应力筋进场时，应进行外观检查，其外观质量应符合下列规定：

①有黏结预应力筋的表面不应有裂纹、小刺、机械损伤、氧化铁皮和油污等，展开后应平顺、不应有弯折。

②无黏结预应力钢绞线护套应光滑、无裂缝，无明显褶皱；轻微破损处应外包防水塑料胶带修补，严重破损者不得使用。

检查数量：全数检查。

检验方法：观察。

2）预应力筋用锚具、夹具和连接器进场时，应进行外观检查，其表面应无污物、锈蚀、机械损伤和裂纹。

检查数量：全数检查。

检验方法：观察。

3）预应力成孔管道进场时，应进行管道外观质量检查、径向刚度和抗渗漏性能检验，其检验结果应符合下列规定：

①金属管道外观应清洁，内外表面应无锈蚀、油污、附着物、孔洞；波纹管不应有不规则褶皱，咬口应无开裂、脱扣；钢管焊缝应连续。

②塑料波纹管的外观应光滑、色泽均匀，内外壁不应有气泡、裂口、硬块、油污、附着物、孔洞及影响使用的划伤。

③径向刚度和抗渗漏性能应符合现行行业标准《预应力混凝土桥梁用塑料波纹管》JT/T 529—2004 和《预应力混凝土用金属波纹管》JG 225—2007 的规定。

检查数量：外观应全数检查；径向刚度和抗渗漏性能的检查数量应按进场的批次和产品的抽样检验方案确定。

检验方法：观察，检查质量证明文件和抽样检验报告。

4.3.3 制作与安装

1. 质量控制要点

1）预应力筋的下料长度应由计算确定，加工尺寸要求严格，以确保预加应力均匀一致。

2）固定成孔管道的钢筋马凳间距：对钢管不宜大于 1.5m；对金属螺旋管及波纹管不宜大于 1.0m；对胶管不宜大于 0.5m；对曲线孔道宜适当加密。

3）预应力筋的保护层厚度应符合设计及有关规范的规定。无黏结预应力筋成束布置时，其数量及排列形状应能保证混凝土密实，并能够握裹住预应力筋。

2. 质量检验与验收

（1）主控项目：

1）预应力筋安装时，其品种、规格、级别和数量必须符合设计要求。

检查数量：全数检查。

检验方法：观察，尺量。

2）预应力筋的安装位置应符合设计要求。

检查数量：全数检查。

检验方法：观察，尺量。

（2）一般项目：

1）预应力筋端部锚具的制作质量应符合下列规定：

①钢绞线挤压锚具挤压完成后，预应力筋外端露出挤压套筒的长度不应小于1mm。

②钢绞线压花锚具的梨形头尺寸和直线锚固段长度不应小于设计值。

③钢丝镦头不应出现横向裂纹，镦头的强度不得低于钢丝强度标准值的98%。

检查数量：对挤压锚，每工作班抽查5%，且不应少于5件；对压花锚，每工作班抽查3件。对钢丝镦头强度，每批钢丝检查6个镦头试件。

检验方法：观察，尺量，检查镦头强度试验报告。

2）预应力筋或成孔管道的安装质量应符合下列规定：

①成孔管道的连接应密封。

②预应力筋或成孔管道应平顺，并应与定位支撑钢筋绑扎牢固。

③锚垫板的承压面应与预应力筋或孔道曲线末端垂直，预应力筋或孔道曲线末端直线段长度应符合表4-8的规定。

表4-8　预应力筋曲线起始点与张拉锚固点之间直线段最小长度

预应力筋张拉控制力 N（kN）	$N \leqslant 1500$	$1500 < N \leqslant 6000$	$N > 6000$
直线段最小长度（mm）	400	500	600

④当后张有黏结预应力筋曲线孔道波峰和波谷的高差大于300mm，且采用普通灌浆工艺时，应在孔道波峰设置排气孔。

检查数量：全数检查。

检验方法：观察，尺量。

3）预应力筋或成孔管道定位控制点的竖向位置偏差应符合表4-9的规定，其合格点率应达到90%及以上，且不得有超过表中数值1.5倍的尺寸偏差。

表4-9　预应力筋或成孔管道定位控制点的竖向位置允许偏差

构件截面高（厚）度 h（mm）	$h \leqslant 300$	$300 < h \leqslant 1500$	$h > 1500$
允许偏差（mm）	±5	±10	±15

检查数量：在同一检验批内，应抽查各类型构件总数的10%，且不少于3个构件，每个构件不应少于5处。

检验方法：尺量。

4.3.4　张拉和放张

1. 质量控制要点

1）安装张拉设备时，直线预应力筋，应使张拉力的作用线与孔道中心线重合；曲线预应力筋，应使张拉力的作用线与孔道中心线末端的切线重合。

2）预应力筋的张拉力、张拉或放张顺序及张拉工艺应符合设计及施工技术方案的要求。

3）在预应力筋锚固过程中，由于锚具零件之间和锚具与预应力筋之间的相对移动和

局部塑性变形造成的回缩量，张拉端预应力筋的内回缩量应符合设计要求。

2．质量检验与验收

（1）主控项目：

1）预应力筋张拉或放张前，应对构件混凝土强度进行检验。同条件养护的混凝土立方体试件抗压强度应符合设计要求，当设计无要求时应符合下列规定：

①应符合配套锚固产品技术要求的混凝土最低强度且不应低于设计混凝土强度等级值的 75%。

②对采用消除应力钢丝或钢绞线作为预应力筋的先张法构件，不应低于 30MPa。

检查数量：全数检查。

检验方法：检查同条件养护试件试验报告。

2）对后张法预应力结构构件，钢绞线出现断裂或滑脱的数量不应超过同一截面钢绞线总根数的 3%，且每根断裂的钢绞线断丝不得超过一丝；对多跨双向连续板，其同一截面应按每跨计算。

检查数量：全数检查。

检验方法：观察，检查张拉记录。

3）先张法预应力筋张拉锚固后，实际建立的预应力值与工程设计规定检验值的相对允许偏差为 ±5%。

检查数量：每工作班抽查预应力筋总数的 1%，且不应少于 3 根。

检验方法：检查预应力筋应力检测记录。

（2）一般项目：

1）预应力筋张拉质量应符合下列规定：

①采用应力控制方法张拉时，张拉力下预应力筋的实测伸长值与计算伸长值的相对允许偏差为 ±6%。

②最大张拉应力不应大于现行国家标准《混凝土结构工程施工规范》GB 50666—2011 的规定。

检查数量：全数检查。

检验方法：检查张拉记录。

2）先张法预应力构件，应检查预应力筋张拉后的位置偏差，张拉后预应力筋的位置与设计位置的偏差不应大于 5mm，且不应大于构件截面短边边长的 4%。

检查数量：每工作班抽查预应力筋总数的 3%，且不应少于 3 束。

检验方法：尺量。

4.3.5 灌浆及封锚

1．质量控制要点

1）孔道灌浆前应进行水泥浆配合比设计。

2）严格控制水泥浆的稠度和泌水率，以获得饱满密实的灌浆效果。对空隙大的孔道，也可采用砂浆灌浆，水泥浆或砂浆的抗压强度标准值不应小于 $30N/mm^2$，当需要增加孔道灌浆密实度时，也可掺入对预应力筋无腐蚀的外加剂。

3）灌浆前孔道应湿润、洁净。灌浆顺序宜先下层孔道。

4）灌浆应缓慢均匀的进行，不能中断，直至出浆口排出的浆体稠度与进浆口一致。灌满孔道后，应再继续加压 0.5～0.6MPa，稍后封闭灌浆孔。不掺外加剂的水泥浆，可采用二次灌浆法。封闭顺序是沿灌筑方向依次封闭。

5）灌浆工作应在水泥浆初凝前完成。每个工作班留一组边长为 70.7mm 的立方体试件，标准养护 28d，作抗压强度试验，抗压强度为一组 6 个试件组成，当一组试件中抗压强度最大值或最小值与平均值相差 20% 时，应取中间 4 个试件强度的平均值。

6）锚固后的外露部分宜采用机械方法切割，外露长度不宜小于预应力筋直径的 1.5 倍，且不小于 30mm。

7）预应力筋的外露锚具必须有严格的密封保护措施，应采取防止锚具受机械损伤或遭受腐蚀的有效措施。

2．质量检验与验收

（1）主控项目：

1）预留孔道灌浆后，孔道内水泥浆应饱满、密实。

检查数量：全数检查。

检验方法：观察，检查灌浆记录。

2）现场搅拌的灌浆用水泥浆的性能应符合下列规定：

①3h 自由泌水率宜为 0，且不应大于 1%，泌水应在 24h 内全部被水泥浆吸收。

②水泥浆中氯离子含量不应超过水泥重量的 0.06%。

③当采用普通灌浆工艺时，24h 自由膨胀率不应大于 6%；当采用真空灌浆工艺时，24h 自由膨胀率不应大于 3%。

检查数量：同一配合比检查一次。

检验方法：检查水泥浆配比性能试验报告。

3）现场留置的孔道灌浆料试件的抗压强度不应低于 30MPa。

试件抗压强度检验应符合下列规定：

①每组应留取 6 个边长为 70.7mm 的立方体试件，并应标准养护 28d。

②试件抗压强度应取 6 个试件的平均值；当一组试件中抗压强度最大值或最小值与平均值相差超过 20% 时，应取中间 4 个试件强度的平均值。

检查数量：每工作班留置一组。

检验方法：检查试件强度试验报告。

4）锚具的封闭保护措施应符合设计要求。当设计无要求时，外露锚具和预应力筋的混凝土保护层厚度不应小于：一类环境时为 20mm，二 a、二 b 类环境时为 50mm，三 a、三 b 类环境时为 80mm。

检查数量：在同一检验批内，抽查预应力筋总数的 5%，且不应少于 5 处。

检验方法：观察，尺量。

（2）一般项目：

后张法预应力筋锚固后的锚具外的外露长度不应小于预应力筋直径的 1.5 倍，且不应小于 30mm。

检查数量：在同一检验批内，抽查预应力筋总数的 3%，且不应少于 5 束。

检验方法：观察，尺量。

4.4　混凝土工程

4.4.1　一般规定

1）混凝土强度应按现行国家标准《混凝土强度检验评定标准》GB/T 50107—2010 的规定分批检验评定。划入同一检验批的混凝土，其施工持续时间不宜超过 3 个月。

检验评定混凝土强度时，应采用 28d 或设计规定龄期的标准养护试件。

试件成型方法及标准养护条件应符合现行国家标准《普通混凝土力学性能试验方法标准》GB/T 50081—2002 的规定。采用蒸汽养护的构件，其试件应先随构件同条件养护，然后再置入标准养护条件下继续养护至 28d 或设计规定龄期。

2）当采用非标准尺寸试件时，应将其抗压强度乘以尺寸折算系数，折算成边长为 150mm 的标准尺寸试件抗压强度。尺寸折算系数应按现行国家标准《混凝土强度检验评定标准》GB/T 50107—2010 采用。

3）当混凝土试件强度评定不合格时，可采用非破损或局部破损的检测方法，并按国家现行有关标准的规定对结构构件中的混凝土强度进行推定，并应按《混凝土结构工程施工质量验收规范》GB 50204—2015 第 10.2.2 条的规定进行处理。

4）混凝土有耐久性指标要求时，应按现行行业标准《混凝土耐久性检验评定标准》JGJ/T 193—2009 的规定检验评定。

5）大批量、连续生产的同一配合比混凝土，混凝土生产单位应提供基本性能试验报告。

6）预拌混凝土的原材料质量、制备等应符合现行国家标准《预拌混凝土》GB/T 14902—2012 的规定。

4.4.2　原材料

1. 主控项目

1）水泥进场时，应对其品种、代号、强度等级、包装或散装仓号、出厂日期等进行检查，并应对水泥的强度、安定性和凝结时间进行检验，检验结果应符合现行国家标准《通用硅酸盐水泥》GB 175—2007 的相关规定。

检查数量：按同一厂家、同一品种、同一代号、同一强度等级、同一批号且连续进场的水泥，袋装不超过 200t 为一批，散装不超过 500t 为一批，每批抽样数量不应少于一次。

检验方法：检查质量证明文件和抽样检验报告。

2）混凝土外加剂进场时，应对其品种、性能、出厂日期等进行检查，并应对外加剂的相关性能指标进行检验，检验结果应符合现行国家标准《混凝土外加剂》GB 8076—2008 和《混凝土外加剂应用技术规范》GB 50119—2013 的规定。

检查数量：按同一厂家、同一品种、同一性能、同一批号且连续进场的混凝土外加剂，不超过 50t 为一批，每批抽样数量不应少于一次。

检验方法：检查质量证明文件和抽样检验报告。

3）水泥、外加剂进场检验，当满足下列条件之一时，其检验批容量可扩大一倍：

①获得认证的产品。

②同一厂家、同一品种、同一规格的产品，连续三次进场检验均一次检验合格。

2．一般项目

1）混凝土用矿物掺合料进场时，应对其品种、性能、出厂日期等进行检查，并应对矿物掺合料的相关性能指标进行检验，检验结果应符合国家现行有关标准的规定。

检查数量：按同一厂家、同一品种、同一批号且连续进场的矿物掺合料，粉煤灰、矿渣粉、磷渣粉、钢铁渣粉和复合矿物掺合料不超过200t为一批，沸石粉不超过120t为一批，硅灰不超过30t为一批，每批抽样数量不应少于一次。

检验方法：检查质量证明文件和抽样检验报告。

2）混凝土原材料中的粗骨料、细骨料质量应符合现行行业标准《普通混凝土用砂、石质量及检验方法标准》JGJ 52—2006的规定，使用经过净化处理的海砂应符合现行行业标准《海砂混凝土应用技术规范》JGJ 206—2010的规定，再生混凝土骨料应符合现行国家标准《混凝土用再生粗骨料》GB/T 25177—2010和《混凝土和砂浆用再生细骨料》GB/T 25176—2010的规定。

检查数量：按现行行业标准《普通混凝土用砂、石质量及检验方法标准》JGJ 52—2006的规定确定。

检验方法：检查抽样检验报告。

3）混凝土拌制及养护用水应符合现行行业标准《混凝土用水标准》JGJ 63—2006的规定。采用饮用水作为混凝土用水时，可不检验；采用中水、搅拌站清水、施工现场循环水等其他水源时，应对其成分进行检验。

检查数量：同一水源检查不应少于一次。

检验方法：检查水质检验报告。

4.4.3　混凝土拌合物

1．主控项目

1）预制混凝土进场时，其质量应符合现行国家标准《预拌混凝土》GB/T 14902—2012的规定。

检查数量：全数检查。

检验方法：检查质量证明文件。

2）混凝土拌合物不应离析。

检查数量：全数检查。

检验方法：观察。

3）混凝土中氯离子含量和碱总含量应符合现行国家标准《混凝土结构设计规范》GB 50010—2010的规定和设计要求。

检查数量：同一配合比的混凝土检查不应少于一次。

检验方法：检查原材料试验报告和氯离子、碱的总含量计算书。

4）首次使用的混凝土配合比应进行开盘鉴定，其原材料、强度、凝结时间、稠度等应满足设计配合比的要求。

检查数量：同一配合比的混凝土检查不应少于一次。

检验方法：检查开盘鉴定资料和强度试验报告。

2. 一般项目

1）混凝土拌合物稠度应满足施工方案的要求。

检查数量：对同一配合比混凝土，取样应符合下列规定：

①每拌制 100 盘且不超过 100m³ 时，取样不得少于一次。

②每工作班拌制不足 100 盘时，取样不得少于一次。

③每次连续浇筑超过 1000m³ 时，每 200m³ 取样不得少于一次。

④每一楼层取样不得少于一次。

检验方法：检查稠度抽样检验记录。

2）混凝土有耐久性指标要求时，应在施工现场随机抽取试件进行耐久性检验，其检验结果应符合国家现行有关标准的规定和设计要求。

检查数量：同一配合比的混凝土，取样不应少于一次，留置试件数量应符合国家现行标准《普通混凝土长期性能和耐久性能试验方法标准》GB/T 50082—2009 和《混凝土耐久性检验评定标准》JGJ/T 193—2009 的规定。

检验方法：检查试件耐久性试验报告。

3）混凝土有抗冻要求时，应在施工现场进行混凝土含气量检验，其检验结果应符合国家现行有关标准的规定和设计要求。

检查数量：同一配合比的混凝土，取样不应少于一次，取样数量应符合现行国家标准《普通混凝土拌合物性能试验方法标准》GB/T 50080—2002 的规定。

检验方法：检查混凝土含气量检验报告。

4.4.4 混凝土施工

1. 质量控制要点

（1）混凝土原材料称量：

1）在混凝土每一工作班正式称量前，应先检查原材料质量，必须使用合格材料；各种衡器应定期校核，每次使用前进行零点校核，保持计量准确。

2）施工中应测定集料的含水率，当雨天施工含水率有显著变化时，应增加测一定系数，依据测试结果及时调整配合比中的用水量和集料用量。

（2）混凝土搅拌：

1）全轻混凝土宜采用强制式搅拌机搅拌，砂轻混凝土可采用自落式搅拌机搅拌，但搅拌时间应延长 60~90s；当掺有外加剂时，搅拌时间应适当延长。

2）采用强制式搅拌机搅拌轻骨料混凝土的加料顺序是：当轻骨料在搅拌前预湿时，先加粗、细骨料和水泥搅拌 30s，再加水继续搅拌；当轻骨料在搅拌前未预湿时，先加 1/2 的总用水量和粗、细骨料搅拌 60s，再加水泥和剩余用水量继续搅拌。

3）当采用其他形式的搅拌设备时，搅拌的最短时间应按设备说明书的规定或经试验确定。

4）混凝土的搅拌时间，每一工作班至少抽查两次。

5）混凝土搅拌完毕后应在搅拌地点和浇筑地点分别取样检测坍落度，每一工作班不应少于两次，评定时应以浇筑地点的测值为准。

（3）混凝土运输：

1）混凝土运输过程中，应控制混凝土不离析、不分层、组成成分不发生变化，并保证卸料及输送通畅。如混凝土拌合物运送至浇筑地点出现离析或分层现象，应对其进行二次搅拌。

2）泵送混凝土时，应遵守以下规定：

①操作人员应持证上岗，并能及时处理操作过程中出现的故障。

②泵机与浇筑点应有联络工具，信号要明确。

③泵送前应先用水灰比为 0.7 的水泥砂浆湿润导管，需要量约为 $0.1m^3/m$。新换管节也应先润滑、后接驳。

④泵送过程严禁加水，严禁泵空。

⑤开泵后，中途不要停歇，并应有备用泵机。

⑥应有专人巡视管道，发现漏浆漏水，应及时修理。

3）管道清洗，应按照以下规定进行：

①泵送将结束时，应考虑管内混凝土数量，掌握泵送量；避免管内的混凝土浆过多。

②洗管前应先行反吸，以降低管内压力。

③洗管时，可从进料口塞入海绵球或橡胶球，按机种用水或压缩空气将存浆推出。

④洗管时，布料杆出口前方严禁站人。

⑤应预先准备好排浆沟管，不得将洗管残浆灌入已浇筑好的工程上。

⑥冬期施工下班前，应将全部水排清，并将泵机活塞擦洗拭干，防止冻坏活塞环。

（4）混凝土浇筑：

1）混凝土浇筑前应对模板、支架、钢筋和预埋件的质量、数量、位置等逐一检查，并做好记录，符合要求后方能浇筑混凝土；对模板内的杂物和钢筋上的油污等清理干净，将模板的缝隙、孔洞堵严，并浇水湿润；在地基或基土上浇筑混凝土时，应清除淤泥和杂物，并应有排水和防水措施；在干燥的非黏性土，应用水湿润；对未风化的岩石，应用水清洗，但其表面不得留有积水。

2）混凝土自高处倾落的自由高度，不应超过 2m。当浇筑高度超过 3m 时，应采用串筒、溜管或振动溜管使混凝土下落。

3）采用振捣器捣实混凝土应符合下列规定：

①每一振点的振捣延续时间，应使混凝土表面呈现浮浆和不再沉落。

②当采用插入式振捣器时，捣实普通混凝土的移动间距，不宜大于振捣器作用半径的 1.5 倍；捣实轻骨料混凝土的移动间距，不宜大于其作用半径；振捣器与模板的距离，不应大于其作用半径的 0.5 倍，并应避免碰撞钢筋、模板、芯管、吊环、预埋件或空心胶囊等；振捣器插入下层混凝土内的深度应不小于 50mm。

③当采用表面振动器时，其移动间距应保证振动器的平板能覆盖已振实部分的边缘。

④当采用附着式振动器时，其设置间距应通过试验确定，并应与模板紧密连接。

⑤当采用振动台振实干硬性混凝土和轻骨料混凝土时，宜采用加压振动的方法，压力为 1~3kN/m²。

⑥当混凝土量小，缺乏设备机具时，亦可用人工借钢钎捣实。

4）在浇筑与柱和墙连成整体的梁和板时，应在柱和墙浇筑完毕后停歇 1~1.5h，再继续浇筑；梁和板宜同时浇筑混凝土；拱和高度大于 1m 的梁等结构，可单独浇筑混凝土。

5）大体积混凝土的浇筑应合理分段分层进行，使混凝土沿高度均匀上升；浇筑应在室外气温较低时进行，混凝土浇筑温度不宜超过 28℃（混凝土浇筑温度系指混凝土振捣后，在混凝土 50~100mm 深处的温度）。

6）施工缝的留置应符合以下规定：

①柱，宜留置在基础的顶面、梁或吊车梁牛腿的下面、吊车梁的上面、无梁楼板柱帽的下面。

②与板连成整体的大截面梁，留置在板底面以下 20~30mm 处，当板下有梁托时，留置在梁托下部。

③单向板，留置在平行于板的短边的任何位置。

④有主次梁的楼板宜顺着次梁方向浇筑，施工缝应留置在次梁跨度的中间 1/3 范围内。

⑤墙，留置在门洞口过梁跨中 1/3 范围内，也可留在纵横墙的交接处。

⑥双向受力楼板、大体积混凝土结构、拱、穹拱、薄壳、蓄水池、斗仓、多层刚架及其他结构复杂的工程，施工缝的位置应按设计要求留置。

7）施工缝的处理应按施工技术方案执行。在施工缝处继续浇筑混凝土时，应符合下列规定：

①已浇筑的混凝土，其抗压强度不应小于 1.2N/mm²。

②在已硬化的混凝土接缝面上，清除水泥薄膜、松动石子以及软弱混凝土层，并用水冲洗干净，且不得积水。

③在浇筑混凝土前，铺一层厚度为 10~15mm 的与混凝土内成分相同的水泥砂浆。

④新浇筑的混凝土应仔细捣实，使新旧混凝土紧密结合。

⑤混凝土后浇带的留置位置应按设计要求和施工技术方案确定。后浇带混凝土浇筑应按施工技术方案进行。

（5）混凝土养护：

1）混凝土浇筑完毕后，应按施工技术方案及时采取有效的养护措施。

2）混凝土的养护用水应与拌制用水相同。

3）若混凝土的表面不便浇水或使用塑料布养护时，宜涂刷保护层，防止混凝土内部水分蒸发。

4）混凝土的冬期施工应符合国家现行标准《建筑工程冬期施工规程》JGJ 104—2011 和施工技术方案的规定。

2. 质量检验与验收

（1）主控项目：

混凝土的强度等级必须符合设计要求。用于检验混凝土强度的试件应在浇筑地点随机抽取。

检查数量：对同一配合比混凝土，取样与试件留置应符合下列规定：

①每拌制 100 盘且不超过 100m³时，取样不得少于一次。

②每工作班拌制不足 100 盘时，取样不得少于一次。

③连续浇筑超过 1000m³时，每 200m³取样不得少于一次。

④每一楼层取样不得少于一次。

⑤每次取样应至少留置一组试件。

检验方法：检查施工记录及混凝土强度试验报告。

（2）一般项目：

1）后浇带的留设位置应符合设计要求，后浇带和施工缝的留设及处理方法应符合施工方案要求。

检查数量：全数检查。

检验方法：观察。

2）混凝土浇筑完毕后应及时进行养护，养护时间以及养护方法应符合施工方案要求。

检查数量：全数检查。

检验方法：观察，检查混凝土养护记录。

4.5　现浇结构工程

4.5.1　一般规定

1）现浇结构质量验收应符合下列规定：

①现浇结构质量验收应在拆模后、混凝土表面未做修整和装饰前进行，并应做出记录。

②已经隐蔽的不可直接观察和量测的内容，可检查隐蔽工程验收记录。

③修整或返工的结构构件或部位应有实施前后的文字及图像记录。

2）现浇结构的外观质量缺陷应由监理单位、施工单位等各方根据其对结构性能和使用功能影响的严重程度按表 4－10 确定。

表 4－10　现浇结构外观质量缺陷

名称	现　　象	严 重 缺 陷	一 般 缺 陷
露筋	构件内钢筋未被混凝土包裹而外露	纵向受力钢筋有露筋	其他部位有少量露筋
蜂窝	混凝土表面缺少水泥砂浆面形成石子外露	构件主要受力部位有蜂窝	其他部位有少量蜂窝
孔洞	混凝土中孔穴深度和长度均超过保护层厚度	构件主要受力部位有孔洞	其他部位有少量孔洞

续表 4–10

名称	现　象	严　重　缺　陷	一　般　缺　陷
夹渣	混凝土中夹有杂物且深度超过保护层厚度	构件主要受力部分有夹渣	其他部位有少量夹渣
疏松	混凝土中局部不密实	构件主要受力部位有疏松	其他部位有少量疏松
裂缝	裂缝从混凝土表面延伸至混凝土内部	构件主要受力部位有影响结构性能或使用功能的裂缝	其他部位有少量不影响结构性能或使用功能的裂缝
连接部位缺陷	构件连接处混凝土有缺陷及连接钢筋、连接件松动	连接部位有影响结构传力性能的缺陷	连接部位有基本不影响结构传力性能的缺陷
外形缺陷	缺棱掉角、棱角不直、翘曲不平、飞边凸肋等	清水混凝土构件有影响使用功能或装饰效果的外形缺陷	其他混凝土构件有不影响使用功能的外形缺陷
外表缺陷	构件表面麻面、掉皮、起砂、沾污等	具有重要装饰效果的清水混凝土构件有外表缺陷	其他混凝土构件有不影响使用功能的外表缺陷

3）装配式结构现浇部位的外观质量、位置偏差、尺寸偏差验收应符合本章要求；预制构件与现浇结构之间的结合面应符合设计要求。

4.5.2　外观质量

1. 主控项目

现浇结构的外观质量不应有严重缺陷。

对已经出现的严重缺陷，应由施工单位提出技术处理方案，并经监理单位认可后进行处理；对裂缝、连接部位出现的严重缺陷及其他影响结构安全的严重缺陷，技术处理方案尚应经设计单位认可。对经处理的部位应重新验收。

检查数量：全数检查。

检验方法：观察，检查处理记录。

2. 一般项目

现浇结构的外观质量不应有一般缺陷。

对已经出现的一般缺陷，应由施工单位按技术处理方案进行处理。对经处理的部位应重新验收。

检查数量：全数检查。

检验方法：观察，检查处理记录。

4.5.3　位置和尺寸偏差

1. 主控项目

现浇结构不应有影响结构性能或使用功能的尺寸偏差；混凝土设备基础不应有影响结构性能和设备安装的尺寸偏差。

对超过尺寸允许偏差且影响结构性能和安装、使用功能的部位，应由施工单位提出技术处理方案，经监理、设计单位认可后进行处理。对经处理的部位应重新验收。

检查数量：全数检查。

检验方法：量测，检查处理记录。

2. 一般项目

1）现浇结构的位置、尺寸偏差及检验方法应符合表 4 – 11 的规定。

表 4 – 11　现浇结构位置、尺寸允许偏差及检验方法

项　　目			允许偏差（mm）	检验方法
轴线位置	整体基础		15	经纬仪及尺量
	独立基础		10	经纬仪及尺量
	柱、墙、梁		8	尺量
垂直度	柱、墙层高	≤6m	10	经纬仪或吊线、尺量
		>6m	12	经纬仪或吊线、尺量
	全高（H）≤300m		$H/30000 + 20$	经纬仪、尺量
	全高（H）>300m		$H/10000$ 且≤80	经纬仪、尺量
标高	层高		±10	水准仪或拉线、尺量
	全高		±30	水准仪或拉线、尺量
截面尺寸	基础		+15，–10	尺量
	柱、梁、板、墙		+10，–5	尺量
	楼梯相邻踏步高差		±6	尺量
电梯井洞	中心位置		10	尺量
	长、宽尺寸		+25，0	尺量
表面平整度			8	2m 靠尺和塞尺量测
预埋件中心位置	预埋板		10	尺量
	预埋螺栓		5	尺量
	预埋管		5	尺量
	其他		10	尺量
预留洞、孔中心线位置			15	尺量

注：1. 检查轴线、中心线位置时，沿纵、横两个方向测量，并取其中偏差的较大值。

2. H 为全高，单位为 mm。

检查数量：按楼板、结构缝或施工段划分检验批。在同一检验批内，对梁、柱和独立基础，应抽查构件数量的10%，且不应少于3件；对墙和板，应按有代表性的自然间抽查10%，且不应少于3间；对大空间结构，墙可按相邻轴线间高度5m左右划分检查面，板可按纵、横轴线划分检查面，抽查10%，且均不应少于3面；对电梯井，应全数检查。

2）现浇设备基础的位置和尺寸应符合设计和设备安装的要求。其位置和尺寸偏差及检验方法应符合表4-12的规定。

表4-12　现浇设备基础位置和尺寸允许偏差及检验方法

项　目		允许偏差（mm）	检验方法
坐标位置		20	经纬仪及尺量
不同平面标高		0，-20	水准仪或拉线、尺量
平面外形尺寸		±20	尺量
凸台上平面外形尺寸		0，-20	尺量
凹槽尺寸		+20，0	尺量
平面水平度	每米	5	水平尺、塞尺量测
	全长	10	水准仪或拉线、尺量
垂直度	每米	5	经纬仪或吊线、尺量
	全高	10	经纬仪或吊线、尺量
预埋地脚螺栓	中心位置	2	尺量
	顶标高	+20，0	水准仪或拉线、尺量
	中心距	±2	尺量
	垂直度	5	吊线、尺量
预埋地脚螺栓孔	中心线位置	10	尺量
	截面尺寸	+20，0	尺量
	深度	+20，0	尺量
	垂直度	$h/100$ 且≤10	吊线、尺量
预埋活动地脚螺栓锚板	中心线位置	5	尺量
	标高	+20，0	水准仪或拉线、尺量
	带槽锚板平整度	5	直尺、塞尺量测
	带螺纹孔锚板平整度	2	直尺、塞尺量测

注：1. 检查坐标、中心线位置时，应沿纵、横两个方向测量，并取其中偏差的较大值。

2. h 为预埋地脚螺栓孔孔深，单位为mm。

检查数量：全数检查。

4.6　装配式结构工程

4.6.1　一般规定

1）装配式结构连接节点及叠合构件浇筑混凝土之前，应进行隐蔽工程验收。隐蔽工程验收应包括下列主要内容：

①混凝土粗糙面的质量，键槽的尺寸、数量、位置。

②钢筋的牌号、规格、数量、位置、间距，箍筋弯钩的弯折角度及平直段长度。

③钢筋的连接方式、接头位置、接头数量、接头面积百分率、搭接长度、锚固方式及锚固长度。

④预埋件、预留管线的规格、数量、位置。

2）装配式结构的接缝施工质量及防水性能应符合设计要求和国家现行相关标准的要求。

4.6.2　预制构件

1. 主控项目

1）预制构件的质量应符合《混凝土结构工程施工质量验收规范》GB 50204—2015、国家现行相关标准的规定和设计的要求。

检查数量：全数检查。

检验方法：检查质量证明文件或质量验收记录。

2）混凝土预制构件专业企业生产的预制构件进场时，预制构件结构性能检验应符合下列规定：

①梁板类简支受弯预制构件进场时应进行结构性能检验，并应符合下列规定：

a. 结构性能检验应符合国家现行相关标准的有关规定及设计要求，检验要求和试验方法应符合《混凝土结构工程施工质量验收规范》GB 50204—2015 附录 B 的规定。

b. 钢筋混凝土构件和允许出现裂缝的预应力混凝土构件应进行承载力、挠度和裂缝宽度检验；不允许出现裂缝的预应力混凝土构件应进行承载力、挠度和抗裂检验。

c. 对大型构件及有可靠应用经验的构件，可只进行裂缝宽度、抗裂和挠度检验。

d. 对使用数量较少的构件，当能提供可靠依据时，可不进行结构性能检验。

②对其他预制构件，除设计有专门要求外，进场时可不做结构性能检验。

③对进场时不做结构性能检验的预制构件，应采取下列措施：

a. 施工单位或监理单位代表应驻厂监督制作过程。

b. 当无驻厂监督时，预制构件进场时应对预制构件主要受力钢筋数量、规格、间距及混凝土强度等进行实体检验。

检查数量：每批进场不超过 1000 个同类型预制构件为一批，在每批中应随机抽取一个构件进行检验。

检验方法：检查结构性能检验报告或实体检验报告。

注：“同类型”是指同一钢种、同一混凝土强度等级、同一生产工艺和同一结构形式。抽取预制构件时，宜从设计荷载最大、受力最不利或生产数量最多的预制构件中抽取。

3）预制构件的外观质量不应有严重缺陷，且不应有影响结构性能和安装、使用功能的尺寸偏差。

检查数量：全数检查。

检验方法：观察，尺量；检查处理记录。

4）预制构件上的预埋件、预留插筋、预埋管线等的材料质量、规格和数量以及预留孔、预留洞的数量应符合设计要求。

检查数量：全数检查。

检验方法：观察。

2．一般项目

1）预制构件应有标识。

检查数量：全数检查。

检验方法：观察。

2）预制构件的外观质量不应有一般缺陷。

检查数量：全数检查。

检验方法：观察，检查处理记录。

3）预制构件的尺寸偏差及检验方法应符合表 4 – 13 的规定；设计有专门规定时，尚应符合设计要求。施工过程中临时使用的预埋件，其中心线位置允许偏差可取表 4 – 13 中规定数值的 2 倍。

表 4 – 13　预制构件尺寸的允许偏差及检验方法

项　　目			允许偏差（mm）	检 验 方 法
长度	楼板、梁、柱、桁架	＜12m	±5	尺量
		≥12m 且 ＜18m	±10	
		≥18m	±20	
	墙板		±4	
宽度、高（厚）度	楼板、梁、柱、桁架		±5	尺量一端及中部，取其中偏差绝对值较大处
	墙板		±4	
表面平整度	楼板、梁、柱、墙板内表面		5	2m 靠尺和塞尺量测
	墙板外表面		3	
侧向弯曲	楼板、梁、柱		$l/750$ 且 ≤20	拉线、直尺量测最大侧向弯曲处
	墙板、桁架		$l/1000$ 且 ≤20	
翘曲	楼板		$l/750$	调平尺在两端量测
	墙板		$l/1000$	
对角线	楼板		10	尺量两个对角线
	墙板		5	

续表 4 – 13

项　　目		允许偏差（mm）	检 验 方 法
预留孔	中心线位置	5	尺量
	孔尺寸	±5	
预留洞	中心线位置	10	尺量
	洞口尺寸、深度	±10	
预埋件	预埋板中心线位置	5	尺量
	预埋板与混凝土面平面高差	0，−5	
	预埋螺栓	2	
	预埋螺栓外露长度	+10，−5	
	预埋套筒、螺母中心线位置	2	
	预埋套筒、螺母与混凝土面平面高差	±5	
预留插筋	中心线位置	5	尺量
	外露长度	+10，−5	
键槽	中心线位置	5	尺量
	长度、宽度	±5	
	深度	±10	

注：1. l 为构件长度，单位为 mm。

　　2. 检查中心线、螺栓和孔道位置偏差时，沿纵、横两个方向量测，并取其中偏差较大值。

检查数量：同一类型的构件，不超过 100 件为一批，每批应抽查构件数量的 5%，且不应少于 3 件。

4）预制构件的粗糙面的质量及键槽的数量应符合设计要求。

检查数量：全数检查。

检验方法：观察。

4.6.3　安装与连接

1. 主控项目

1）预制构件临时固定措施的安装质量应符合施工方案的要求。

检查数量：全数检查。

检验方法：观察。

2）钢筋采用套筒灌浆连接或浆锚搭接连接时，灌浆应饱满、密实。

检查数量：全数检查。

检验方法：检查灌浆记录。

3）钢筋采用套筒灌浆连接或浆锚搭接连接时，其连接接头质量应符合国家现行相关标准的规定。

检查数量：按国家现行相关标准的有关规定确定。

检验方法：检查质量证明文件及平行加工试件的检验报告。

4）钢筋采用焊接连接时，其接头质量应符合现行行业标准《钢筋焊接及验收规程》JGJ 18—2012 的规定。

检查数量：按现行行业标准《钢筋焊接及验收规程》JGJ 18—2012 的有关规定确定。

检验方法：检查质量证明文件及平行加工试件的检验报告。

5）钢筋采用机械连接时，其接头质量应符合现行行业标准《钢筋机械连接技术规程》JGJ 107—2010 的规定。

检查数量：按现行行业标准《钢筋机械连接技术规程》JGJ 107—2010 的有关规定确定。

检验方法：检查质量证明文件、施工记录及平行加工试件的检验报告。

6）预制构件采用焊接、螺栓连接等连接方式时其材料性能及施工质量应符合国家现行标准《钢结构工程施工质量验收规范》GB 50205—2001 和《钢筋焊接及验收规程》JGJ 18—2012 的相关规定。

检查数量：按国家现行标准《钢结构工程施工质量验收规范》GB 50205—2001 和《钢筋焊接及验收规程》JGJ 18—2012 的规定确定。

检验方法：检查施工记录及平行加工试件的检验报告。

7）装配式结构采用现浇混凝土连接构件时，构件连接处后浇混凝土的强度应符合设计要求。

检查数量：对同一配合比混凝土，取样与试件留置应符合下列规定：

①每拌制 100 盘且不超过 100m³ 时，取样不得少于一次。

②每工作班拌制不足 100 盘时，取样不得少于一次。

③连续浇筑超过 1000m³ 时，每 200m³ 取样不得少于一次。

④每一楼层取样不得少于一次。

⑤每次取样应至少留置一组试件。

检验方法：检查混凝土强度试验报告。

8）装配式结构施工后，其外观质量不应有严重缺陷，且不应有影响结构性能和安装、使用功能的尺寸偏差。

检查数量：全数检查。

检验方法：观察，量测；检查处理记录。

2. 一般项目

1）装配式结构施工后，其外观质量不应有一般缺陷。

检查数量：全数检查。

检验方法：观察，检查处理记录。

2）装配式结构施工后，预制构件位置、尺寸允许偏差及检验方法应符合设计要求；当设计无具体要求时，应符合表 4 - 14 的规定。预制构件与现浇结构连接部位的表面平整度应符合表 4 - 14 的规定。

表 4－14　装配式结构构件位置和尺寸允许偏差及检验方法

项　目		允许偏差（mm）	检验方法
构件轴线位置	竖向构件（柱、墙板、桁架）	8	经纬仪及尺量
	水平构件（梁、楼板）	5	
标高	梁、柱、墙板、楼板底面或顶面	±5	水准仪或拉线、尺量
构件垂直度	柱、墙板安装后的高度 ≤6m	5	经纬仪或吊线、尺量
	>6m	10	
构件倾斜度	梁、桁架	5	经纬仪或吊线、尺量
相邻构件平整度	梁、楼板底面　外露	5	2m 靠尺和塞尺量测
	不外露	3	
	柱、墙板　外露	5	
	不外露	8	
构件搁置长度	梁、板	±10	尺量
支座、支垫中心位置	板、梁、柱、墙板、桁架	10	尺量
墙板接缝宽度		±5	尺量

　　检查数量：按楼层、结构缝或施工段划分检验批。在同一检验批内，对梁、柱和独立基础，应抽查构件数量的 10%，且不应少于 3 件；对墙和板，应按有代表性的自然间抽查 10%，且不应少于 3 间；对大空间结构，墙可按相邻轴线间高度 5m 左右划分检查面，板可按纵、横轴线划分检查面，抽查 10%，且均不应少于 3 面。

5 | 钢结构工程质量控制

5.1 钢构件加工工程

5.1.1 质量控制要点

1. 放样

1）放样工作包括：核对构件各部分尺寸及安装尺寸和孔距；以1:1的大样放出节点；制作样板和样杆作为切割、弯制、铣、刨、制孔等加工的依据。

2）放样应在专门的钢平台或平板上进行。放样时，应先划出构件的中心线，然后再划出零件的尺寸，得出实样，实样完成后，应复查一次主要尺寸，发现差错应及时纠正。焊接构件放样重点控制连接焊缝长度和型钢重心，并根据工艺要求预留切割余量、加工余量或焊接收缩余量。放样时，桁架的上、下弦应同时起拱，竖腹杆方向的尺寸保持不变，吊车梁应按 $L/500$ 起拱。

2. 样板、样杆

1）样板分为号料样板和成型样板两类，前者用于划线下料，后者多用于卡型和检查曲线成型偏差。样板的制作材料多采用0.3～0.75mm的铁皮或塑料板，对一次性样板也可采用油毡黄纸板制作。

2）对又长又大的型钢号料、号孔，批量生产时多采用样杆号料，避免大量麻烦出错。样杆的制作材料多采用20mm×0.8mm的扁钢，长度较短时，也可用木尺杆。

3）样板、样杆上要标明零件号、规格、数量和孔径等，其工作边缘要整齐，其上标记刻制应细、小、清晰，其长度和宽度的几何尺寸允许偏差为0、-1.0mm；矩形对角线之差应不大于1mm；相邻孔眼中心距偏差及孔心位移应不大于0.5mm。

3. 下料

1）号料采用样板和样杆，根据图纸要求在板料或型钢上划出零件形状及切割、铣、刨、弯曲等加工线以及钻孔、打冲位置。

2）号料前要根据图纸的用料要求和材料尺寸合理配料。

3）配料时，对焊缝较多、加工量大的构件，应先号料；拼接口应避开安装孔和复杂部位；工型部件的上下翼板和腹板的焊接口应错开200mm以上；同一构件需要拼接料时，必须同时号料，并要标明接料的号码、坡口形式和角度。

4）在焊接结构上号孔，应在焊接完毕并经过整形以后进行，孔眼应距焊缝边缘50mm以上。

5）号料公差：长、宽为±1.0mm，两端眼心距为±1.0mm；对角线差为±1.0mm；相邻眼心距为±0.5mm；两排眼心距为±0.5mm；冲点与眼心距位移为±0.5mm。

4. 切割

切割的质量要求：切割截面和钢材表面的不垂直度应不大于钢材厚度的10%，且不得大于 2.0mm；机械剪切割的零件，剪切线与号料线的允许偏差为 2mm；断口处的截面上下不得有裂纹和大于 1.0mm 的缺棱；机械剪切的型钢，其端部的剪切斜度应不大于 2.0mm，并均应清除毛刺；切割面必须整齐，个别处出现缺陷时，要进行修磨处理。

5.1.2　质量检验与验收

1.切割

（1）主控项目：

钢材切割面或剪切面应无裂纹、夹渣、分层和大于 1mm 的缺棱。

检查数量：全数检查。

检验方法：观察或用放大镜及百分尺检查，有疑义时做渗透、磁粉或超声波探伤检查。

（2）一般项目：

1）气割的允许偏差应符合表 5－1 的规定。

表 5－1　气割的允许偏差（mm）

项　　目	允　许　偏　差
零件宽度、长度	±3.0
切割面平面度	0.05t，且不应大于 2.0
割纹深度	0.3
局部缺口深度	1.0

注：t 为切割面厚度。

检查数量：按切割面数抽查 10%，且不应少于 3 个。

检验方法：观察检查或用钢尺、塞尺检查。

2）机械剪切的允许偏差应符合表 5－2 的规定。

表 5－2　机械剪切的允许偏差（mm）

项　　目	允　许　偏　差
零件宽度、长度	±3.0
边缘缺棱	1.0
型钢端部垂直度	2.0

检查数量：按切割面数抽查 10%，且不应少于 3 个。

检验方法：观察检查或用钢尺、塞尺检查。

2.矫正和弯曲

（1）主控项目：

1）碳素结构钢在环境温度低于 －16℃、低合金结构钢在环境温度低于 －12℃ 时，不应进行冷矫正和冷弯曲。碳素结构钢和低合金结构在加热矫正时，加热温度不应超过

900℃。低合金结构钢在加热矫正后应自然冷却。

检查数量：全数检查。

检验方法：检查制作工艺报告和施工记录。

2）当零件采用热加工成型时，加热温度应控制在900～1000℃；碳素结构钢和低合金结构钢在温度分别下降到700℃和800℃之前时，应结束加工；低合金结构钢应自然冷却。

检查数量：全数检查。

检验方法：检查制作工艺报告和施工记录。

（2）一般项目：

1）矫正后的钢材表面，不应有明显的凹面或损伤，划痕深度不得大于0.5mm，且不应大于该钢材厚度负允许偏差的1/2。

检查数量：全数检查。

检验方法：观察检查和实测检查。

2）冷矫正和冷弯曲的最小曲率半径和最大弯曲矢高应符合表5－3的规定。

表5－3　冷矫正和冷弯曲的最小曲率半径和最大弯曲矢高（mm）

钢材类别	图例	对应轴	矫正		弯曲	
			r	f	r	f
钢板扁钢		$x-x$	$50t$	$\dfrac{l^2}{400t}$	$25t$	$\dfrac{l^2}{200t}$
		$y-y$（仅对扁钢轴线）	$100b$	$\dfrac{l^2}{800b}$	$50b$	$\dfrac{l^2}{400b}$
角钢		$x-x$	$90b$	$\dfrac{l^2}{720b}$	$45b$	$\dfrac{l^2}{360b}$
槽钢		$x-x$	$50h$	$\dfrac{l^2}{400h}$	$25h$	$\dfrac{l^2}{200h}$
		$y-y$	$90b$	$\dfrac{l^2}{720b}$	$45b$	$\dfrac{l^2}{360b}$
工字钢		$x-x$	$50h$	$\dfrac{l^2}{400h}$	$25h$	$\dfrac{l^2}{200h}$
		$y-y$	$50b$	$\dfrac{l^2}{400b}$	$25b$	$\dfrac{l^2}{200b}$

注：r为曲率半径；f为弯曲矢高；l为弯曲弦长；t为钢板厚度。

检查数量：按冷矫正和冷弯曲的件数抽查 10%，且不少于 3 个。

检验方法：观察检查和实测检查。

3）钢材矫正后的允许偏差，应符合表 5－4 的规定。

表 5－4　钢材矫正后的允许偏差（mm）

项　目		允 许 偏 差	图　例
钢板的局部平面度	$t \leqslant 14$	1.5	
	$t > 14$	1.0	
型钢弯曲矢高		$l/1000$ 且不应大于 5.0	
角钢肢的垂直度		$b/100$ 双肢栓接角钢的角度不得大于 90°	
槽钢翼缘对腹板的垂直度		$b/80$	
工字钢、H 型钢翼缘对腹板的垂直度		$b/100$ 且不大于 2.0	

检查数量：按矫正件数抽查 10%，且不应少于 3 件。

检验方法：观察检查和实测检查。

3．边缘加工

（1）主控项目：

气割或机械剪切的零件需要进行边缘加工时其刨削量不应小于 2.0mm。

检查数量：全数检查。

检验方法：检查工艺报告和施工记录。

（2）一般项目：

边缘加工允许偏差应符合表 5－5 的规定。

表 5 – 5　边缘加工的允许偏差（mm）

项　目	允 许 偏 差
零件宽度、长度	±1.0
加工边直线度	$l/3000$，且不应大于 2.0
相邻两边夹角	±6′
加工面垂直度	$0.025t$，且不应大于 0.5
加工面表面粗糙度	∇50

注：l 为钢板长度；t 为钢板厚度。

检查数量：按加工面数抽查 10% 且不应少于 3 件。

检验方法：观察检查和实测检查。

4. 管、球加工

（1）主控项目：

1）螺栓球成型后，不应有裂纹、褶皱、过烧。

检查数量：每种规格抽查 10%，且不应少于 5 个。

检验方法：10 倍放大镜观察检查或表面探伤。

2）钢板压成半圆球后，表面不应有裂纹、褶皱。焊接球其对接坡口应采用机械加工，对接焊缝表面应打磨平整。

检查数量：每种规格抽查 10%，且不少于 5 个。

检验方法：10 倍放大镜观察检查或表面探伤。

（2）一般项目：

1）螺栓球加工的允许偏差应符合表 5 – 6 的规定。

表 5 – 6　螺栓球加工的允许偏差（mm）

项　目		允许偏差	检 验 方 法
圆度	$d \leqslant 120$	1.5	用卡尺和游标卡尺检查
	$d > 120$	2.5	
同一轴线上两铣平面平行度	$d \leqslant 120$	0.2	用百分表和 V 形块检查
	$d > 120$	0.3	
铣平面距球中心距离		±0.2	用游标卡尺检查
相邻两螺栓孔中心线夹角		±30′	用分度头检查
两铣平面与螺栓孔轴线垂直度		$0.005r$	用百分表检查
球毛坯直径	$d \leqslant 120$	+2.0 −1.0	用卡尺和游标卡尺检查
	$d > 120$	+3.0 −1.5	

注：r 为曲率半径。

检查数量：每种规格抽查 10%，且不应少于 5 个。

检验方法：见表 5 - 6。

2）焊接球加工的允许偏差应符合表 5 - 7 的规定。

表 5 - 7　焊接球加工的允许偏差（mm）

项　　目	允　许　偏　差	检　验　方　法
直径	± 0.005d ± 2.5	用卡尺和游标卡尺检查
圆度	2.5	用卡尺和游标卡尺检查
壁厚减薄量	0.13t，且不应大于 1.5	用卡尺和测厚仪检查
两半球对口错边	1.0	用套模和游标卡尺检查

注：t 为球壁厚度。

检查数量：每种规格抽查 10%，且不应少于 5 个。

检验方法：见表 5 - 7。

3）钢网架（桁架）用钢管杆件加工的允许偏差应符合表 5 - 8 的规定。

表 5 - 8　钢网架（桁架）用钢管杆件加工的允许偏差（mm）

项　　目	允　许　偏　差	检　验　方　法
长度	± 1.0	用钢尺和百分表检查
端面对管轴的垂直度	0.005r	用百分表和 V 形块检查
管口曲线	1.0	用套模和游标卡尺检查

注：r 为曲率半径。

检查数量：每种规格抽查 10%，且不应少于 5 根。

检验方法：见表 5 - 8。

5. 制孔

（1）主控项目：

A、B 级螺栓孔（Ⅰ类孔）应具有 H12 的精度，孔壁表面粗糙度 R_a 不应该大于 12.5 μm。其孔径允许偏差应符合表 5 - 9 的规定。

表 5 - 9　A、B 级螺栓孔径的允许偏差（mm）

序号	螺栓公称直径、螺栓孔直径	螺栓公称直径允许偏差	螺栓孔直径允许偏差
1	10 ~ 18	0.00 - 0.21	+ 0.18 0.00
2	18 ~ 30	0.00 - 0.21	+ 0.21 0.00
3	30 ~ 50	0.00 - 0.25	+ 0.25 0.00

C 级螺栓孔（Ⅱ类孔），孔壁表面粗糙度 R_a 不应大于 $25\mu m$，其允许偏差应符合表 5 – 10的规定。

表 5 – 10 C 级螺栓孔的允许偏差（mm）

项　　目	允 许 偏 差
直径	+1.0 0.0
圆度	2.0
垂直度	0.3t，且不应大于 2.0

注：t 为连接板的厚度。

检查数量：按钢构件数量抽查 10%，且不应少于 3 件。

检验方法：用游标卡尺或孔径量规检查。

（2）一般项目：

1）螺栓孔孔距的允许偏差应符合表 5 – 11 的规定。

表 5 – 11 螺栓孔孔距允许偏差（mm）

螺栓孔孔距范围	≤500	501 ~ 1200	1201 ~ 3000	>3000
同一组内任意两孔间距离	±1.0	±1.5	—	—
相邻两组的端孔间距离	±1.5	±2.0	±2.5	±3.0

注：1. 在节点中连接板与一根杆件相连的所有螺栓孔为一组。

　　2. 对接接头在拼接板一侧的螺栓孔为一组。

　　3. 在两相邻节点或接头间的螺栓孔为一组，但不包括上述两款所规定的螺栓孔。

　　4. 受弯构件翼缘上的连接螺栓孔，每米长度范围内的螺栓孔为一组。

检查数量：按钢构件数量抽查 10%，且不应少于 3 件。

检验方法：用钢尺检查。

2）螺栓孔孔距的允许偏差超过表中规定的允许偏差时，应采用与母材材质相匹配的焊条补焊后重新制孔。

检查数量：全数检查。

检验方法：观察检查。

5.2 钢结构连接工程

5.2.1 质量控制要点

1. 钢结构焊接工程

（1）焊接材料：

1）钢结构手工焊接用焊条的质量，应符合现行国家标准《非合金钢及细晶粒钢焊条》GB/T 5117—2012 或《热强钢焊条》GB/T 5118—2012 的规定。为了使焊缝金属的机械性能与母材基本相同，选择的焊条强度应比母材略低。当不同强度等级的钢材焊接时，宜选用与低强度钢材相适应的焊接材料。

2）钢结构自动焊接或半自动焊接采用的焊丝和焊剂，应与母材强度相适应，焊丝应符合现行国家标准《熔化焊用钢丝》GB/T 14957—1994 的规定。

3）施工单位应按设计要求对采购的焊接材料进行验收，并经监理认可。

4）焊接材料应存放在通风干燥、适温的仓库内，存放时间在一年以上的，原则上应进行焊接工艺及机械性能复验。

5）根据工程的重要性、特点和部位，必须进行同环境焊接工艺评定试验，其试验标准、内容及结果均应得到监理及质量监督部门的认可。

6）对重要结构必须采用经焊接专家认可的焊接工艺，施工过程中有焊接工程师做现场指导。

（2）焊缝裂纹：

1）钢结构的焊缝一旦出现裂纹，焊工不得擅自处理，应及时通知焊接工程师，找有关单位的焊接专家及原机构的设计人员进行分析，并采取相应的处理措施，再进行返修，返修次数不宜超过两次。

2）受负荷的钢结构出现裂纹，应根据情况进行补强或加固。

3）焊缝金属中的裂纹在修补前应采用超声波探伤从而确定裂纹的深度及长度，并用碳弧气刨刨掉的实际长度应比实测裂纹长，两端各加 50mm 后进行修补。对焊接母材中的裂纹，原则上应更换母材。

（3）焊件变形：

1）工件焊前，应根据经验及有关实验所得数据，按变形的方向反变形装配，例如 60°左右的坡口对接焊，反变形在 2°~3°之间。焊接网架结构支座时，为防止变形，应用螺栓将两支座拧紧在一起，以增加其刚性。为防止在焊接过程中钢桁架或钢梁由于自重影响而产生挠度变形，应在焊前先起拱后再焊。

2）高层或超高层钢柱，构件大，刚性强，无法用人工反变形时，可在柱安装时人为预留偏差值。钢柱之间的焊缝在焊接过程中，若发现钢柱偏向一方，则可用两个焊工以不同焊接速度和焊接顺序来调整变形。

3）钢框架钢梁为防止焊接在钢梁内产生残余应力，并防止梁端焊缝收缩将钢柱拉偏，可采取跳焊的焊接顺序，梁一端焊接，另一端自由，由内向外焊接。

4）收缩量最大的焊缝必须先焊，因为先焊的焊缝收缩时阻力小，变形也相应减小。

5）在焊接过程中除第一层和表面层以外，其他各层焊缝均用小锤敲击，可减小焊接变形和残余应力。

6）对接接头、T形接头和十字接头的坡口焊接，在工件放置条件允许或易于翻面的情况下，宜采用双面坡口对接的焊接顺序；对于有对称截面的构件，宜采用与构件中和轴对称的顺序焊接。对于双面非对称坡口焊接，宜采用先焊深坡口侧，后焊浅坡口侧的顺序。

2．紧固件连接工程

1）高强螺栓的连接应对构件的摩擦面进行喷砂、砂轮打磨或酸洗加工处理。

2）高强螺栓采用喷砂处理摩擦面，贴合面上喷砂的范围应不少于 4t（t 为孔径）。喷砂面不得有毛刺、水泥和溅点，也不得涂刷油漆；采用砂轮打磨，打磨的方向应垂直于构件的受力方向，打磨后的表面应呈铁色，并无明显不平。

3）经表面处理的构件及连接件的摩擦面，应进行摩擦系数测定，其数值必须符合设计要求。安装前应逐组复验摩擦系数，合格后方可安装。

4）处理后的摩擦面应在生锈前进行组装，或加涂无机富锌漆；若在生锈后组装，组装时则应用钢丝将表面上的氧化铁皮、黑皮、泥土和毛刺等清除，至略呈赤锈色即可。

5）高强螺栓应顺畅穿入孔内，不得强行敲打，在同一连接面上的穿入方向应一致，以便操作；对连接件不重合的孔，应采用钻头或绞刀扩孔或修孔，符合要求时方可进行安装。

6）安装用的临时螺栓可采用普通螺栓，也可直接采用高强度螺栓，其穿入数量不得少于安装孔数的1/3，且不少于两个螺栓，若穿入部分冲钉，则其数量不得多于临时螺栓的30%。

7）安装时应先在安装临时螺栓余下的螺孔中投满高强螺栓，并用扳手扳紧，然后将临时普通螺栓逐一换成高强螺栓，并用扳手扳紧。

8）高强螺栓的紧固应分两次拧紧（即初拧和终拧），每组拧紧顺序应从节点中心开始逐步向边缘两端施拧。当整体结构的不同连接位置或同一节点的不同位置有两个连接构件时，应先紧主要构件，后紧次要构件。

9）高强螺栓的紧固宜采用电动扳手进行。扭剪型高强螺栓在初拧时一般用60%~70%的轴力控制，以拧掉尾部梅花卡头为终拧结束。不能使用电动扳手的部位，可用测力扳手紧固，初拧扭矩值不得小于终拧扭矩值的30%，终拧扭矩值M_A（N·m）应符合设计要求。

10）螺栓在初拧、复拧和终拧后，要做出不同标记，以便识别，避免重拧或漏拧。高强螺栓终拧后，外露丝扣不得小于2扣。

11）当日安装的螺栓应在当日终拧完毕，以防构件的摩擦面和螺纹沾污、生锈和螺栓漏拧。

12）高强螺栓紧固后要求进行检查和测定。若发现欠拧、漏拧，则应补拧；超拧时应更换。处理后的扭矩值应符合设计规定。

5.2.2 质量检验与验收

1. 钢结构焊接工程

（1）主控项目：

1）焊条、焊丝、焊剂、电渣焊熔嘴等焊接材料与母材的匹配应符合设计要求及国家现行行业标准的规定。焊条、焊剂、药芯焊丝、熔嘴等在使用前，应按其产品说明书及焊接工艺文件的规定进行烘焙和存放。

检查数量：全数检查。

检验方法：检查质量证明书和烘焙记录。

2）焊工必须经考试合格并取得合格证书。持证焊工必须在其考试合格项目及其认可范围内施焊。

检查数量：全数检查。

检验方法：检查焊工合格证及其认可范围、有效期。

3）施工单位对其首次采用的钢材、焊接材料、焊接方法、焊后热处理等，应进行焊接工艺评定，并应根据评定报告确定焊接工艺。

检查数量：全数检查。

检验方法：检查焊接工艺评定报告。

4）设计要求全焊透的一级、二级焊缝应采用超声波探伤进行内部缺陷的检验，超声波探伤不能对缺陷作出判断时，应采用射线探伤，其内部缺陷分级及探伤方法应符合现行国家标准《焊缝无损检测 超声检测 技术、检测等级和评定》GB/T 11345—2013 或《金属熔化焊焊接接头射线照相》GB 3323—2005 的规定。

焊接球节点网架焊缝、螺栓球节点网架焊缝及圆管 T、K、Y 形节点相关线焊缝，其内部缺陷分级及探伤方法应符合国家现行标准《钢结构超声波探伤及质量分级法》JG/T 203—2007 的规定。

一级、二级焊缝的质量等级及缺陷分级应符合表 5 – 12 的规定。

检查数量：全数检查。

检验方法：检查超声波或射线探伤记录。

表 5 – 12　一级、二级焊缝的质量等级及缺陷分级

焊缝质量等级		一级	二级
内部缺陷超声波探伤	评定等级	Ⅱ	Ⅲ
	检验等级	B 级	B 级
	探伤比例	100%	20%
内部缺陷射线探伤	评定等级	Ⅱ	Ⅲ
	检验等级	AB 级	AB 级
	探伤比例	100%	20%

注：探伤比例的计数方法应按以下原则确定：

1. 对工厂制作焊缝，应按每条焊缝计算百分比，且探伤长度应不小于 200mm，当焊缝长度不足 200mm 时，应对整条焊缝进行探伤。

2. 对现场安装焊缝，应按同一类型、同一施焊条件的焊缝条数计算百分比，探伤长度应不小于 200mm，并应不少于 1 条焊缝。

5）T 形接头、十字接头、角接接头等要求熔透的对接和角对接组合焊缝，其焊脚尺寸不应小于 $t/4$，如图 5 – 1（a）、（b）、（c）所示；设计有疲劳验算要求的吊车梁或类似构腹板与上翼连接焊缝的焊脚尺寸为 $t/2$，如图 5 – 1（d）所示，且不应大于 10mm 焊脚尺寸的允许偏差为 0～4mm。

检查数量：资料全数检查；同类焊缝抽查 10%，且不应少于 3 条。

检验方法：观察检查，用焊缝量规抽查测量。

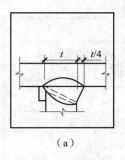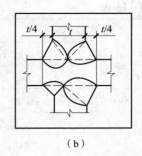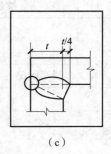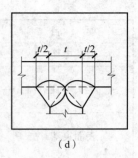

（a）　　　　　　　（b）　　　　　　　（c）　　　　　　　（d）

图 5 – 1　焊脚尺寸

6）焊缝表面不得有裂纹、焊瘤等缺陷。一级、二级焊缝不得有表面气孔、夹渣、弧坑裂纹、电弧擦伤等缺陷。且一级焊缝不得有咬边、未焊满、根部收缩等缺陷。

检查数量：每批同类构件抽查 10%，且不少于 3 件；被抽查构件中，每一类型焊缝按条数抽查 5%，且不少于 1 条；每条抽查 1 处，总抽查数不应少于 10 处。

检验方法：观察检查或使用放大镜、焊缝量规和钢尺检查，当存在疑义时，采用渗透或磁粉探伤检查。

（2）一般项目：

1）对于需要进行焊前预热或焊后热处理的焊缝，其预热温度或后热温度应符合国家现行有关标准的规定或通过工艺试验确定。预热区在焊道两侧，每侧宽度应大于焊件厚度的 1.5 倍以上，且不应小于 100mm；后热处理应在焊后立即进行，保温时间应根据板厚按每 25mm 板厚 1h 确定。

检查数量：全数检查。

检验方法：检查预、后热施工记录和工艺试验报告。

2）二级、三级焊缝外观质量标准应符合表 5 – 13 的规定。三级对接焊缝应按二级焊缝标准进行外观质量检验。

表 5 – 13　二级、三级焊缝外观质量标准（mm）

项　　目	允 许 偏 差	
缺陷类型	二级	三级
未焊满 （指不足设计要求）	≤0.2 + 0.02t，且≤1.0	≤0.2 + 0.04t，且≤2.0
	每 100.0 焊缝内缺陷总长≤25.0	
根部收缩	≤0.2 + 0.02t，且≤1.0	≤0.2 + 0.04t，且≤2.0
	长度不限	
咬边	≤0.05t，且≤0.5；连续长度≤100.0，且焊缝两侧咬边总长≤10% 焊缝全长	≤0.1t 且≤1.0，长度不限
弧坑裂纹	—	允许存在个别长度≤0.5 的弧坑裂缝

续表 5-13

项　目	允　许　偏　差	
电弧擦伤	—	允许存在个别电弧擦伤
接头不良	缺口深度 $0.05t$，且 ≤ 0.5	缺口深度 $0.1t$，且 ≤ 1.0
	每 1000.0 焊缝不应超过 1 处	
表面夹渣	—	深 $\leq 0.2t$，长 $\leq 0.5t$，且 ≤ 20.0
表面气孔	—	每 50.0 焊缝长度内允许直径 $\leq 0.4t$，且 ≤ 3.0 的气孔 2 个，孔距 ≥ 6 倍孔径

注：表内 t 为连接处较薄的板厚。

检查数量：每批同类构件抽查 10% 。且不应少于 3 件；被抽查构件中，每一类型焊缝按条数抽查 5% 。且不少于 1 条；每条抽查 1 处，总抽查数不应少于 10 处。

检验方法：观察检查或使用放大镜、焊缝量规和钢尺检查。

3）焊缝尺寸允许偏差应符合表 5-14 的规定。

表 5-14　对接焊缝及完全熔透组合焊缝尺寸允许偏差（mm）

项目	图　　例	允　许　偏　差	
		一、二级	三级
对接焊缝余高 C		$B < 20$：$0 \sim 3.0$ $B \geq 20$：$0 \sim 4.0$	$B < 20$：$0 \sim 3.0$ $B \geq 20$：$0 \sim 4.0$
对接焊缝错边 d		$d < 0.15t$，且 ≤ 2.0	$d > 0.15t$，且 ≤ 3.0

检查数量：每批同类构件抽查 10% ，且不少于 3 件；被抽查构件中，每种焊缝按条数各抽查 5% ，但不应少于 1 条；每条抽查 1 处，总抽查数不应少于 10 处。

检验方法：用焊缝量规检查。

4）焊成凹形的角焊缝，焊缝金属与母材间平缓过渡；加工成凹形的角焊缝，不得在其表面留下切痕。

检查数量：每批同类构件抽查 10% ，且不少于 3 件。

检验方法：观察检查。

5）焊缝观感应达到：外形均匀、成型较好、焊道与焊道、焊道与基本金属间过渡较平滑，焊渣和飞溅物基本清除干净。

检查数量：每批同类构件抽查 10% ，且不应少于 3 件；被抽查构件中，每种焊缝按数量各抽查 5%，总抽查处不少于 5 处。

检验方法：观察检查。

2．普通紧固件连接

（1）主控项目：

1）普通螺栓作为永久性连接螺栓时，当设计有要求或对其质量有疑义时，应进行螺栓实物最小拉力载荷复验，试验方法见《钢结构工程施工质量验收规范》GB 50205—2001 附录 B。其结果应符合现行国家标准《紧固件机械性能　螺栓、螺钉和螺柱》GB 3098.1—2010 的规定。

检查数量：每一规格螺栓抽查 8 个。

检验方法：检查螺栓实物复验报告。

2）连接薄钢板采用的自攻钉、拉铆钉、射钉等其规格尺寸应与被连接钢板相匹配，其间距、边矩等应符合设计要求。

检查数量：按连接节点数抽查 1%，且不应小于 3 个。

检验方法：观察和尺量检查。

（2）一般项目：

1）永久性普通螺栓紧固应牢固、可靠，外露丝扣不应少于 2 扣。

检查数量：按连接节点数抽查 10%，且不应小于 3 个。

检验方法：观察和用小锤敲击检查。

2）自攻钉、拉铆钉、射钉等与连接钢板应紧固密贴，外观排列整齐。

检查数量：按连接节点数抽查 10%，且不应小于 3 个。

检验方法：观察和用小锤敲击检查。

3．高强度螺栓连接

（1）主控项目：

1）钢结构制作和安装单位应按《钢结构工程施工质量验收规范》GB 50205—2001 附录 B 的规定分别进行高强度螺栓连接摩擦面的抗滑移系数试验和复验，其结果应符合设计要求。

检查数量：见《钢结构工程施工质量验收规范》GB 50205—2001 附录 B。

检验方法：检查摩擦面抗滑移系数试验报告和复验报告。

2）高强度大六角头螺栓连接副终拧完成 1h 后、48h 内应进行终拧扭矩检查，检查结果应符合《钢结构工程施工质量验收规范》GB 50205—2001 附录 B 的规定。

检查数量：按节点数抽查 10%，且不应小于 10 个，每个被抽查节点按螺栓数抽查 10%，且不应小于 2 个。

检验方法：见《钢结构工程施工质量验收规范》GB 50205—2001 附录 B。

3）扭剪型高强度螺栓连接副终拧后，除因构造原因无法使用专用扳手终拧掉梅花头者外，未在终拧中拧掉梅花头的螺栓数不应大于该节点螺栓数的 5%，对所有梅花未拧掉的扭剪型高强度螺栓连接副应采用扭矩法或转角法进行终拧并作标记，且按 2）的规定进行终拧扭矩检查。

检查数量：按节点数抽查 10%，且不应小于 10 个，被抽查节点中梅花拧掉的扭剪型高强度螺栓连接副全数进行终拧扭矩检查。

检验方法：观察检查及《钢结构工程施工质量验收规范》GB 50205—2001 附录 B。

（2）一般项目

1）高强度螺栓连接副的施拧顺序和初拧、复拧扭矩应符合设计要求和国家现行行业标准《钢结构高强度螺栓连接技术规程》JGJ 82—2011 的规定。

检查数量：全数检查资料。

检验方法：检查扭矩扳手标定记录和螺栓施工记录和螺栓施工记录。

2）高强度螺栓连接副终拧后，螺栓丝扣外露应为 2～3 扣，其中允许有 10% 的螺栓丝扣外露 1 扣或 4 扣。

检查数量：按节点数抽查 5%，且不应小于 10 个。

检验方法：观察检查。

3）高强度螺栓连接摩擦面应保持干燥、整洁，不应有飞边、毛刺、焊接飞溅物、焊疤、氧化铁皮、污垢等，除设计要求外摩擦面不应涂漆。

检查数量：全数检查。

检验方法：观察检查。

4）高强度螺栓应自由穿入螺栓孔。高强度螺栓孔不应采用气割扩孔，扩孔数量应征得设计同意，扩孔后的孔径不应超过 1.2d（d 为螺栓直径）。

检查数量：被扩螺栓孔全数检查。

检验方法：观察检查及用卡检查。

5）螺栓球节点网架总拼完成后，高强度螺栓与球节点应紧固连接，高强度螺栓拧入螺栓球内的螺纹长度不应小于 1.0d（d 为螺栓直径），连接处不应出现有间隙、松动等未拧紧情况。

检查数量：按节点数抽查 5%，且不应小于 10 个。

检验方法：普通扳手用尺量检查。

5.3　钢构件组装工程

5.3.1　质量控制要点

钢结构构件的组装是指按照施工图的要求，把已加工完成的各零件或半成品构件，用组装的手段组合成为独立的成品。根据组装构件的特性以及组装程度，可将组装分为部件组装、组装和预总装。部件组装是组装的最小单元的组合，它由两个或两个以上零件按施工图的要求组装成为半成品的结构构件。组装是把零件或半成品按施工图的要求组装成为独立的成品构件。预总装是根据施工图把相关的两个以上成品构件，在工厂制作场地上，按其各构件空间位置总装起来。预总装能够客观地反映出各构件组装节点，保证构件安装质量。

钢结构构件的组装方法通常包括：地样组装、仿形复制组装、立装、卧装及胎膜组装等。

组装时应遵守下列规定：

1）在组装前，组装人员必须熟悉施工图、组装工艺及有关技术文件的要求，并检查组装零部件的外观、材质、规格和数量，当合格无误后方可施工。

2）组装焊接处的连接接触面及沿边缘 30～50mm 范围内的铁锈、毛刺、污垢及冰雪等必须在组装前清除干净。

3）板材和型材需要焊接时，应在部件或构件整体组装前进行；构件整体组装应在部件组装、焊接、矫正后进行。

4）构件的隐蔽部位应先进行涂装、焊接，经检查合格后方可组装；完全封闭的内表面可不涂装。

5）构件组装应在适当的工作平台及装配胎模上进行。

6）组装焊接构件时，对构件的几何尺寸应根据焊缝等收缩变形情况，预放收缩余量；对有起拱要求的构件，必须在组装前按规定的起拱量做好起拱。

7）胎模或组装大样定型后必须进行自检，合格后质检人员复检，经认可后方可组装。

8）构件组装时的连接及紧固，宜使用活络夹具及活络紧固器具；对吊车梁等承受动载荷构件的受拉翼缘或设计文件规定者，不得在构件上焊接组装卡夹具或其他物件。

9）拆取组装卡夹具时，不得损伤母材，可用气割方法割除，切割后并磨光残留焊疤。

5.3.2 质量检验与验收

1. 焊接 H 型钢

一般项目：

1）焊接 H 型钢的翼缘板拼接缝和腹板拼接缝的间距不应小于 200mm。翼缘板拼接长度不应小于 2 倍板宽，腹板拼接宽度不应小于 300mm，长度不应小于 600mm。

检查数量：全数检查。

检验方法：观察和用钢尺检查。

2）焊接 H 型钢的允许偏差应符合表 5-15 的规定。

表 5-15 焊接 H 型钢的允许偏差（mm）

项　目		允许偏差	图　例
截面高度 h	h < 500	±2.0	
	500 < h < 1000	±3.0	
	h > 1000	±4.0	
截面宽度 b		±3.0	
腹板中心偏移值 e		2.0	

续表 5 – 15

项 目		允 许 偏 差	图 例
翼缘板垂直度 Δ		b/100，且应不大于 3.0	
弯曲矢高（受压构件除外）		l/1000，且应不大于 10.0	
扭曲		h/250，且应不大于 5.0	
腹板局部平面度 f	t < 14	3.0	
	t ≥ 14	2.0	1-1

注：l 为受弯构件的跨度；t 为板厚。

检查数量：按钢构件数抽查 10%，宜不应少于 3 件。

检验方法：用钢尺、角尺、塞尺等检查。

2．组装

（1）主控项目：

吊车梁和吊车桁架不应下挠。

检查数量：全数检查。

检验方法：构件直立，在两端支承后，用水准仪和钢尺检查。

（2）一般项目：

1）焊接连接制作组装的允许偏差应符合表 5 – 16 的规定。

表 5 – 16 焊接连接制作组装的允许偏差（mm）

项 目	允 许 偏 差	图 例
对口错边 Δ	t/10，且应不大于 3.0	
间隙 a	±1.0	
搭接长度 a	±5.0	
缝隙 Δ	1.5	

续表 5 – 16

项　　目		允　许　偏　差	图　　例
高度 h		±2.0	
垂直度 Δ		$b/100$，且应不大于 3.0	
中心偏移 e		±2.0	
型钢错位 Δ	连接处	1.0	
	其他处	2.0	
箱型截面高度 h		±2.0	
宽度 b		±2.0	
垂直度 Δ		$b/100$，且应不大于 3.0	

注：t 为板厚。

检查数量：按构件数抽查 10%，且不应少于 3 个。

检验方法：用钢尺检验。

2）顶紧触面应有 75% 以上的面积紧贴。

检查数量：按接触面的数量抽查 10%，且不少于 10 个。

检验方法：用 0.3mm 塞尺检查，且塞入面积应小于 25%，边缘间隙不应大于 0.8mm。

3）桁架结构杆件轴件交点错位的允许偏差不得大于 3.0mm。

检查数量：按构件数抽查 10%，且不应少于 3 个，每个抽查构件按节点数抽查 10%，且不少于 3 个节点。

检验方法：尺量检查。

3. 端部铣平及安装焊缝坡口

（1）主控项目：

端部铣平的允许偏差应符合表 5 – 17 的规定。

表 5 – 17　端部铣平的允许偏差（mm）

项　　目	允许偏差
两端铣平时构件长度	±2.0
两端铣平时零件长度	±0.5
铣平面的平面度	0.3
铣平面对轴线的垂直度	$l/1500$

注：l 为零件长度。

检查数量：按铣平面数量抽查 10%，且不应少于 3 个。

检验方法：用钢尺、角尺、塞尺等检查。

（2）一般项目：

1）安装缝坡口的允许偏差应符合表 5 – 18 的规定。

表 5 – 18　安装焊缝坡口的允许偏差

项　　目	允 许 偏 差
坡口角度	±5°
钝边	± 1.0mm

检查数量：按坡口数量抽查 10%，且不少于 3 条。

检验方法：用焊缝量检查。

2）外露铣平面应防锈保护。

检查数量：全数检查。

检验方法：观察检查。

4. 钢构件外形尺寸

（1）主控项目：

钢构件外形尺寸主控项目的允许偏差应符合表 5 – 19 的规定。

表 5 – 19　钢构件外形尺寸主控项目的允许偏差（mm）

项　　目	允 许 偏 差
单层柱、梁、桁架受力支托（支承面）表面至第一个安装孔距离	± 1.0
多节柱铣平面至第一个安装孔距离	± 1.0
实腹梁两端最外侧安装孔距离	± 3.0
构件连接处的截面几何尺寸	± 3.0
柱、梁连接处的腹板中心线偏移	2.0
受压构件（杆件）弯曲矢高	$l/1000$，且不应大于 10.0

注：l 为杆长度。

检查数量：全数检查。

检验方法：用钢尺检查。

（2）一般项目：

钢构件外形尺寸一般项目的允许偏差应符合表 5 – 20 ~ 表 5 – 26 的规定。

表 5–20 单层钢柱外形尺寸的允许偏差（mm）

项 目		允许偏差	检验方法	图 例
柱底面到柱端与桁架连接的最上一个安装孔距离 l		$\pm l_1/1500$ ± 15.0	用钢直尺检查	
柱底面到牛腿支撑面距离 l_1		$\pm l_1/2000$ ± 8.0		
牛腿面的翘曲 Δ		2.0		
柱身弯曲矢高		$H/1200$，且应不大于 12.0	用拉线、直角尺和钢直尺检查	
柱身扭曲	牛腿处	3.0	用拉线、吊线和钢直尺检查	
	其他处	8.0		
柱截面几何尺寸	连接处	± 3.0	用钢直尺检查	
	非连接处	± 4.0		
翼缘板对腹板的垂直度	连接处	1.5	用直角尺和钢直尺检查	
	其他处	$b/100$，且应不大于 5.0		
柱角底板平面度		5.0	用 1m 钢直尺和塞尺检查	
柱角螺栓孔中心对柱轴线的距离 a		3.0	用钢直尺检查	

表 5 – 21　多节钢柱外形尺寸的允许偏差（mm）

项　目		允许偏差	检验方法	图　例
一节柱高度 H		±3.0	用钢直尺检查	
两端最外侧安装孔距离 l_3		±2.0		
铣平面到第一个安装孔距离 a		±1.0		
柱身弯曲矢高 f		$H/1500$，且应不大于 5.0	用拉线和钢直尺检查	
一节柱的柱身扭曲		$h/250$，且应不大于 5.0	用拉线、吊线和钢直尺检查	
牛腿端孔到柱轴线距离 l_2		±3.0	用钢直尺检查	
牛腿的翘曲或扭曲 Δ	$l_2 \leqslant 1000$	2.0	用拉线、钢直尺和直角尺检查	
	$l_2 > 1000$	3.0		
柱截面尺寸	连接处	±3.0	用钢直尺检查	
	非连接处	±4.0		
柱角底板平面度		5.0	用钢直尺和塞尺检查	
翼缘板对腹板的垂直度	连接处	1.5	用直角尺和钢直尺检查	
	其他处	$b/100$，且应不大于 5.0		
柱角螺栓孔中心对柱轴线的距离 a		3.0	用钢直尺检查	
箱型截面连接处对角线差		3.0		
箱型柱身板垂直度		$(h)\,b/100$，且应不大于 5.0	用直角尺和钢直尺检查	

表 5－22　焊接实腹钢梁外形尺寸的允许偏差（mm）

项　目		允许偏差	检验方法	图　例
梁长度 l	端部有凸缘支座板	0 −5.0	用钢直尺检查	
	其他形式	± l/2000 ± 10.0		
端部高度 h	h ≤ 2000	± 2.0		
	h > 2000	± 3.0		
拱度	设计要求起拱	± l/5000		
	设计未要求起拱	10.0 −5.0	用拉线和钢直尺检查	
侧弯矢高		l/2000， 且应不大于 10.0		
扭曲		h/100， 且应不大于 3.0	用拉线、吊线和钢直尺检查	
腹板局部平面度	t ≤ 14	5.0	用 1m 钢直尺和塞尺检查	
	t > 14	4.0		
翼缘板对腹板的垂直度		b/100， 且应不大于 3.0	用直角尺和钢直尺检查	
吊车梁上翼缘与轨道接触面平面度		1.0	用200mm、1m 钢直尺和塞尺检查	
箱型截面对角线差		5.0	用钢直尺检查	
箱型截面两腹板至翼缘板中心线距离 a	连接处	1.0		
	其他处	1.5		

续表 5－22

项　目	允许偏差	检验方法	图　例
梁端板的平面度（只允许凹进）	$h/500$，且应不大于 2.0	用直角尺和钢直尺检查	
梁端板与腹板的垂直度			

表 5－23　钢桁架外形尺寸的允许偏差（mm）

项　目		允许偏差	检验方法	图　例
桁架最外端两个孔或两端支撑面最外侧距离	$l \leqslant 24mm$	+3.0 -7.0	用钢直尺检查	
	$l > 24mm$	+5.0 -10.0		
桁架跨中高度		±10.0		
桁架跨中拱度	设计要求起拱	$\pm l/5000$		
	设计未要求起拱	10.0 -5.0		
相邻节间弦杆弯曲（受压除外）		$l/1000$		
支撑面到第一个安装孔距离 a		±1.0		
檩条连接支座间距		±5.0		

表 5 – 24 钢管构件外形尺寸的允许偏差（mm）

项　目	允许偏差	检验方法	图例
直径 d	$\pm d/500$ ± 5.0	用钢直尺检查	
构件长度 l	± 3.0		
管口圆度	$d/500$，且不应大于 5.0		
管面对管轴的垂直度	$d/500$，且不应大于 3.0	用焊缝量规检查	
弯曲矢高	$d/1500$，且不应大于 5.0	用拉线、吊线和钢直尺检查	
对口错边	$l/10$，且不应大于 3.0	用拉线和钢直尺检查	

注：对方矩形管，d 为长边尺寸。

表 5 – 25 墙架、檩条、支撑系统钢构件外形尺寸的允许偏差（mm）

项　目	允许偏差	检验方法
构件长度 l	± 4.0	用钢直尺检查
构件两端最外侧安装孔距离 l_1	± 3.0	
构件弯曲矢高	$l/1000$，且不应大于 10.0	用拉线和钢直尺检查
截面尺寸	$+5.0$ -2.0	用钢直尺检查

表 5 – 26 钢平台、钢梯和防护钢栏杆外形尺寸的允许偏差（mm）

项　目	允许偏差	检验方法	图　例
平台长度和宽度	± 5.0	用钢直尺检查	
平台两对角线差 $\lvert l_1 - l_2 \rvert$	6.0		
平台支柱高度	± 3.0		
平台支柱弯曲高度	5.0	用拉线和钢直尺检查	
平台表面平面度 （1m 范围内）	6.0	用 1m 钢直尺和塞尺检查	

续表 5 -26

项 目	允许偏差	检验方法	图 例
梯梁长度 l	±5. 0	用钢直尺检查	
钢梯宽度 b			
钢梯安装孔距离 a	± d/500 ±5. 0	用拉线和钢直尺检查	
钢梯纵向挠曲矢高	l/1000		
踏步（棍）间距	±5. 0	用钢直尺检查	
栏杆高度			
栏杆立柱间距	± 10. 0		

检查数量：按构件数量抽查 10% ，且不应少于 3 件。

检验方法：见表 5 –20 ~ 表 5 –26。

5. 4 钢构件预拼装工程

5. 4. 1 质量控制要点

1）预拼装组合部位的选择原则：尽可能选用主要受力框架、节点连接结构复杂，构件允差接近极限且有代表性的组合构件。

2）预拼接应在坚实、稳固的平台式胎架上进行。所用的支承凳或平台应测量找平，检查时应拆除全部临时固定和拉紧装置。

3）预拼装中所有构件应按施工图控制尺寸，各杆件的重心线应汇交于节点中心，并完全处于自由状态，不允许有外力强制固定。单构件支承点不论柱、梁、支撑，应不少于两个支承点。

4）预拼装构件控制基准中心线应明确标示，并与平台基线和地面基线相对一致。控制基准应按设计要求基准一致。

5）所有需进行预拼装的构件，必须制作完毕经专检员验收并符合质量标准。相同的单构件宜可互换，而不影响整体集合尺寸。

6）在胎架上预拼全过程中，不得对构件动用火焰或机械等方式进行修正、切割，或使用重物压载、冲撞、锤击。

7）大型框架露天预拼装的检测应定时。所使用测量工具的精度，应与安装单位一致。

8）高强度螺栓连接件预拼装时，可使用冲钉定位和临时螺栓紧固。试装螺栓在一组孔内不得少于螺栓孔的 30%，且不少于 2 只。冲钉数不得多于临时螺栓的 1/3。

5.4.2　质量检验与验收

1.　主控项目

高强度螺栓和普通螺栓连接的多层板叠，应采用试孔器进行检查，并应符合下列规定：

1）当采用比孔公称直径小 1.0mm 的试孔器检查时，每组孔的通过率不应小于 85%。

2）当采用比螺栓公称直径大 0.3mm 的试孔器检查时，通过率应为 100%。

检查数量：按预拼装单元全数检查。

检验方法：采用试孔器检查。

2.　一般项目

预拼装的允许偏差应符合表 5 – 27 的规定。

表 5 – 27　钢构件预拼装的允许偏差（mm）

构件类型	项　　目		允　许　偏　差	检　验　方　法
多节柱	预拼装单元总长		±5.0	用钢尺检查
	预拼装单元弯曲矢高		$l/1500$，且不应大于 10.0	用拉线和钢尺检查
	接口错边		2.0	用焊缝量规检查
	预拼装单元柱身扭曲		$h/200$，且不应大于 5.0	用拉线、吊线和钢尺检查
	顶紧面至任一牛腿距离		±2.0	用钢尺检查
梁、桁架	跨度最外面端安装孔或两端支撑面最外侧距离		+5.0 −10.0	用钢尺检查
	接口截面错位		2.0	用焊缝量规检查
	拱度	设计要求起拱	$±l/5000$	用拉线和钢尺检查
		设计未要求起拱	$l/2000$ 0	
	节点处杆件轴线错位		4.0	划线后用钢尺检查
管构件	预拼装单元总长		±5.0	用钢尺检查
	预拼装单元弯曲矢高		$l/1500$，且不应大于 10.0	用拉线和钢尺检查
	对口错边		$t/10$，且不应大于 3.0	用焊缝量规检查
	坡口间隙		+2.0 −1.0	
构件平面总体预拼装	各楼层柱距		±4.0	用钢尺检查
	相邻楼层梁与梁之间距离		±3.0	
	各层间框架两对角线之差		$H/2000$，且不应大于 5.0	
	任意两对角线之差		$\sum H/2000$，且不应大于 8.0	

注：l—柱身长；t—管壁厚；H—框梁高。

检查数量：按预拼装单元全数检查。

检验方法：见表 5－27。

5.5　钢结构安装工程

5.5.1　质量控制要点

1．施工准备

1）建筑钢结构的安装，应符合施工图设计的要求，并应编制安装工程施工组织设计。

2）安装的主要工艺，如测量校正、高强度螺栓安装、负温度下施工及焊接工艺等，应在安装前进行工艺试验或评定，并应在此基础上制定相应的施工工艺和施工方案。

3）安装用的专用机具和工具，应满足施工要求，并应定期进行检验，保证合格。

4）安装前，应对构件的变形尺寸、螺栓孔直径及位置、连接件位置及角度、焊缝、栓钉焊、高强度螺栓接头摩擦面加工质量、栓件表面的油漆等进行全面检查，在符合设计文件或有关标准的要求后，方可进行安装工作。

5）安装使用的测量工具应按照同一标准鉴定，并应具有相同的精度等级。

2．基础和支承面

1）建筑钢结构安装前，应对建筑物的定位轴线、平面封闭角、柱的位置线、钢筋混凝土基础的标高和混凝土强度等级等进行复查，合格后方可开始安装工作。

2）框架柱定位轴线的控制，可采用在建筑物外部或内部设置辅助线的方法。每节柱的定位轴线应从地面控制轴线引上来，不得从下层柱的轴线引出。

3）柱的地脚螺栓位置应符合设计文件或有关标准的要求，并应采取保护螺纹的措施。

4）底层柱地脚螺栓的紧固轴力，应符合设计文件的规定。螺母止退可采用双螺母，或用电焊将其焊牢。

5）结构的楼层标高可按相对标高或设计标高进行控制。

3．构件安装顺序

1）建筑钢结构的安装应符合下列要求：划分安装流水区段；确定构件安装顺序；编制构件安装顺序表；进行构件安装，或先将构件组拼成扩大安装单元，再行安装。

2）安装流水区段可按建筑物的平面形状、结构形状、安装机械的数量以及现场施工条件等因素划分。

3）构件安装的顺序，平面上应从中间向四周扩展，竖向应自下而上逐渐安装，或自上而下整体提升安装。

4）构件的安装顺序表，应包括各构件所用的节点板、安装螺栓的规格数量等。

4．钢构件安装

1）柱在安装时，应先调整标高，再调整位移，最后调整垂直偏差，并应重复上述步骤，直到柱的标高、位移和垂直偏差符合要求为止。调整柱垂直度的缆风绳或支撑夹板，应在柱起吊前在地面绑扎好。

2）当由多个构件在地面组拼为扩大安装单元进行安装时，其吊点应经计算确定。

3）构件的零件及附件应随构件一起起吊。尺寸和重量较大的节点板，可用铰链固定在构件上。

4）柱、主梁、支撑等大构件安装时，应随即进行校正。

5）当天安装的钢构件应形成空间稳定体系。形成空间刚度单元后，应及时对柱底板和基础顶面的空隙进行细石混凝土、灌浆料等两次浇灌。

6）进行钢结构安装时，必须控制屋面、楼面和平台等的施工荷载，施工荷载和冰雪荷载等严禁超过梁、桁架、楼面板、屋面板和平台铺板等的承载能力。

7）一节柱的各层梁安装完毕后，宜立即安装本节柱范围内的各层楼梯，并铺设各层楼面的压型钢板。

8）安装外墙板时，应根据建筑物的平面形状对称安装。

9）吊车梁或直接承受动力荷载的梁，其受拉翼缘、吊车桁架或直接承受动力荷载的桁架其受拉弦杆上不得焊接悬挂物和卡具。

10）一个流水段一节柱的钢构件全部安装完毕并验收合格后，方可进行下一流水段的安装工作。

5. 安装测量、校正

1）柱在安装校正时，水平偏差应校正到允许偏差以内。在安装柱之间的主梁时，应根据焊缝收缩量预留焊缝变形值。

2）结构安装时，应注意日照、焊接等温度变化引起热影响对构件伸缩和弯曲起到的变化，应采取相应措施。

3）用缆风绳或支撑校正柱时，应在缆风绳或支撑松开状态下使柱保持垂直，才算校正完毕。

4）在安装柱之间的主梁构件时，应对柱的垂直度进行监测。除监测一根梁两端柱子的垂直度变化外，还应监测相邻各柱因梁连接而产生的垂直度变化。

5）安装压型钢板前，应在梁上标出压型钢板铺放的位置线。铺放压型钢板时，相邻两排压型钢板端头的波形槽口应对准。

6）栓钉施工前应划出栓钉焊接的位置。若钢梁或压型钢板在栓钉位置处有锈污或镀锌层，应采用角向砂轮打磨干净。栓钉焊接时应按位置线排列整齐。

5.5.2　质量检验与验收

1. 单层钢结构

（1）基础和支承面。

1）主控项目：

①建筑物的定位轴线、基础轴线和标高、地脚螺栓的规格及其紧固应符合设计要求。

检查数量：按柱基数抽查10%，且不应少于3个。

检验方法：用经纬仪、水准仪、全站仪和钢尺现场实测。

②基础顶面直接作为柱的支承面和基础顶面预埋钢板或支座作为柱的支承面时，其支承面、地脚螺栓（锚栓）位置的允许偏差应符合表5-28的规定。

表 5 – 28　支承面、地脚螺栓（锚栓）位置的允许偏差（mm）

项　　目		允 许 偏 差
支承面	标高	±3.0
	水平度	l/1000
地脚螺栓（锚栓）	螺栓中心偏移	5.0
预留孔中心偏移		10.0

注：l 为支承面长度。

检查数量：按柱基数抽查 10%，且不应少于 3 个。

检验方法：用经纬仪、水准仪、全站仪、水平尺和钢尺实测。

③采用座浆垫板时，座浆垫板的允许偏差应符合表 5 – 29 的规定。

表 5 – 29　座浆垫板的允许偏差（mm）

项　　目	允 许 偏 差
顶面标高	0.0 −3.0
水平度	l/1000
位置	20.0

注：l 为垫板长度。

检查数量：资料全数检查。按柱基数抽查 10%，且不应少于 3 个。

检验方法：用水准仪、全站仪、水平尺和钢尺现场实测。

④采用杯口基础时，杯口尺寸的允许偏差应符合表 5 – 30 的规定。

表 5 – 30　杯口尺寸的允许偏差（mm）

项　　目	允 许 偏 差
底面标高	0.0 −5.0
杯口深度 H	±5.0
杯口垂直度	$H/100$，且不应大于 10.0
位置	10.0

检查数量：按基础数抽查 10%，且不应少于 4 处。

检验方法：观察及尺量检查。

2）一般项目：

地脚螺栓（锚栓）尺寸的偏差应符合表 5 – 31 的规定。地脚螺栓（锚栓）的螺纹应受到保护。

表 5 - 31　地脚螺栓（锚栓）尺寸的允许偏差（mm）

项　　目	允 许 偏 差
螺栓（锚栓）露出长度	+30.0 0.0
螺纹长度	+30.0 0.0

检查数量：按柱基数抽查 10%，且不应少于 3 个。

检验方法：用钢尺现场实测。

（2）安装和校正。

1）主控项目：

①钢构件应符合设计要求和《钢结构工程施工质量验收规范》GB 50205—2001 的规定。运输、堆放和吊装等造成钢构件变形及涂层脱落时，应进行矫正和修补。

检查数量：按构件数抽查 10%，且不应少于 3 个。

检验方法：用拉线、钢尺现场实测或观察。

②设计要求顶紧的节点，接触面不应少于 70% 紧贴，且边缘最大间隙不应大于 0.8mm。

检查数量：按节点数抽查 10%，且不应少于 3 个。

检验方法：用钢尺及 0.3mm 和 0.8mm 厚的塞尺现场实测。

③钢屋（托）架、桁架、梁及受压杆件的垂直度和侧向弯曲矢高的允许偏差应符合表 5 - 32 的规定。

表 5 - 32　钢屋（托）架、桁架、梁及受压杆件垂直度和侧向弯曲矢高的允许偏差（mm）

项目	允 许 偏 差		图　　例
跨中的垂直度	$h/250$，且不应大于 15.0		
侧向弯曲矢高 f	$l \leqslant 30\text{m}$	$l/1000$，且不应大于 10.0	
	$30\text{m} < l \leqslant 60\text{m}$	$l/1000$，且不应大于 30.0	
	$l > 60\text{m}$	$l/1000$，且不应大于 50.0	

检查数量：按同类构件数抽查 10%，且不少于 3 个。

检验方法：用吊线、拉线、经纬仪和钢尺现场实测。

④单层钢结构主体结构的整体垂直度和整体平面弯曲的允许偏差应符合表 5－33 的规定。

表 5－33　整体垂直度和整体平面弯曲的允许偏差（mm）

项　目	允　许　偏　差	图　例
主体结构的整体垂直度	$H/1000$，且不应大于 25.0	
主体结构的整体平面弯曲	$L/1500$，且不应大于 25.0	

检查数量：对主要立面全部检查。对每个所检查的立面，除两列角柱外，尚应至少选取一列中间柱。

检验方法：采用经纬仪、全站仪等测量。

2）一般项目：

①钢柱等主要构件的中心线及标高基准点等标记应齐全。

检查数量：按同类构件数抽查 10%，且不应少于 3 件。

检验方法：观察检查。

②当钢桁架（或梁）安装在混凝土柱上时，其支座中心对定位轴线的偏差不应大于 10mm，当采用大型混凝土屋面板时，钢桁架（或梁）间距的偏差不应该大于 10mm。

检查数量：按同类构件数抽查 10%，且不应少于 3 榀。

检验方法：用拉线和钢尺现场实测。

③单层钢结构中钢柱安装的允许偏差应符合表 5－34 的规定。

表 5－34　单层钢结构中钢柱安装的允许偏差（mm）

项　目	允许偏差	图　例	检验方法
柱脚底座中心线对定位轴线的偏移 Δ	5.0		用吊线和钢直尺检查

续表 5－34

项　　目		允许偏差	图　　例	检验方法
柱基准点标高	有吊车梁的柱	+3.0 −5.0		用水准仪检查
	无吊车梁的柱	+5.0 −8.0		
柱轴线垂直度	弯曲矢高	H/1200，且 不应大于 15.0		用经纬仪或 拉线和钢直尺检查
	单层柱　$H \leqslant 10\text{m}$	H/1000		用经纬仪或 吊线和钢直尺检查
	单层柱　$H > 10\text{m}$	H/1000，且 不应大于 25.0		
	多层柱　单节柱	H/1000，且 不应大于 10.0		
	多层柱　柱全高	35.0		

检查数量：按钢柱数抽查 10%，且不应少于 3 件。

检验方法：见表 5－34。

④钢吊车梁或直接承受动力荷载的类似构件，其安装的允许偏差应符合表 5－35 的规定。

表 5－35　钢吊车梁安装的允许偏差 （mm）

项　　目	允许偏差	图　　例	检验方法
梁的跨中垂直度 Δ	h/500		用吊线和 钢直尺检查
侧向弯曲矢高	l/1500，且 不应大于 10.0		
垂直上拱矢高	10.0		

续表 5-35

项 目		允许偏差	图 例	检验方法
两端支座中心位移 Δ	安装在钢柱上时，对牛腿中心的偏移	5.0		用拉线和钢直尺检查
	安装在混凝土柱上时，对定位轴线的偏移	5.0		
吊车梁支座加劲板中心与柱子承压加劲板中心的偏移 Δ_1		$t/2$		用吊线和钢直尺检查
同跨间内同一横截面吊车梁顶面高差 Δ	支座处	10.0		用经纬仪、水准仪和钢直尺检查
	其他处	15.0		
同跨间内同一横截面下挂式吊车梁底面高差 Δ		10.0		
同列相邻两柱间吊车梁顶面高差 Δ		$l/1500$，且不应大于 10.0		用水准仪和钢直尺检查
相邻两吊车梁接头部位 Δ	中心错位	3.0		用钢直尺检查
	上承式顶面高差	1.0		
	下承式底面高差	1.0		
同跨间任一截面的吊车梁中心跨距 Δ		±10.0		用经纬仪和光电测距仪检查；跨度小时，可用钢直尺检查
轨道中心对吊车梁腹板轴线的偏移 Δ		$t/2$		用吊线和钢直尺检查

检查数量：按钢吊车梁抽查 10% ，且不应少于 3 榀。

检验方法：见表 5 - 35。

⑤檩条、墙架等构件安装的允许偏差应符合表 5 - 36 的规定。

表 5 - 36　墙架、檩条等构件安装的允许偏差 （mm）

项　　目		允 许 偏 差	检 验 方 法
墙架立柱	中心线对定位轴线的偏移	10.0	用钢直尺检查
	垂直度	$H/1000$，且不应大于 10.0	用经纬仪或吊线和钢直尺检查
	弯曲矢高	$H/1000$，且不应大于 15.0	用经纬仪或吊线和钢直尺检查
抗风桁架的垂直度		$h/250$，且不应大于 15.0	用吊线和钢直尺检查
檩条、墙梁的间距		±5.0	用钢直尺检查
檩条的弯曲矢高		$L/750$，且不应大于 12.0	用拉线和钢直尺检查
墙梁的弯曲矢高		$L/750$，且不应大于 10.0	用拉线和钢直尺检查

注：1. H 为墙架立柱的高度。

　　2. h 为抗风桁架的高度。

　　3. L 为檩条或墙梁的高度。

检查数量：按同类构件数抽查 10% ，且不应少于 3 件。

检验方法：见表 5 - 36。

⑥钢平台、钢梯、栏杆安装应符合现行国家标准《固定式钢梯及平台安全要求　第 1 部分：钢直梯》GB 4053.1—2009、《固定式钢梯及平台安全要求　第 2 部分：钢斜梯》GB 4053.2—2009 和《固定式钢梯及平台安全要求　第 3 部分：工业防护栏杆及钢平台》GB 4053.3—2009 的规定。钢平台、钢梯和防护栏杆安装的允许偏差应符合表 5 - 37 的规定。

表 5 - 37　钢平台、钢梯和防护栏杆安装的允许偏差 （mm）

项　　目	允 许 偏 差	检 验 方 法
平台高度	±15.0	用水准仪检查
平台梁水平度	$l/1000$，且不应大于 20.0	用水准仪检查
平台支柱垂直度	$H/1000$，且不应大于 15.0	用经纬仪或吊线和钢直尺检查
承重平台梁侧向弯曲	$l/1000$，且不应大于 10.0	用拉线和钢直尺检查
承重平台梁垂直度	$h/250$，且不应大于 15.0	用吊线和钢直尺检查
直梯垂直度	$l/1000$，且不应大于 15.0	用吊线和钢直尺检查
栏杆高度	±15.0	用钢直尺检查
栏杆立柱间距	±15.0	用钢直尺检查

注：L—平台梁长度；H—平台直柱高度；h—平台梁高度；l—直梯高度。

检查数量：按钢平台总数抽查 10% ，栏杆、钢梯按总长度各抽查 10% ，但钢平台不应少于 1 个，栏杆不应少于 5m，钢梯不应少于 1 跑。

检验方法：见表 5 - 37。

⑦现场焊缝组对间隙的允许偏差应符合表 5 - 38 的规定。

表 5－38　现场焊缝组对间隙的允许偏差（mm）

项　　目	允　许　偏　差
无垫板间隙	+3.0 0.0
有垫板间隙	+3.0 −2.0

检查数量：按同类节点数抽查 10%，且不应少于 3 个。

检验方法：尺量检查。

⑧钢结构表面应干净，结构主要表面不应有疤痕、泥沙等污垢。

检查数量：按同类构件数抽查 10%，且不应少于 3 件。

检验方法：观察检查。

2．多层及高层钢结构安装工程

（1）基础和支承面。

1）主控项目：

①建筑物的定位轴线、基础上柱的定位轴线和标高、地脚螺栓（锚栓）的规格和位置、地脚螺栓（锚栓）紧固应符合设计要求。当设计无要求时，应符合表 5－39 的规定。

表 5－39　建筑物定位轴线、基础上柱的定位轴线和标高、地脚螺栓（锚栓）的允许偏差（mm）

项　　目	允　许　偏　差	图　　例
建筑物定位轴线	l，L/20000，且不应大于 3.0	
基础上柱的定位轴线	1.0	
基础上柱底标高	±2.0	基准点
地脚螺栓（锚栓）位移	2.0	

检查数量：按柱基数抽查 10%，且不应少于 3 个。

检验方法：采用经纬仪、水准仪、全站仪和钢尺实测。

②多层建筑以基础顶面直接作为柱的支承面，或以基础顶面预埋钢板或支座作为柱的支承面时，其支承面、地脚螺栓（锚栓）位置的允许偏差应符合表 5－28 的规定。

检查数量：按柱基数抽查 10%，且不应少于 3 个。

检验方法：用经纬仪、水准仪、全站仪、水平尺和钢尺实测。

③多层建筑采用座浆垫板时，座浆垫板的允许偏差应符合表 5 – 29 的规定。

检查数量：资料全数检查。按柱基数抽查 10%，且不应少于 3 个。

检验方法：用水准仪、全站仪、水平尺和钢尺实测。

④当采用杯口基础时，杯口尺寸的允许偏差应符合表 5 – 30 的规定。

检查数量：按基础数抽查 10%，且不应少于 4 处。

检验方法：观察及尺量检查。

2）一般项目：

地脚螺栓（锚栓）尺寸的允许偏差应符合表 5 – 31 的规定。地脚螺栓（锚栓）的螺纹应受保护。

检查数量：按柱基数抽查 10%，且不应少于 3 个。

检验方法：用钢尺现场实测。

（2）安装和校正。

1）主控项目：

①钢构件应符合设计要求和规范。运输、堆放和吊装等造成的钢构件变形及涂层脱落，应进行矫正和修补。

检查数量：按构件数检查 10%，且不应少于 3 个。

检验方法：用拉线、钢尺现场实测或观察。

②柱子安装的允许偏差应符合表 5 – 40 的规定。

表 5 – 40　柱子安装的允许偏差　（mm）

项　　目	允 许 偏 差	图　　例
底层柱柱底轴线对定位轴线偏移	3.0	
柱子定位轴线	1.0	
单节柱的垂直度	$h/1000$，且不应大于 10.0　h—柱高	

检查数量：标准柱全部检查，非标准柱抽查 10%，且不应少于 3 根。

检验方法：用全站仪或激光经纬仪和钢尺实测。

③设计要求顶紧的节点，接触面不应少于 70% 紧贴，且边缘最大间隙不应大于 0.8mm。

检查数量：按节点数抽查 10%，且不应少于 3 个。

检验方法：用钢尺及 0.3mm 和 0.8mm 厚的塞尺现场实测。

④钢主梁、次梁及受压杆件的垂直度和侧向弯曲矢高的允许偏差应符合表 5 –32 中有关钢屋（托）架允许偏差的规定。

检查数量：按同类构件数抽查 10%，且不应少于 3 个。

检验方法：用吊线、拉线、经纬仪和钢尺现场实测。

⑤多层及高层钢结构主体结构的整体垂直度和整体平面弯曲矢高的允许偏差应符合表 5 –41 的规定。

表 5 –41　整体垂直度和整体平面弯曲的允许偏差（mm）

项　目	允　许　偏　差	图　例
主体结构的整体垂直度	$(H/2500 + 10.0)$，且不应大于 50.0	
主体结构的整体平面弯曲	$l/1500$，且不应大于 25.0	

检查数量：对主要立面全部检查。对每个所检查的立面，除两列角柱外，尚应至少选取一列中间柱。

检验方法：对于整体垂直度，可采用激光经纬仪、全站仪测量，也可根据各节柱的垂直度允许偏差累计（代数和）计算。对于整体平面弯曲，可按产生的允许偏差累计（代数和）计算。

2）一般项目：

①钢结构表面应干净，结构主要表面不应有疤痕、泥沙等污垢。

检查数量：按同类构件数抽查 10%，且不应少于 3 件。

检验方法：观察检查。

②钢柱等主要构件的中心线及高基准点等标记应齐全。

检查数量：按同类构件数抽查 10%，且不应少于 3 件。

检验方法：观察检查。

③多层及高层钢结构中构件安装的允许偏差应符合表5－42的规定。

表5－42　多层及高层钢结构中构件安装的允许偏差（mm）

项　目	允许偏差	图　例	检验方法
上、下柱连接处的错口 Δ	3.0		用钢直尺检查
同一层柱的各柱顶高度差 Δ	5.0		用水准仪检查
同一根梁两端顶面的高差 Δ	$l/1000$，且不应大于10.0		用水准仪检查
主梁与次梁表面的高差 Δ	±2.0		用直尺和钢直尺检查
压型金属板在钢梁上相邻列的错位 Δ	15.00		用直尺和钢直尺检查

　　检查数量：按同类构件或节点数抽查10%。其中柱和梁各不应少于3件，主梁与次梁连接节点不应少于3个，支承压型金属板的钢梁长度不应少于5mm。

　　检验方法：见表5－42。

　　④多层及高层钢结构主体结构总高度的允许偏差应符合表5－43的规定。

表 5 - 43　多层及高层钢结构主体结构总高度的允许偏差（mm）

项　目	允许偏差	图　例
用相对标高控制安装	$\pm \sum (\Delta_h + \Delta_z + \Delta_w)$	
用设计标高控制安装	$H/1000$，且不应大于 30.0 $-H/1000$，且不应大于 -30.0	

注：1. Δ_h 为每节柱子长度的制造允许偏差。

　　2. Δ_z 为每节柱子长度受荷载后的压缩值。

　　3. Δ_w 为每节柱子接头焊缝的收缩值。

检查数量：按标准柱列数抽查 10%，且不应少于 4 列。

检验方法：采用全站仪、水准仪和钢尺实测。

⑤当钢构件安装在混凝土柱上时，其支座中心对定位轴线的偏差不应大于 10mm，当采用大型混凝土屋面板时，钢梁（或桁架）间距的偏差不应大于 10mm。

检查数量：按同类构件数抽查 10%，且不应少于 3 榀。

检验方法：用拉线和钢尺现场实测。

⑥多层及高层钢结构中钢吊车梁或直接承受动力荷载的类似构件，其安装的允许偏差应符合表 5 - 35 的规定。

检查数量：按钢吊车梁数抽查 10%，且不应少于 3 榀。

检验方法：见表 5 - 35。

⑦多层及高层钢结构中檩条、墙架等次要构件安装的允许偏差应符合表 5 - 36。

检查数量：按同类构件数抽查 10%，且不应少于 3 件。

检验方法：见表 5 - 36。

⑧多层及高层钢结构中的钢平台、钢梯、栏杆安装应符合现行国家标准《固定式钢梯及平台安全要求　第 1 部分：钢直梯》GB 4053.1—2009、《固定式钢梯及平台安全要求　第 2 部分：钢斜梯》GB 4053.2—2009 和《固定式钢梯及平台安全要求　第 3 部分：工业防护栏杆及钢平台》GB 4053.3—2009 的规定。钢平台、钢梯和防护栏杆安装的允许偏差应符合表 5 - 37 的规定。

检查数量：按钢平台总数抽查 10%，栏杆、钢梯按总长度各抽查 10%，但钢平台不应少于 1 个，栏杆不应少于 5mm，钢梯不应少于 1 跑。

检验方法：见表 5 - 37。

⑨多层及高层多结构中现场焊缝组对间隙的允许偏差应符合表 5 - 38 中的规定。

检查数量：按同类节点数抽查 10%，且不应少于 3 个。

检验方法：尺量检查。

5.6　钢网架结构安装工程

5.6.1　质量控制要点

1) 网架安装前，应对照构件明细表核对进场的各节点、杆件及连接件的规格、品种和数量；查验各节点、杆件、连接件和焊接材料的原材料质量保证书和试验报告；复验工厂预装的小拼单元的质量验收合格证明书。

2) 网架安装前，应根据定位轴线及标高基准点复核和验收土建施工单位设置的网架支座预埋件或预埋螺栓的平面位置和标高。

3) 网架安装必须按照设计文件和施工图要求，制定施工组织设计和施工方案，并认真加以实施。

4) 网架安装的施工图应严格按照原设计单位提供的设计文件或设计图纸进行绘制，若需修改，必须取得原设计单位的同意，并签署设计更改文件。

5) 网架安装所使用的测量器具，必须按国家有关计量法规的规定定期送检。测量器（钢卷尺）在使用时应按精度进行尺长改正和温度改正，使之满足网架安装工程质量验收的测量精度。

6) 网架安装方法应根据网架受力的构造特点、施工技术条件，在满足质量的前提下综合确定。常用的安装方法有：高空散装法、分条或分块安装法、高空滑移法、整体吊装法、整体提升法和整体顶升法。

7) 采用吊装、提升或顶升的安装方法时，其吊点或支点的位置和数量的选择，应考虑下列因素：

①宜与网架结构使用时的受力状况相接近。

②吊点或支点的最大反力不应大于起重设备的负荷能力。

③各起重设备的负荷宜接近。

8) 安装方法确定后，施工单位应会同设计单位按照安装方法分别对网架的吊点（支点）反力、挠度、杆件内力、风荷载作用下提升或顶升时支承柱的稳定性和风载作用的网架水平推力等项进行验算，必要时应采取加固措施。

9) 网架正式施工前均应进行试拼及试安装，在确保质量安全和符合设计要求的前提下方可进行正式施工。

10) 当网架采用螺栓球节点连接时，须注意下列事项：

①拼装过程中，必须使网架杆件始终处于非受力状态，严禁强迫就位或不按设计规定的受力状态加载。

②拼装过程中，不宜将螺栓一次拧紧，而应沿建筑物纵向（横向）安装好一排或两排网架单元，经测量复验并校正无误后方可将螺栓球节点全部拧紧到位。

③在网架安装过程中，要确保螺栓球节点拧到位，若销钉高出六角套筒面外时，则应及时查明原因，调整或调换零件使之达到设计要求。

11) 屋面板安装必须在网架结构安装完毕后进行，铺设屋面板时应按对称要求进行，否则，须经验算后方可实施。

12）网架单元宜减少中间运输。必须运输时，应采取措施防止网架变形。

13）当组合网架结构分割成条（块）状单元时，必须单独进行承载力和刚度的验算，单元体的挠度不应大于形成整体结构后该处挠度值。

14）曲面网架施工前，应在专用胎架上进行预拼装，以确保网架各节点空间位置偏差控制在允许范围内。

15）柱面网架的安装顺序：先安装两个下弦球及系杆，拼装成一个简单的曲面结构体系，并及时调整球节点的空间位置，再进行上弦球和腹杆的安装，宜从两边支座向中间进行。

16）柱面网架安装时，应严格控制网架下弦的挠度、平面位移以及各节点的缝隙。

17）大跨度球面网架，其球节点空间定位应采用极坐标法。

18）球面网架的安装顺序：宜先安装一个基准圈，校正固定后再安装与其相邻的圈。原则上应从外圈到内圈逐步向内安装，以减少封闭尺寸误差。

19）球面网架焊接时，应控制变形和焊接应力，严禁在同一杆件两端同时施焊。

5.6.2　质量检验与验收

1. 支承面顶板和支承垫块

（1）主控项目：

1）钢网架结构支座定位轴线的位置、支座锚栓的规格应符合设计要求。

检查数量：按支座数抽查10%，且不应少于4处。

检验方法：用经纬仪和钢尺实测。

2）支承面顶板的位置、标高、水平度以及支座锚栓位置的允许偏差应符合表5-44的规定。

表5-44　支承面顶板、支座锚栓位置的允许偏差（mm）

项　目		允许偏差
支承面顶板	位置	15.0
	顶面标高	0 -3.0
	顶面水平度	$l/1000$
支座锚栓	中心偏移	±5.0

注：l—支撑面顶板的宽度。

检查数量：按支座数抽查10%，且不应少于4处。

检验方法：用经纬仪、水准仪、水平尺和钢尺实测。

3）支承垫块的种类、规格、摆放位置和朝向，必须符合设计要求和国家现行有关标准的规定。橡胶垫块与刚性垫块之间或不同类型刚性垫块之间不得互换使用。

检查数量：按支座数抽查 10%，且不应少于 4 处。

检验方法：观察和用钢尺实测。

4）网架支座锚栓的紧固应符合设计要求。

检查数量：按支座数抽查 10%，且不应少于 4 处。

检验方法：观察检查。

（2）一般项目：

支座锚栓的紧固允许偏差应符合表 5-31 规定。支座锚栓的螺纹应受到保护。

检查数量：按支座数抽查 10%，且不应少于 4 处。

检验方法：用钢尺实测。

2．总拼与安装

（1）主控项目：

1）小拼单元的允许偏差应符合表 5-45 的规定。

表 5-45　小拼单元的允许偏差（mm）

项　目			允许偏差
节点中心偏移			2.0
焊接球节点与钢管中心的偏移			1.0
杆件轴线的弯曲矢高			$L_1/1000$，且不应大于 5.0
锥体型小拼单元	弦杆长度		±2.0
	锥体高度		±2.0
	上弦杆对角线长度		±3.0
平面桁架型小拼单元	跨长 L	≤24m	+3.0 -7.0
		>24m	+5.0 -10.0
	跨中高度		±3.0
	跨中拱度	设计要求起拱	$±L/5000$
		设计未要求起拱	+10.0

注：1. L_1 为杆件长度。
　　2. L 为跨长。

检查数量：按单元数抽查 5%，且不应少于 5 个。

检验方法：用钢尺和拉线等辅助量具实测。

2）中拼单元的允许偏差应符合表 5-46 的规定。

表 5-46　中拼单元的允许偏差（mm）

项　　目		允　许　偏　差
单元长度≤20m，拼接长度	单跨	±10.0
	多跨连接	±5.0
单元长度＞20m，拼接长度	单跨	±20.0
	多跨连接	±10.0

检查数量：全数检查。

检验方法：用钢尺和辅助量具实测。

3）对建筑结构安全等级为一级，跨度为40m及以上的公共建筑钢网架结构，且设计有要求时，应按下列项目进行节点承载力试验，其结果应符合以下规定：

①焊接球节点应按设计指定规格的球及其匹配的钢管焊接成试件，进行轴心拉、压承载力试验，其试验破坏荷载值大于或等于1.6倍设计承载力为合格。

②螺栓球节点应按设计指定规格的球最大螺栓孔螺纹进行抗拉强度保证荷载试验，当达到螺栓的设计承载力时，螺孔、螺纹及封板仍完好无损为合格。

检查数量：每项试验做3个试件。

检验方法：在万能试验机上进行检验，检查试验报告。

4）钢网架结构总拼完成后及屋面工程完成应分别测量其挠度值，且所测的挠度值不应超过相应设计值的1.15倍。

检查数量：跨度24m及以下钢网架结构测量下弦中央一点，跨度24m以上钢网架结构测量下弦中央一点及各向下弦跨度的四等分点。

检验方法：用钢尺和水准仪实测。

（2）一般项目：

1）钢网架结构安装完成后，其节点及杆件表面应干净，不应有明显的疤痕、泥沙和污垢。螺栓球节点应将所有接缝用油腻子填嵌严密，并应将多余螺孔封口。

检查数量：按节点及杆件数量抽查5%，且不应少于10个节点。

检验方法：观察检查。

2）钢网架结构安装完成后，其安装的允许偏差应符合表 5-47 的规定。

表 5-47　钢网架结构安装的允许偏差（mm）

项　　目	允　许　偏　差	检　验　方　法
纵向、横向长度	$L/2000$，且不应大于 30.0 $-L/2000$，且不应大于 -30.0	用钢尺实测
支座中心偏移	$L/3000$，且不应大于 30.0	用钢尺和经纬仪实测
周边支承网架相邻支座高差	$L/400$，且不应大于 15.0	用钢尺和水准仪实测
支座最大高差	30.0	
多点支承网架相邻支座高差	$L_1/800$，且不应大于 30.0	

注：1. L 为纵向、横向长度。
　　2. L_1 为相邻支座间距。

检查数量：全数检查。

检验方法：见表 5 - 47。

5.7　压型金属板安装工程

5.7.1　质量控制要点

1．压型金属板材质和成材质量

1）板材必须有出厂合格证及质量证明书，对钢材有疑义时，应进行必要的检查，当有可靠依据时，也可使用具有材质相似的其他钢材。

2）组合压型金属板应采用镀锌卷板，镀锌层两面总计275g/m²，基板厚度为0.5~2.0mm。

3）抗剪措施：无痕开口式压型金属板上翼焊剪力钢筋；无痕闭合式压型金属板；带压痕、加劲肋、冲孔的压型金属板。

4）规格和参数必须达到要求，出厂前应进行抽检。

2．组合用压型金属板厚度

1）压型金属板已用于工程上的，如果是单纯用作模板，厚度不够可采取支顶措施解决；如果用于模板并受拉力，则应通过设计进行核算。如超过设计应力，必须采取加固措施。

2）用于组合板的压型金属板净厚度（不包括镀锌层或饰面层厚度）不应小于0.75mm，仅作模板用的压型金属板厚度不小于0.5mm。

3．栓钉直径及间距

1）必须具有栓钉施工专业培训的人员按有关单位会审的施工图纸进行施工。

2）监理人员应审查栓钉材质及尺寸，必要时开始打栓钉应进行跟踪质量检查，检查工艺是否正确。

3）对已焊好的栓钉，如有直径不一、间距位置不准，应打掉重新按设计焊好，具体做法如下：

①当栓钉焊于钢梁受拉翼缘时，其直径不得大于翼缘厚度的1.5倍；当栓钉焊于无拉应力部位时，其直径不得大于翼缘板厚度的2.5倍。

②栓钉沿梁轴线方向布置，其间距不得小于5d（d为栓钉的直径）；栓钉垂直于轴线布置，其间距不得小于4d，边距不得小于35mm。

③当栓钉穿透钢板焊于钢梁时，其直径不得小于19mm，焊后栓钉高度应大于压型钢板波高加30mm。

④栓钉顶面的混凝土保护层厚度不应小于15mm。

⑤对穿透压型钢板跨度小于3m的板，栓钉直径宜为13mm或16mm；跨度为3~6m时，栓钉直径宜为16mm或19mm；跨度大于6m的板，栓钉直径宜为19mm。

4．栓钉焊接

1）栓焊工必须经过平焊、立焊、仰焊位置专业培训取得合格证者，做相应技术施焊。

2）栓钉应采用自动定时的栓焊设备进行施焊，栓焊机必须连接在单独的电源上，电源变压器的容量应在100~250kV·A，容量应随焊钉直径的增大而增大，各项工作指数、灵敏度及精度要可靠。

3）栓钉材质应合格，无锈蚀、氧化皮、油污、受潮，端部无涂漆、镀锌或镀镉等。焊钉焊接药座施焊前必须严格检查，不得使用焊接药座破裂或缺损的栓钉。被焊母材必须清理表面氧化皮、锈、受潮、油污等，被焊母材低于 −18℃ 或遇雨雪天气不得施焊，必须焊接时要采取有效的技术措施。

4）对穿透压型钢板焊于母材上时，焊钉施焊前应认真检查压型钢板是否与母材点固焊牢，其间隙控制在 1mm 以内。被焊压型钢板在栓钉位置有锈或镀锌层，应采用角向砂轮打磨干净。

瓷环几何尺寸要符合设计要求，破裂和缺损瓷环不能用，如瓷环已受潮，要经过 250℃ 烘焙 1h 后再用。

5）焊接时应保持焊枪与工件垂直，直至焊接金属凝固。

6）栓钉焊后弯曲处理：

①栓钉焊于工件上，经外观检查合格后，应在主要构件上逐批抽 1% 打弯 15° 检验，若焊钉根部无裂纹则认为通过弯曲检验，否则抽 2% 检验，若其中 1% 不合格，则对此批焊钉逐个检验，打弯栓钉可不调直。

②对不合格焊钉打掉重焊，被打掉栓钉底部不平处要磨平，母材损伤凹坑补焊好。

③如焊脚不足 360°，可用合适的焊条用手工焊修，并做 30° 弯曲试验。

5.7.2　质量检验与验收

1. 压型金属板制作

（1）主控项目：

1）压型金属板成型后，其基板不应有裂纹。

检查数量：按计件数抽查 5%，且不应少于 10 件。

检验方法：观察和用 10 倍放大镜检查。

2）有涂层、镀层压型金属板成型后，涂、镀层不应有肉眼可见的裂纹、剥落和擦痕等缺陷。

检查数量：按计件数抽查 5%，且不应少于 10 件。

检验方法：观察检查。

（2）一般项目：

1）压型金属板的尺寸允许偏差应符合表 5−48 的规定。

表 5−48　压型金属板的尺寸允许偏差（mm）

项　目			允许偏差
波距			±2.0
波高	压型钢板	截面高度≤70	±1.5
		截面高度>70	±2.0
侧向弯曲	在测量长度 l_1 的范围内		20.0

注：l_1 为测量长度，指板长扣除两端各 0.5m 后的实际长度（<10m）或扣除后任选的 10m 长度。

检查数量：按计件数抽查 5%，且不应少于 10 件。

检验方法：用拉线和钢尺检查。

2）压型金属板成型后，表面应干净，不应有明显凹凸和皱褶。

检查数量：按计件数抽查 5%，且不应少于 10 件。

检验方法：观察检查。

3）压型金属板施工现场制作的允许偏差应符合表 5－49 的规定。

表 5－49　压型金属板施工现场制作的允许偏差（mm）

项　　目		允 许 偏 差
压型金属板的覆盖宽度	截面高度≤70	+10.0，－2.0
	截面高度＞70	+6.0，－2.0
板长		±9.0
横向剪切偏差		6.0
泛水板、包角板尺寸	板长	±6.0
	折弯面宽度	±3.0
	折弯面夹角	2°

检查数量：按计件数抽查 5%，且不应少于 10 件。

检验方法：用钢尺、角尺检查。

2．压型金属板安装

（1）主控项目：

1）压型金属板、泛水板和包角板等应固定可靠、牢固，防腐涂料涂刷和密封材料敷设应完好，连接件数量、间距应符合设计要求和国家现行有关标准规定。

检查数量：全数检查。

检验方法：观察检查及尺量。

2）压型金属板应在支承构件上可靠搭接，搭接长度应符合设计要求，且不应小于表 5－50 所规定的数值。

表 5－50　压型金属板支承构件上的搭接长度（mm）

项　　目		搭 接 长 度
截面高度＞70		375
截面高度≤70	屋面坡度＜1/10	250
	屋面坡度≥1/10	200
墙面		120

检查数量：按搭接部位总长度抽查 10%，且不少于 10m。

检验方法：观察和用钢尺检查。

3）组合楼板中压型钢板与主体结构（梁）的锚固支承长度应符合设计要求，且不应小于50mm，端部锚固件连接可靠，设置位置应符合设计要求。

检查数量：沿连接纵向长度抽查10%，且不应少于10m。

检验方法：观察和用钢尺检查。

（2）一般项目：

1）压型金属板安装应平整、顺直、板面不应有施工残留和污物。檐口和墙下端应呈直线，不应有未经处理的错钻孔洞。

检查数量：按面积抽查10%，且不应少于10m²。

检验方法：观察检查。

2）压型金属板安装的允许偏差应符合表5-51的规定。

表5-51　压型金属板安装的允许偏差（mm）

项　目		允　许　偏　差
屋面	檐口与屋脊的平行度	12.0
	压型金属板波纹线对屋脊的垂直度	$L/800$，且不应大于25.0
	檐口相邻两块压型金属板端部错位	6.0
	压型金属板卷边板件最大波浪高	4.0
墙面	墙板波纹线的垂直度	$H/800$，且不应大于25.0
	墙板包角板的垂直度	$H/800$，且不应大于25.0
	相邻两块压型金属板的下端错位	6.0

注：1. L为屋面半坡或单坡长度。
　　2. H为墙面高度。

检查数量：檐口与屋脊的平行度按长度抽查10%，且不应少于10m；其他项目每20m长度应抽查1处，不应少于2处。

检验方法：用拉线、吊线和钢尺检查。

5.8　钢结构涂装工程

5.8.1　质量控制要点

1. 基面清理

1）建筑钢结构工程的油漆涂装应在钢结构安装验收合格后进行。涂刷油漆前，应清除需涂装部位的铁锈、焊缝药皮、焊接飞溅物、油污、尘土等杂物。

2）基面清理除锈质量的好坏，直接影响到涂层质量的好坏。涂装工艺的基面除锈质量分为一、二两级。

3）为了保证涂装质量，根据不同需要可分别选用喷砂除锈、酸洗除锈和人工除锈三种方法。

2. 底漆涂装

1）调和红丹防锈漆，控制油漆的黏度、稠度和稀度，兑制时应充分地搅拌，使油漆的色泽、黏度均匀一致。

2）刷第一层底漆时涂刷方向应保持一致，接槎整齐。

3）刷漆时应遵守勤沾、短刷的原则，防止刷子带漆太多而流坠。

4）待第一遍涂刷完毕后，应保持一定的时间间隙，严禁第一遍未干就涂第二遍，这样会使漆液流坠发皱，质量下降。

5）待第一遍干燥后，再刷第二遍，第二遍的涂刷方向应垂直于第一遍的涂刷方向，以使漆膜厚度均匀一致。

6）底漆涂装后至少需要 4~8h 后才能达到表干，表干前不应涂装面漆。

3. 面漆涂装

1）建筑钢结构涂装底漆与面漆的中间间隙时间一般较长。钢构件涂装防锈漆后送至工地进行组装，组装结束后才统一涂装面漆。这样在涂装面漆前需对钢结构表面进行清理，清除安装焊缝焊药，对烧去或碰去漆的构件，还应事先补漆。

2）面漆的调制应选择颜色完全一致的面漆。兑制的稀料应合适，面漆使用前应充分搅拌，保持色泽均匀。其工作黏度、稠度应保证涂装时不流坠，不显刷纹。

3）面漆在使用过程中应不断搅和，涂刷的方法和方向同上述工艺。

4）涂装工艺采用喷涂施工时，应调整好喷嘴口径、喷涂压力，喷枪胶管能自由拉伸至作业区域，空气压缩机气压的应在 0.4~0.7N/mm² 范围内。

5）喷涂时应保持好喷嘴与涂层的距离，一般喷枪与作业面的距离约为 100mm，喷枪与钢结构基面的角度宜保持垂直，或喷嘴略为上倾。

6）喷涂时，喷嘴应平行移动，移动时应平稳，速度一致，保持涂层均匀。但是采用喷涂时，一般涂层厚度较薄，故应多喷几遍，每层喷涂时应待上层漆膜干燥后进行。

4. 涂层检查与验收

1）表面涂装施工时和施工后，应对涂装过的工件加以保护，防止飞扬尘土和其他杂物。

2）涂装后的处理检查，涂层应颜色一致，色泽鲜明光亮，不起皱皮、疙瘩。

3）涂装漆膜厚度的测定，通常用触点式漆膜测厚仪进行，漆膜测厚仪一般测定 3 点厚度，取其平均值。

5.8.2　质量检验与验收

1. 钢结构防腐涂料涂装

（1）主控项目：

1）涂装前钢材表面除锈应符合设计要求和国家现行有关标准和规定。处理后的钢材表面不应有焊渣、焊疤、灰尘、油污、水和毛刺等。当设计无要求时，钢材表面除锈等级应符合表 5-52 的规定。

表 5-52 各种底漆或防锈漆要求最低的除锈等级

涂 料 品 种	除 锈 等 级
油性酚醛、醇酸等底漆或防锈漆	St2
高氯化聚乙烯、氯化橡胶、氯磺化聚乙烯、环氧树脂、聚氨酯等底漆或防锈漆	Sa2
无机富锌、有机硅、过氯乙烯等底漆	Sa2 $\frac{1}{2}$

检查数量：按构件数量抽查 10%，且同类构件不应少于 3 件。

检验方法：用铲刀检查和用现行国家标准《涂覆涂料前钢材表面处理 表面清洁度的目视评定 第 1 部分：未涂覆过的钢材表面和全面清除原有涂层后的钢材表面的锈蚀等级和处理等级》GB/T 8923.1—2011 规定的图片对照观察检查。

2）漆料、涂装遍数、涂层厚度均应符合设计要求。当设计对涂层厚度无要求时，涂层干漆膜总厚度：室外应为 150 μm，室内应为 125 μm，其允许偏差为 -25 μm。每遍涂层干漆膜厚度的允许偏差为 -5 μm。

检查数量：按构件数抽查 10%，且同类构件不应少于 3 件。

检验方法：用干漆膜测量厚仪检查。每个构件检测 5 处，每处的数值为 3 个相距为 50mm 测点涂层干漆膜厚度的平均值。

（2）一般项目：

1）构件表面不应误涂、漏涂，涂层不应有脱皮和返锈等。涂层应均匀、无明显皱皮、流坠、针眼和气泡等。

检查数量：全数检查。

检验方法：观察检查。

2）当钢结构处在有腐蚀介质环境或外露且设计有要求时，应进行涂层附着力测试。在检测处范围内，当涂层完整程度达到 70% 以上时，涂层附着力达到合格质量标准的要求。

检查数量：按构件数抽查 1%，且不应少于 3 件，每件测 3 处。

检验方法：按照现行国家标准《漆膜附着力测定法》GB 1720—1979 或《色漆和清漆 漆膜的划格试验》GB/T 9286—1998 执行。

3）涂装完成后，构件的标志、标记和编号应清晰完整。

检查数量：全数检查。

检验方法：观察检查。

2. 钢结构防火涂料涂装

（1）主控项目：

1）防火涂料涂装前钢材表面除锈及防锈底漆涂装应符合设计要求和国家现行有关标准的规定。

检查数量：按构件数抽查 10%，且同类构件不应少于 3 件。

检验方法：表面除锈用铲刀检查和用现行国家标准《涂覆涂料前钢材表面处理　表面清洁度的目视评定　第1部分：未涂覆过的钢材表面和全面清除原有涂层后的钢材表面的锈蚀等级和处理等级》GB/T 8923.1—2011规定的图片对照观察检查。底漆涂装用干漆膜测厚仪检查，每个构件检测5处，每处的数值为3个相距50mm测点涂层干漆膜厚度的平均值。

2）钢结构防火涂料的黏结强度、抗压强度应符合国家现行标准《钢结构防火涂料应用技术规范》CECS 24：90规定。检验方法应符合现行国家标准《建筑构件防火喷涂材料性能试验方法》GB 9978.1～9—2008的规定。

检查数量：每使用100t或不足100t薄涂型防火涂料应抽检一次黏结强度；每使用500t或不足500t厚涂型防火涂料应抽检一次黏结强度和抗压强度。

检验方法：检查复检报告。

3）薄涂型防火涂料的涂层厚度应符合有关耐火极限的设计要求。厚漆型防火涂料涂层的厚度，80%及以上面积应符合有关耐火极限的设计要求，且最薄处厚度不应低于设计要求的85%。

检查数量：按同类构件数抽查10%，且均不应少于3件。

检验方法：用涂层厚度测量仪、测针和钢尺检查。测量方法应符合国家现行标准《钢结构防火涂料应用技术规范》CECS 24：90及《钢结构工程施工质量验收规范》GB 50205—2001附录F的规定。

4）薄涂型防火涂料涂层表面裂纹宽度不应大于0.5mm，厚涂型防火涂料涂层表面裂纹宽度不应大于1mm。

检查数量：按同类构件数量抽查10%，且均不应少于3件。

检验方法：观察和用尺量检查。

（2）一般项目：

1）防火涂料涂装基层不应有油污、灰尘和泥砂等污垢。

检查数量：全数检查。

检验方法：观察检查。

2）防火涂料不应有误涂、漏涂，涂层应闭合无脱层、空鼓、明显凹陷、粉化松散和浮浆等外观缺陷，乳突已剔除。

检查数量：全数检查。

检验方法：观察检查。

6 建筑屋面工程质量控制

6.1 基层与保护工程

6.1.1 找坡层和找平层

1. 质量控制要点

1）装配式钢筋混凝土板的板缝嵌填施工应符合下列规定：

①嵌填混凝土前板缝内应清理干净，并应保持湿润。

②当板缝宽度大于40mm或上窄下宽时，板缝内应按设计要求配置钢筋。

③嵌填细石混凝土的强度等级不应低于C20，填缝高度宜低于板面10~20mm，且应振捣密实和浇水养护。

④板端缝应按设计要求增加防裂的构造措施。

2）找坡层和找平层的基层的施工应符合下列规定：

①应清理结构层、保温层上面的松散杂物，凸出基层表面的硬物应剔平扫净。

②抹找坡层前，宜对基层洒水湿润。

③突出屋面的管道、支架等根部，应用细石混凝土堵实和固定。

④对不易与找平层结合的基层应做界面处理。

3）找坡层和找平层所用材料的质量和配合比应符合设计要求，并应做到计量准确和机械搅拌。

4）找坡应按屋面排水方向和设计坡度要求进行，找坡层最薄处厚度不宜小于20mm。

5）找坡材料应分层铺设和适当压实，表面宜平整和粗糙，并应适时浇水养护。

6）找平层应在水泥初凝前压实抹平，水泥终凝前完成收水后应二次压光，并应及时取出分格条。养护时间不得少于7d。

7）卷材防水层的基层与突出屋面结构的交接处，以及基层的转角处，找平层均应做成圆弧形，且应整齐平顺。找平层圆弧半径应符合表6-1的规定。

表6-1 找平层圆弧半径（mm）

卷 材 种 类	圆 弧 半 径
高聚物改性沥青防水卷材	50
合成高分子防水卷材	20

8）找坡层和找平层的施工环境温度不宜低于5℃。

2. 质量检验与验收

（1）主控项目：

1）找坡层和找平层所用材料的质量及配合比，应符合设计要求。

检验方法：检查出厂合格证、质量检验报告和计量措施。

2）找坡层和找平层的排水坡度，应符合设计要求。

检验方法：坡度尺检查。

（2）一般项目：

1）找平层应抹平、压光，不得有酥松、起砂、起皮现象。

检验方法：观察检查。

2）卷材防水层的基层与突出屋面结构的交接处，以及基层的转角处，找平层应做成圆弧形，且应整齐平顺。

检验方法：观察检查。

3）找平层分格缝的宽度和间距，均应符合设计要求。

检验方法：观察和尺量检查。

4）找坡层表面平整度的允许偏差为 7mm，找平层表面平整度的允许偏差为 5mm。

检验方法：2m 靠尺和塞尺检查。

6.1.2 保护层和隔离层

1. 质量控制要点

1）施工完的防水层应进行雨后观察、淋水或蓄水试验，并应在合格后再进行保护层和隔离层的施工。

2）保护层和隔离层施工前，防水层或保温层的表面应平整、干净。

3）保护层和隔离层施工时，应避免损坏防水层或保温层。

4）块体材料、水泥砂浆、细石混凝土保护层表面的坡度应符合设计要求，不得有积水现象。

5）块体材料保护层铺设应符合下列规定：

①在砂结合层上铺设块体时，砂结合层应平整，块体间应预留 10mm 的缝隙，缝内应填砂，并应用 1:2 水泥砂浆勾缝。

②在水泥砂浆结合层上铺设块体时，应先在防水层上做隔离层，块体间应预留 10mm 的缝隙，缝内应用 1:2 水泥砂浆勾缝。

③块体表面应洁净、色泽一致，应无裂纹、掉角和缺棱等缺陷。

6）水泥砂浆及细石混凝土保护层铺设应符合下列规定：

①水泥砂浆及细石混凝土保护层铺设前，应在防水层上做隔离层。

②细石混凝土铺设不宜留施工缝；当施工间隙超过时间规定时，应对接槎进行处理。

③水泥砂浆及细石混凝土表面应抹平压光，不得有裂纹、脱皮、麻面、起砂等缺陷。

7）浅色涂料保护层施工应符合下列规定：

①浅色涂料应与卷材、涂膜相容，材料用量应根据产品说明书的规定使用。

②浅色涂料应多遍涂刷，当防水层为涂膜时，应在涂膜固化后进行。

③涂层应与防水层黏结牢固，厚薄应均匀，不得漏涂。

④涂层表面应平整，不得流淌和堆积。

8）保护层材料的贮运、保管应符合下列规定：

①水泥贮运、保管时应采取防尘、防雨、防潮措施。

②块体材料应按类别、规格分别堆放。

③浅色涂料贮运、保管环境温度，反应型及水乳型不宜低于5℃，溶剂型不宜低于0℃。

④溶剂型涂料保管环境应干燥、通风，并应远离火源和热源。

9）保护层的施工环境温度应符合下列规定：

①块体材料干铺不宜低于−5℃，湿铺不宜低于5℃。

②水泥砂浆及细石混凝土宜为5℃～35℃。

③浅色涂料不宜低于5℃。

10）隔离层铺设不得有破损和漏铺现象。

11）干铺塑料膜、土工布、卷材时，其搭接宽度不应小于50mm；铺设应平整，不得有皱折。

12）低强度等级砂浆铺设时，其表面应平整、压实，不得有起壳和起砂等现象。

13）隔离层材料的贮运、保管应符合下列规定：

①塑料膜、土工布、卷材贮运时，应防止日晒、雨淋、重压。

②塑料膜、土工布、卷材保管时，应保证室内干燥、通风。

③塑料膜、土工布、卷材保管环境应远离火源、热源。

14）隔离层的施工环境温度应符合下列规定：

①干铺塑料膜、土工布、卷材可在负温下施工。

②铺抹低强度等级砂浆宜为5℃～35℃。

2．质量检验与验收

（1）保护层。

1）主控项目：

①保护层所用材料的质量及配合比，应符合设计要求。

检验方法：检查出厂合格证、质量检验报告和计量措施。

②块体材料、水泥砂浆或细石混凝土保护层的强度等级，应符合设计要求。

检验方法：检查块体材料、水泥砂浆或混凝土抗压强度试验报告。

③保护层的排水坡度，应符合设计要求。

检验方法：坡度尺检查。

2）一般项目：

①块体材料保护层表面应干净，接缝应平整，周边应顺直，镶嵌应正确，应无空鼓现象。

检查方法：小锤轻击和观察检查。

②水泥砂浆、细石混凝土保护层不得有裂纹、脱皮、麻面和起砂等现象。

检验方法：观察检查。

③浅色涂料应与防水层黏结牢固，厚薄应均匀，不得漏涂。

检验方法：观察检查。

④保护层的允许偏差和检验方法应符合表 6 – 2 的规定。

表 6 – 2　保护层的允许偏差和检验方法

项目	允许偏差（mm）			检验方法
	块体材料	水泥砂浆	细石混凝土	
表面平整度	4.0	4.0	5.0	2m 靠尺和塞尺检查
缝格平直	3.0	3.0	3.0	拉线和尺量检查
接缝高低差	1.5	—	—	直尺和塞尺检查
板块间隙宽度	2.0	—	—	尺量检查
保护层厚度	设计厚度的 10%，且不得大于 5mm			钢针插入和尺量检查

（2）隔离层。

1）主控项目：

①隔离层所用材料的质量及配合比，应符合设计要求。

检验方法：检查出厂合格证和计量措施。

②隔离层不得有破损和漏铺现象。

检验方法：观察检查。

2）一般项目：

①塑料膜、土工布、卷材应铺设平整，其搭接宽度不应小于 50mm，不得有皱折。

检验方法：观察和尺量检查。

②低强度等级砂浆表面应压实、平整，不得有起壳、起砂现象。

检验方法：观察检查。

6.2　保温与隔热工程

6.2.1　板状材料保温层

1. 质量控制要点

1）基层应平整、干燥、干净。

2）相邻板块应错缝拼接，分层铺设的板块上下层接缝应相互错开，板间缝隙应采用同类材料嵌填密实。

3）采用干铺法施工时，板状保温材料应紧靠在基层表面上，并应铺平垫稳。

4）采用黏结法施工时，胶粘剂应与保温材料相容，板状保温材料应贴严、粘牢，在胶粘剂固化前不得上人踩踏。

5）采用机械固定法施工时，固定件应固定在结构层上，固定件的间距应符合设计要求。

2. 质量检验与验收

（1）主控项目：

1）板状保温材料的质量，应符合设计要求。

检验方法：检查出厂合格证、质量检验报告和进场检验报告。

2）板状材料保温层的厚度应符合设计要求，其正偏差应不限，负偏差应为 5% ，且不得大于 4mm 。

检验方法：钢针插入和尺量检查。

3）屋面热桥部位处理应符合设计要求。

检验方法：观察检查。

（2）一般项目：

1）板状保温材料铺设应紧贴基层，应铺平垫稳，拼缝应严密，粘贴应牢固。

检验方法：观察检查。

2）固定件的规格、数量和位置均应符合设计要求；垫片应与保温层表面齐平。

检验方法：观察检查。

3）板状材料保温层表面平整度的允许偏差为 5mm 。

检验方法：2m 靠尺和塞尺检查。

4）板状材料保温层接缝高低差的允许偏差为 2mm 。

检验方法：直尺和塞尺检查。

6.2.2　纤维材料保温层

1．质量控制要点

1）基层应平整、干燥、干净。

2）纤维保温材料在施工时，应避免重压，并应采取防潮措施。

3）纤维保温材料铺设时，平面拼接缝应贴紧，上下层拼接缝应相互错开。

4）屋面坡度较大时，纤维保温材料宜采用机械固定法施工。

5）在铺设纤维保温材料时，应做好劳动保护工作。

2．质量检验与验收

（1）主控项目：

1）纤维保温材料的质量，应符合设计要求。

检验方法：检查出厂合格证、质量检验报告和进场检验报告。

2）纤维材料保温层的厚度应符合设计要求，其正偏差应不限，毡不得有负偏差，板负偏差应为 4% ，且不得大于 3mm 。

检验方法：钢针插入和尺量检查。

3）屋面热桥部位处理应符合设计要求。

检验方法：观察检查。

（2）一般项目：

1）纤维保温材料铺设应紧贴基层，拼缝应严密，表面应平整。

检验方法：观察检查。

2）固定件的规格、数量和位置应符合设计要求；垫片应与保温层表面齐平。

检验方法：观察检查。

3）装配式骨架和水泥纤维板应铺钉牢固，表面应平整；龙骨间距和板材厚度应符合设计要求。

检验方法：观察和尺量检查。

4）具有抗水蒸气渗透外覆面的玻璃棉制品，其外覆面应朝向室内，拼缝应用防水密封胶带封严。

检验方法：观察检查。

6.2.3　喷涂硬泡聚氨酯保温层

1. 质量控制要点

1）基层应平整、干燥、干净。

2）施工前应对喷涂设备进行调试，并应喷涂试块进行材料性能检测。

3）喷涂时喷嘴与施工基面的间距应由试验确定。

4）喷涂硬泡聚氨酯的配比应准确计量，发泡厚度应均匀一致。

5）一个作业面应分遍喷涂完成，每遍喷涂厚度不宜大于 15mm，硬泡聚氨酯喷涂后 20min 内严禁上人。

6）喷涂作业时，应采取防止污染的遮挡措施。

2. 质量检验与验收

（1）主控项目：

1）喷涂硬泡聚氨酯所用原材料的质量及配合比，应符合设计要求。

检验方法：检查原材料出厂合格证、质量检验报告和计量措施。

2）喷涂硬泡聚氨酯保温层的厚度应符合设计要求，其正偏差应不限，不得有负偏差。

检验方法：钢针插入和尺量检查。

3）屋面热桥部位处理应符合设计要求。

检验方法：观察检查。

（2）一般项目：

1）喷涂硬泡聚氨酯应分遍喷涂，黏结应牢固，表面应平整，找坡应正确。

检验方法：观察检查。

2）喷涂硬泡聚氨酯保温层表面平整度的允许偏差为 5mm。

检验方法：2m 靠尺和塞尺检查。

6.2.4　现浇泡沫混凝土保温层

1. 质量控制要点

1）基层应清理干净，不得有油污、浮尘和积水。

2）泡沫混凝土应按设计要求的干密度和抗压强度进行配合比设计，拌制时应计量准确，并应搅拌均匀。

3）泡沫混凝土应按设计的厚度设定浇筑面标高线，找坡时宜采取挡板辅助措施。

4）泡沫混凝土的浇筑出料口离基层的高度不宜超过 1m，泵送时应采取低压泵送。

5）泡沫混凝土应分层浇筑，一次浇筑厚度不宜超过 200mm，终凝后应进行保湿养护，养护时间不得少于7d。

2．质量检验与验收

（1）主控项目：

1）现浇泡沫混凝土所用原材料的质量及配合比，应符合设计要求。

检验方法：检查原材料出厂合格证、质量检验报告和计量措施。

2）现浇泡沫混凝土保温层的厚度应符合设计要求，其正负偏差应为5%，且不得大于5mm。

检验方法：钢针插入和尺量检查。

3）屋面热桥部位处理应符合设计要求。

检验方法：观察检查。

（2）一般项目：

1）现浇泡沫混凝土应分层施工，黏结应牢固，表面应平整，找坡应正确。

检验方法：观察检查。

2）现浇泡沫混凝土不得有贯通性裂缝，以及疏松、起砂、起皮现象。

检验方法：观察检查。

3）现浇泡沫混凝土保温层表面平整度的允许偏差为5mm。

检验方法：2m靠尺和塞尺检查。

6.2.5　种植隔热层

1．质量控制要点

1）种植隔热层挡墙或挡板施工时，留设的泄水孔位置应准确，并不得堵塞。

2）凹凸型排水板宜采用搭接法施工，搭接宽度应根据产品的规格具体确定；网状交织排水板宜采用对接法施工；采用陶粒作排水层时，铺设应平整，厚度应均匀。

3）过滤层土工布铺设应平整、无皱折，搭接宽度不应小于100mm，搭接宜采用黏合或缝合处理；土工布应沿种植土周边向上铺设至种植土高度。

4）种植土层的荷载应符合设计要求；种植土、植物等应在屋面上均匀堆放，且不得损坏防水层。

2．质量检验与验收

（1）主控项目：

1）种植隔热层所用材料的质量，应符合设计要求。

检验方法：检查出厂合格证和质量检验报告。

2）排水层应与排水系统连通。

检验方法：观察检查。

3）挡墙或挡板泄水孔的留设应符合设计要求，并不得堵塞。

检验方法：观察和尺量检查。

（2）一般项目：

1）陶粒应铺设平整、均匀，厚度应符合设计要求。

检验方法：观察和尺量检查。

2）排水板应铺设平整，接缝方法应符合国家现行有关标准的规定。

检验方法：观察和尺量检查。

3）过滤层土工布应铺设平整、接缝严密，其搭接宽度的允许偏差为 -10mm。

检验方法：观察和尺量检查。

4）种植土应铺设平整、均匀，其厚度的允许偏差为 ±5%，且不得大于 30mm。

检验方法：尺量检查。

6.2.6　架空隔热层

1. 质量控制要点

1）架空隔热层施工前，应将屋面清扫干净，并应根据架空隔热制品的尺寸弹出支座中线。

2）在架空隔热制品支座底面，应对卷材、涂膜防水层采取加强措施。

3）铺设架空隔热制品时，应随时清扫屋面防水层上的落灰、杂物等，操作时不得损伤已完工的防水层。

4）架空隔热制品的铺设应平整、稳固，缝隙应勾填密实。

2. 质量检验与验收

（1）主控项目：

1）架空隔热制品的质量，应符合设计要求。

检验方法：检查材料或构件合格证和质量检验报告。

2）架空隔热制品的铺设应平整、稳固，缝隙勾填应密实。

检验方法：观察检查。

（2）一般项目：

1）架空隔热制品距山墙或女儿墙不得小于 250mm。

检验方法：观察和尺量检查。

2）架空隔热层的高度及通风屋脊、变形缝做法，应符合设计要求。

检验方法：观察和尺量检查。

3）架空隔热制品接缝高低差的允许偏差为 3mm。

检验方法：直尺和塞尺检查。

6.2.7　蓄水隔热层

1. 质量控制要点

1）蓄水池的所有孔洞应预留，不得后凿。所设置的溢水管、排水管和给水管等，应在混凝土施工前安装完毕。

2）每个蓄水区的防水混凝土应一次浇筑完毕，不得留置施工缝。

3）蓄水池的防水混凝土施工时，环境气温宜为 5℃ ~ 35℃，并应避免在冬期和高温期施工。

4）蓄水池的防水混凝土完工后，应及时进行养护，养护时间不得少于 14d；蓄水后不得断水。

5）蓄水池的溢水口标高、数量、尺寸应符合设计要求；过水孔应设在分仓墙底部，排水管应与水落管连通。

2．质量检验与验收

（1）主控项目：

1）防水混凝土所用材料的质量及配合比，应符合设计要求。

检验方法：检查出厂合格证、质量检验报告、进场检验报告和计量措施。

2）防水混凝土的抗压强度和抗渗性能，应符合设计要求。

检验方法：检查混凝土抗压和抗渗试验报告。

3）蓄水池不得有渗漏现象。

检验方法：蓄水至规定高度观察检查。

（2）一般项目：

1）防水混凝土表面应密实、平整，不得有蜂窝、麻面、露筋等缺陷。

检验方法：观察检查。

2）防水混凝土表面的裂缝宽度不应大于0.2mm，并不得贯通。

检验方法：刻度放大镜检查。

3）蓄水池上所留设的溢水口、过水孔、排水管、溢水管等，其位置、标高和尺寸均应符合设计要求。

检验方法：观察和尺量检查。

4）蓄水池结构的允许偏差和检验方法应符合表6-3的规定。

表6-3　蓄水池结构的允许偏差和检验方法

项　　目	允许偏差（mm）	检 验 方 法
长度、宽度	+15，-10	尺量检查
厚度	±5	
表面平整度	5	2m靠尺和塞尺检查
排水坡度	符合设计要求	坡度尺检查

6.3　防水与密封工程

6.3.1　卷材防水层

1．质量控制要点

1）卷材防水层基层应坚实、干净、平整，应无孔隙、起砂和裂缝。基层的干燥程度应根据所选防水卷材的特性确定。

2）卷材防水层铺贴顺序和方向应符合下列规定：

①卷材防水层施工时，应先进行细部构造处理，然后由屋面最低标高向上铺贴。

②檐沟、天沟卷材施工时，宜顺檐沟、天沟方向铺贴，搭接缝应顺流水方向。

③卷材宜平行屋脊铺贴，上下层卷材不得相互垂直铺贴。

3）立面或大坡面铺贴卷材时，应采用满粘法，并宜减少卷材短边搭接。

4）采用基层处理剂时，其配制与施工应符合下列规定：

①基层处理剂应与卷材相容。

②基层处理剂应配比准确，并应搅拌均匀。

③喷、涂基层处理剂前，应先对屋面细部进行涂刷。

④基层处理剂可选用喷涂或涂刷施工工艺，喷、涂应均匀一致，干燥后应及时进行卷材施工。

5）卷材搭接缝应符合下列规定：

①平行屋脊的搭接缝应顺流水方向，搭接缝宽度应符合《屋面工程技术规范》GB 50345—2012 第 4.5.10 条的规定。

②同一层相邻两幅卷材短边搭接缝错开不应小于 500mm。

③上下层卷材长边搭接缝应错开，且不应小于幅宽的 1/3。

④叠层铺贴的各层卷材，在天沟与屋面的交接处，应采用叉接法搭接，搭接缝应错开；搭接缝宜留在屋面与天沟侧面，不宜留在沟底。

6）冷粘法铺贴卷材应符合下列规定：

①胶粘剂涂刷应均匀，不得露底、堆积；卷材空铺、点粘、条粘时，应按规定的位置及面积涂刷胶粘剂。

②应根据胶粘剂的性能与施工环境、气温条件等，控制胶粘剂涂刷与卷材铺贴的间隔时间。

③铺贴卷材时应排除卷材下面的空气，并应辊压粘贴牢固。

④铺贴的卷材应平整顺直，搭接尺寸应准确，不得扭曲、皱折；搭接部位的接缝应满涂胶粘剂，辊压应粘贴牢固。

⑤合成高分子卷材铺好压粘后，应将搭接部位的粘合面清理干净，并应采用与卷材配套的接缝专用胶粘剂，在搭接缝粘合面上应涂刷均匀，不得露底、堆积，应排除缝间的空气，并用辊压粘贴牢固。

⑥合成高分子卷材搭接部位采用胶粘带黏结时，粘合面应清理干净，必要时可涂刷与卷材及胶粘带材性相容的基层胶粘剂，撕去胶粘带隔离纸后应及时粘合接缝部位的卷材，并应辊压粘贴牢固；低温施工时，宜采用热风机加热。

⑦搭接缝口应用材性相容的密封材料封严。

7）热粘法铺贴卷材应符合下列规定：

①熔化热熔型改性沥青胶结料时，宜采用专用导热油炉加热，加热温度不应高于 200℃，使用温度不宜低于 180℃。

②粘贴卷材的热熔型改性沥青胶结料厚度宜为 1.0 ~ 1.5mm。

③采用热熔型改性沥青胶结料铺贴卷材时，应随刮随滚铺，并应展平压实。

8）热熔法铺贴卷材应符合下列规定：

①火焰加热器的喷嘴距卷材面的距离应适中，幅宽内加热应均匀，应以卷材表面熔融至光亮黑色为度，不得过分加热卷材；厚度小于 3mm 的高聚物改性沥青防水卷材，严禁

采用热熔法施工。

②卷材表面沥青热熔后应立即滚铺卷材，滚铺时应排除卷材下面的空气。

③搭接缝部位宜以溢出热熔的改性沥青胶结料为度，溢出的改性沥青胶结料宽度宜为8mm，并宜均匀顺直；当接缝处的卷材上有矿物粒或片料时，应用火焰烘烤及清除干净后再进行热熔和接缝处理。

④铺贴卷材时应平整顺直，搭接尺寸应准确，不得扭曲。

9）自粘法铺贴卷材应符合下列规定：

①铺贴卷材前，基层表面应均匀涂刷基层处理剂，干燥后应及时铺贴卷材。

②铺贴卷材时应将自粘胶底面的隔离纸完全撕净。

③铺贴卷材时应排除卷材下面的空气，并应辊压粘贴牢固。

④铺贴的卷材应平整顺直，搭接尺寸应准确，不得扭曲、皱折；低温施工时，立面、大坡面及搭接部位宜采用热风机加热，加热后应随即粘贴牢固。

⑤搭接缝口应采用材性相容的密封材料封严。

10）焊接法铺贴卷材应符合下列规定：

①对热塑性卷材的搭接缝可采用单缝焊或双缝焊，焊接应严密。

②焊接前，卷材应铺放平整、顺直，搭接尺寸应准确，焊接缝的结合面应清理干净。

③应先焊长边搭接缝，后焊短边搭接缝。

④应控制加热温度和时间，焊接缝不得漏焊、跳焊或焊接不牢。

11）机械固定法铺贴卷材应符合下列规定：

①固定件应与结构层连接牢固。

②固定件间距应根据抗风揭试验和当地的使用环境与条件确定，并不宜大于600mm。

③卷材防水层周边800mm范围内应满粘，卷材收头应采用金属压条钉压固定和密封处理。

12）防水卷材的贮运、保管应符合下列规定：

①不同品种、规格的卷材应分别堆放。

②卷材应贮存在阴凉通风处，应避免雨淋、日晒和受潮，严禁接近火源。

③卷材应避免与化学介质及有机溶剂等有害物质接触。

13）进场的防水卷材应检验下列项目：

①高聚物改性沥青防水卷材的可溶物含量，拉力，最大拉力时延伸率，耐热度，低温柔性，不透水性。

②合成高分子防水卷材的断裂拉伸强度、扯断伸长率、低温弯折性、不透水性。

14）胶粘剂和胶粘带的贮运、保管应符合下列规定：

①不同品种、规格的胶粘剂和胶粘带，应分别用密封桶或纸箱包装。

②胶粘剂和胶粘带应贮存在阴凉通风的室内，严禁接近火源和热源。

15）进场的基层处理剂、胶粘剂和胶粘带，应检验下列项目：

①沥青基防水卷材用基层处理剂的固体含量、耐热性、低温柔性、剥离强度。

②高分子胶粘剂的剥离强度、浸水168h后的剥离强度保持率。

③改性沥青胶粘剂的剥离强度。

④合成橡胶胶粘带的剥离强度、浸水168h后的剥离强度保持率。

16）卷材防水层的施工环境温度应符合下列规定：

①热熔法和焊接法不宜低于－10℃。

②冷粘法和热粘法不宜低于5℃。

③自粘法不宜低于10℃。

2. 质量检验与验收

（1）主控项目：

1）防水卷材及其配套材料的质量，应符合设计要求。

检验方法：检查出厂合格证、质量检验报告和进场检验报告。

2）卷材防水层不得有渗漏和积水现象。

检验方法：雨后观察或淋水、蓄水试验。

3）卷材防水层在檐口、檐沟、天沟、水落口、泛水、变形缝和伸出屋面管道的防水构造，应符合设计要求。

检验方法：观察检查。

（2）一般项目：

1）卷材的搭接缝应黏结或焊接牢固，密封应严密，不得扭曲、皱折和翘边。

检验方法：观察检查。

2）卷材防水层的收头应与基层黏结，钉压应牢固，密封应严密。

检验方法：观察检查。

3）卷材防水层的铺贴方向应正确，卷材搭接宽度的允许偏差为－10mm。

检验方法：观察和尺量检查。

4）屋面排汽构造的排汽道应纵横贯通，不得堵塞；排汽管应安装牢固，位置应正确，封闭应严密。

检验方法：观察检查。

6.3.2　涂膜防水层施工

1. 质量控制要点

1）涂膜防水层的基层应坚实、平整、干净，应无孔隙、起砂和裂缝。基层的干燥程度应根据所选用的防水涂料特性确定；当采用溶剂型、热熔型和反应固体型防水涂料时，基层应干燥。

2）基层处理剂的施工应符合6.3.1中1.4）的规定。

3）双组分或多组分防水涂料应按配合比准确计量，应采用电动机具搅拌均匀，已配制的涂料应及时使用。配料时，可加入适量的缓凝剂或促凝剂调节固化时间，但不得混合已固化的涂料。

4）涂膜防水层施工应符合下列规定：

①防水涂料应多遍均匀涂布，涂膜总厚度应符合设计要求。

②涂膜间夹铺胎体增强材料时，宜边涂布边铺胎体；胎体应铺贴平整，应排除气泡，

并应与涂料黏结牢固。在胎体上涂布涂料时，应使涂料浸透胎体，并应覆盖完全，不得有胎体外露现象。最上面的涂膜厚度不应小于 1.0mm。

③涂膜施工应先做好细部处理，再进行大面积涂布。

④屋面转角及立面的涂膜应薄涂多遍，不得流淌和堆积。

5）涂膜防水层施工工艺应符合下列规定：

①水乳型及溶剂型防水涂料宜选用滚涂或喷涂施工。

②反应固化型涂料宜选用刮涂或喷涂施工。

③热熔型防水涂料宜选用刮涂施工。

④聚合物水泥防水涂料宜选用刮涂法施工。

⑤所有防水涂料用于细部构造时，宜选用刷涂或喷涂施工。

6）防水涂料和胎体增强材料的贮运、保管，应符合下列规定：

①防水涂料包装容器应密封，容器表面应标明涂料名称、生产厂家、执行标准号、生产日期和产品有效期，并应分类存放。

②反应型和水乳型涂料贮运和保管环境温度不宜低于5℃。

③溶剂型涂料贮运和保管环境温度不宜低于0℃，并不得日晒、碰撞和渗漏；保管环境应干燥、通风，并应远离火源、热源。

④胎体增强材料贮运、保管环境应干燥、通风，并应远离火源、热源。

7）进场的防水涂料和胎体增强材料应检验下列项目：

①高聚物改性沥青防水涂料的固体含量、耐热性、低温柔性、不透水性、断裂伸长率或抗裂性。

②合成高分子防水涂料和聚合物水泥防水涂料的固体含量、低温柔性、不透水性、拉伸强度、断裂伸长率。

③胎体增强材料的拉力、延伸率。

8）涂膜防水层的施工环境温度应符合下列规定：

①水乳型及反应型涂料宜为5℃~35℃。

②溶剂型涂料宜为 -5℃~35℃。

③热熔型涂料不宜低于 -10℃。

④聚合物水泥涂料宜为5℃~35℃。

2．质量检验与验收

（1）主控项目：

1）防水涂料和胎体增强材料的质量，应符合设计要求。

检验方法：检查出厂合格证、质量检验报告和进场检验报告。

2）涂膜防水层不得有渗漏和积水现象。

检验方法：雨后观察或淋水、蓄水试验。

3）涂膜防水层在檐口、檐沟、天沟、水落口、泛水、变形缝和伸出屋面管道的防水构造，应符合设计要求。

检验方法：观察检查。

4）涂膜防水层的平均厚度应符合设计要求，且最小厚度不得小于设计厚度的80%。

检验方法：针测法或取样量测。

（2）一般项目：

1）涂膜防水层与基层应黏结牢固，表面应平整，涂布应均匀，不得有流淌、皱折、起泡和露胎体等缺陷。

检验方法：观察检查。

2）涂膜防水层的收头应用防水涂料多遍涂刷。

检验方法：观察检查。

3）铺贴胎体增强材料应平整顺直，搭接尺寸应准确，应排除气泡，并应与涂料黏结牢固；胎体增强材料搭接宽度的允许偏差为 −10mm。

检验方法：观察和尺量检查。

6.3.3　接缝密封防水施工

1. 质量控制要点

1）密封防水部位的基层应符合下列规定：

①基层应牢固，表面应平整、密实，不得有裂缝、蜂窝、麻面、起皮和起砂等现象。

②基层应清洁、干燥，应无油污、无灰尘。

③嵌入的背衬材料与接缝壁间不得留有空隙。

④密封防水部位的基层宜涂刷基层处理剂，涂刷应均匀，不得漏涂。

2）改性沥青密封材料防水施工应符合下列规定：

①采用冷嵌法施工时，宜分次将密封材料嵌填在缝内，并应防止裹入空气。

②采用热灌法施工时，应由下向上进行，并宜减少接头；密封材料熬制及浇灌温度，应按不同材料要求严格控制。

3）合成高分子密封材料防水施工应符合下列规定：

①单组分密封材料可直接使用；多组分密封材料应根据规定的比例准确计量，并应拌和均匀；每次拌和量、拌和时间和拌和温度，应按所用密封材料的要求严格控制。

②采用挤出枪嵌填时，应根据接缝的宽度选用口径合适的挤出嘴，应均匀挤出密封材料嵌填，并应由底部逐渐充满整个接缝。

③密封材料嵌填后，应在密封材料表干前用腻子刀嵌填修整。

4）密封材料嵌填应密实、连续、饱满，应与基层黏结牢固；表面应平滑，缝边应顺直，不得有气泡、孔洞、开裂、剥离等现象。

5）对嵌填完毕的密封材料，应避免碰损及污染；固化前不得踩踏。

6）密封材料的贮运、保管应符合下列规定：

①运输时应防止日晒、雨淋、撞击、挤压。

②储运、保管环境应通风、干燥，防止日光直接照射，并应远离火源、热源；乳胶型密封材料在冬季时应采取防冻措施。

③密封材料应按类别、规格分别存放。

7）进场的密封材料应检验下列项目：

①改性石油沥青密封材料的耐热性、低温柔性、拉伸黏结性、施工度。

②合成高分子密封材料的拉伸模量、断裂伸长率、定伸黏结性。

8）接缝密封防水的施工环境温度应符合下列规定：

①改性沥青密封材料和溶剂型合成高分子密封材料宜为0℃～35℃。

②乳胶型及反应型合成高分子密封材料宜为5℃～35℃。

2．质量检验与验收

（1）主控项目：

1）密封材料及其配套材料的质量，应符合设计要求。

检验方法：检查出厂合格证、质量检验报告和进场检验报告。

2）密封材料嵌填应密实、连续、饱满，黏结牢固，不得有气泡、开裂、脱落等缺陷。

检验方法：观察检查。

（2）一般项目：

1）密封防水部位的基层应符合1．中1）的规定。

检验方法：观察检查。

2）接缝宽度和密封材料的嵌填深度应符合设计要求，接缝宽度的允许偏差为±10%。

检验方法：尺量检查。

3）嵌填的密封材料表面应平滑，缝边应顺直，应无明显不平和周边污染现象。

检验方法：观察检查。

6.4　细部构造工程

6.4.1　檐口

1．主控项目

1）檐口的防水构造应符合设计要求。

检验方法：观察检查。

2）檐口的排水坡度应符合设计要求；檐口部位不得有渗漏和积水现象。

检验方法：坡度尺检查和雨后观察或淋水试验。

2．一般项目

1）檐口800mm范围内的卷材应满粘。

检验方法：观察检查。

2）卷材收头应在找平层的凹槽内用金属压条钉压固定，并应用密封材料封严。

检验方法：观察检查。

3）涂膜收头应用防水涂料多遍涂刷。

检验方法：观察检查。

4）檐口部位应抹聚合物水泥砂浆，其下端应做成鹰嘴和滴水槽。

检验方法：观察检查。

6.4.2 檐沟和天沟

1. 主控项目

1）檐沟、天沟的防水构造应符合设计要求。

检验方法：观察检查。

2）檐沟、天沟的排水坡度应符合设计要求；沟内不得有渗漏和积水现象。

检验方法：坡度尺检查和雨后观察或淋水、蓄水试验。

2. 一般项目

1）檐沟、天沟附加层铺设应符合设计要求。

检验方法：观察和尺量检查。

2）檐沟防水层应由沟底翻上至外侧顶部，卷材收头应用金属压条钉压固定，并应用密封材料封严；涂膜收头应用防水涂料多遍涂刷。

检验方法：观察检查。

3）檐沟外侧顶部及侧面均应抹聚合物水泥砂浆，其下端应做成鹰嘴或滴水槽。

检验方法：观察检查。

6.4.3 女儿墙和山墙

1. 主控项目

1）女儿墙和山墙的防水构造应符合设计要求。

检验方法：观察检查。

2）女儿墙和山墙的压顶向内排水坡度不应小于5%，压顶内侧下端应做成鹰嘴或滴水槽。

检验方法：观察和坡度尺检查。

3）女儿墙和山墙的根部不得有渗漏和积水现象。

检验方法：雨后观察或淋水试验。

2. 一般项目

1）女儿墙和山墙的泛水高度及附加层铺设应符合设计要求。

检验方法：观察和尺量检查。

2）女儿墙和山墙的卷材应满粘，卷材收头应用金属压条钉压固定，并应用密封材料封严。

检验方法：观察检查。

3）女儿墙和山墙的涂膜应直接涂刷至压顶下，涂膜收头应用防水涂料多遍涂刷。

检验方法：观察检查。

6.4.4 水落口

1. 主控项目

1）水落口的防水构造应符合设计要求。

检验方法：观察检查。

2）水落口杯上口应设在沟底的最低处；水落口处不得有渗漏和积水现象。

检验方法：雨后观察或淋水、蓄水试验。

2．一般项目

1）水落口的数量和位置应符合设计要求；水落口杯应安装牢固。

检验方法：观察和手扳检查。

2）水落口周围直径 500mm 范围内坡度不应小于 5%，水落口周围的附加层铺设应符合设计要求。

检验方法：观察和尺量检查。

3）防水层及附加层伸入水落口杯内不应小于 50mm，并应黏结牢固。

检验方法：观察和尺量检查。

6.4.5　变形缝

1．主控项目

1）变形缝的防水构造应符合设计要求。

检验方法：观察检查。

2）变形缝处不得有渗漏和积水现象。

检验方法：雨后观察或淋水试验。

2．一般项目

1）变形缝的泛水高度及附加层铺设应符合设计要求。

检验方法：观察和尺量检查。

2）防水层应铺贴或涂刷至泛水墙的顶部。

检验方法：观察检查。

3）等高变形缝顶部宜加扣混凝土或金属盖板。混凝土盖板的接缝应用密封材料封严；金属盖板应铺钉牢固，搭接缝应顺流水方向，并应做好防锈处理。

检验方法：观察检查。

4）高低跨变形缝在高跨墙面上的防水卷材封盖和金属盖板，应用金属压条钉压固定，并应用密封材料封严。

检验方法：观察检查。

6.4.6　伸出屋面管道

1．主控项目

1）伸出屋面管道的防水构造应符合设计要求。

检验方法：观察检查。

2）伸出屋面管道根部不得有渗漏和积水现象。

检验方法：雨后观察或淋水试验。

2．一般项目

1）伸出屋面管道的泛水高度及附加层铺设，应符合设计要求。

检验方法：观察和尺量检查。

2）伸出屋面管道周围的找平层应抹出高度不小于 30mm 的排水坡。

检验方法：观察和尺量检查。

3）卷材防水层收头应用金属箍固定，并应用密封材料封严；涂膜防水层收头应用防水涂料多遍涂刷。

检验方法：观察检查。

6.4.7 屋面出入口

1．主控项目

1）屋面出入口的防水构造应符合设计要求。

检验方法：观察检查。

2）屋面出入口处不得有渗漏和积水现象。

检验方法：雨后观察或淋水试验。

2．一般项目

1）屋面垂直出入口防水层收头应压在压顶圈下，附加层铺设应符合设计要求。

检验方法：观察检查。

2）屋面水平出入口防水层收头应压在混凝土踏步下，附加层铺设和护墙应符合设计要求。

检验方法：观察检查。

3）屋面出入口的泛水高度不应小于 250mm。

检验方法：观察和尺量检查。

6.4.8 反梁过水孔

1．主控项目

1）反梁过水孔的防水构造应符合设计要求。

检验方法：观察检查。

2）反梁过水孔处不得有渗漏和积水现象。

检验方法：雨后观察或淋水试验。

2．一般项目

1）反梁过水孔的孔底标高、孔洞尺寸或预埋管管径，均应符合设计要求。

检验方法：尺量检查。

2）反梁过水孔的孔洞四周应涂刷防水涂料；预埋管道两端周围与混凝土接触处应留凹槽，并应用密封材料封严。

检验方法：观察检查。

6.4.9 设施基座

1．主控项目

1）设施基座的防水构造应符合设计要求。

检验方法：观察检查。

2）设施基座处不得有渗漏和积水现象。

检验方法：雨后观察或淋水试验。

2．一般项目

1）设施基座与结构层相连时，防水层应包裹设施基座的上部，并应在地脚螺栓周围做密封处理。

检验方法：观察检查。

2）设施基座直接放置在防水层上时，设施基座下部应增设附加层，必要时应在其上浇筑细石混凝土，其厚度不应小于50mm。

检验方法：观察检查。

3）需经常维护的设施基座周围和屋面出入口至设施之间的人行道，应铺设块体材料或细石混凝土保护层。

检验方法：观察检查。

6.4.10　屋脊

1．主控项目

1）屋脊的防水构造应符合设计要求。

检验方法：观察检查。

2）屋脊处不得有渗漏现象。

检验方法：雨后观察或淋水试验。

2．一般项目

1）平脊和斜脊铺设应顺直，应无起伏现象。

检验方法：观察检查。

2）脊瓦应搭盖正确，间距应均匀，封固应严密。

检验方法：观察和手扳检查。

6.4.11　屋顶窗

1．主控项目

1）屋顶窗的防水构造应符合设计要求。

检验方法：观察检查。

2）屋顶窗及其周围不得有渗漏现象。

检验方法：雨后观察或淋水试验。

2．一般项目

1）屋顶窗用金属排水板、窗框固定铁脚应与屋面连接牢固。

检验方法：观察检查。

2）屋顶窗用窗口防水卷材应铺贴平整，黏结应牢固。

检验方法：观察检查。

7 ┃ 地下防水工程质量控制

7.1 主体结构防水工程

7.1.1 防水混凝土

1. 质量控制要点

1）防水混凝土施工前应做好降排水工作，不得在有积水的环境中浇筑混凝土。

2）防水混凝土的配合比，应符合下列规定：

①胶凝材料用量应根据混凝土的抗渗等级和强度等级等选用，其总用量不宜小于 320kg/m³；当强度要求较高或地下水有腐蚀性时，胶凝材料用量可通过试验调整。

②在满足混凝土抗渗等级、强度等级和耐久性条件下，水泥用量不宜小于 260kg/m³。

③砂率宜为 35% ~ 40%，泵送时可增至 45%。

④灰砂比宜为 1:1.5 ~ 1:2.5。

⑤水胶比不得大于 0.50，有侵蚀性介质时水胶比不宜大于 0.45。

⑥防水混凝土采用预拌混凝土时，入泵坍落度宜控制在 120 ~ 160mm，坍落度每小时损失值不应大于 20mm，坍落度总损失值不应大于 40mm。

⑦掺加引气剂或引气型减水剂时，混凝土含气量应控制在 3% ~ 5%。

⑧预拌混凝土的初凝时间宜为 6 ~ 8h。

3）防水混凝土配料应按配合比准确称量，其计量允许偏差应符合表 7-1 的规定。

表 7-1 防水混凝土配料计量允许偏差

混凝土组成材料	每盘计量（%）	累计计量（%）
水泥、掺合料	±2	±1
粗、细骨料	±3	±2
水、外加剂	±2	±1

注：累计计量仅适用于微机控制计量的搅拌站。

4）使用减水剂时，减水剂宜配制成一定浓度的溶液。

5）防水混凝土应分层连续浇筑，分层厚度不得大于 500mm。

6）用于防水混凝土的模板应拼缝严密、支撑牢固。

7）防水混凝土拌合物应采用机械搅拌，搅拌时间不宜小于 2min。掺外加剂时，搅拌时间应根据外加剂的技术要求确定。

8）防水混凝土拌合物在运输后如出现离析，必须进行二次搅拌。当坍落度损失后不能满足施工要求时，应加入原水胶比的水泥浆或掺加同品种的减水剂进行搅拌，严禁直接加水。

9）防水混凝土应采用机械振捣，避免漏振、欠振和超振。

10）防水混凝土应连续浇筑，宜少留施工缝。当留设施工缝时，应符合下列规定：

①墙体水平施工缝不应留在剪力最大处或底板与侧墙的交接处，应留在高出底板表面不小于300mm的墙体上。拱（板）墙结合的水平施工缝，宜留在拱（板）墙接缝线以下150～300mm处。墙体有预留孔洞时，施工缝距孔洞边缘不应小于300mm。

②垂直施工缝应避开地下水和裂隙水较多的地段，并宜与变形缝相结合。

11）施工缝防水构造形式宜按图7-1～图7-4选用，当采用两种以上构造措施时可进行有效组合。

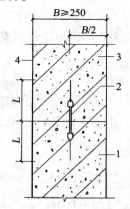

图7-1　施工缝防水构造（一）

钢板止水带 $L \geq 150$；橡胶止水带 $L \geq 200$；
钢边橡胶止水带 $L \geq 120$
1—先浇混凝土；2—中埋止水带；
3—后浇混凝土；4—结构迎水面

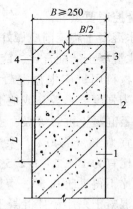

图7-2　施工缝防水构造（二）

外贴止水带 $L \geq 150$；外涂防水涂料 $L = 200$；
外抹防水砂浆 $L = 200$
1—先浇混凝土；2—外贴止水带；
3—后浇混凝土；4—结构迎水面

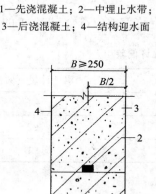

图7-3　施工缝防水构造（三）

1—先浇混凝土；2—遇水膨胀止水条（胶）；
3—后浇混凝土；4—结构迎水面

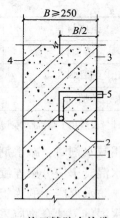

图7-4　施工缝防水构造（四）

1—先浇混凝土；2—预埋注浆管；
3—后浇混凝土；4—结构迎水面；
5—注浆导管

12）施工缝的施工应符合下列规定：

①水平施工缝浇筑混凝土前，应将其表面浮浆和杂物清除，然后铺设净浆或涂刷混凝土界面处理剂、水泥基渗透结晶型防水涂料等材料，再铺 30 ~ 50mm 厚的 1∶1 水泥砂浆，并应及时浇筑混凝土。

②垂直施工缝浇筑混凝土前，应将其表面清理干净，再涂刷混凝土界面处理剂或水泥基渗透结晶型防水涂料，并应及时浇筑混凝土。

③遇水膨胀止水条（胶）应与接触表面密贴。

④选用的遇水膨胀止水条（胶）应具有缓胀性能，7d 的净膨胀率不宜大于最终膨胀率的 60%，最终膨胀率宜大于 220%。

⑤采用中埋式止水带或预埋式注浆管时，应定位准确、固定牢靠。

13）大体积防水混凝土的施工，应符合下列规定：

①在设计许可的情况下，掺粉煤灰混凝土设计强度等级的龄期宜为 60d 或 90d。

②宜选用水化热低和凝结时间长的水泥。

③宜掺入减水剂、缓凝剂等外加剂和粉煤灰、磨细矿渣粉等掺合料。

④炎热季节施工时，应采取降低原材料温度、减少混凝土运输时吸收外界热量等降温措施，入模温度不应大于 30℃。

⑤混凝土内部预埋管道，宜进行水冷散热。

⑥应采取保温保湿养护。混凝土中心温度与表面温度的差值不应大于 25℃，表面温度与大气温度的差值不应大于 20℃，温降梯度不得大于 3℃/d，养护时间不应少于 14d。

14）防水混凝土结构内部设置的各种钢筋或绑扎铁丝，不得接触模板。用于固定模板的螺栓必须穿过混凝土结构时，可采用工具式螺栓或螺栓加堵头，螺栓上应加焊方形止水环。拆模后应将留下的凹槽用密封材料封堵密实，并应用聚合物水泥砂浆抹平（图 7-5）。

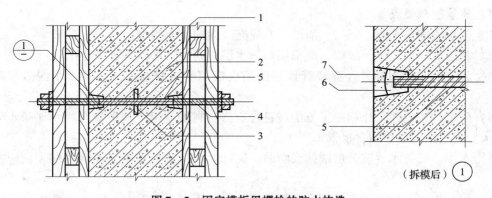

图 7-5 固定模板用螺栓的防水构造

1—模板；2—结构混凝土；3—止水环；4—工具式螺栓；
5—固定模板用螺栓；6—密封材料；7—聚合物水泥砂浆

15）防水混凝土终凝后应立即进行养护，养护时间不得少于 14d。

16）防水混凝土的冬期施工，应符合下列规定：

①混凝土入模温度不应低于 5℃。

②混凝土养护应采用综合蓄热法、蓄热法、暖棚法、掺化学外加剂等方法，不得采用电热法或蒸气直接加热法。

③应采取保湿保温措施。

2．质量检验与验收

（1）主控项目：

1）防水混凝土的原材料、配合比及坍落度必须符合设计要求。

检验方法：检查产品合格证、产品性能检测报告、计量措施和材料进场检验报告。

2）防水混凝土的抗压强度和抗渗性能必须符合设计要求。

检验方法：检查混凝土抗压强度、抗渗性能检验报告。

3）防水混凝土结构的施工缝、变形缝、后浇带、穿墙管、埋设件等设置和构造必须符合设计要求。

检验方法：观察检查和检查隐蔽工程验收记录。

（2）一般项目：

1）防水混凝土结构表面应坚实、平整，不得有露筋、蜂窝等缺陷；埋设件位置应准确。

检验方法：观察检查。

2）防水混凝土结构表面的裂缝宽度不应大于0.2mm，且不得贯通。

检验方法：用刻度放大镜检查。

3）防水混凝土结构厚度不应小于250mm，其允许偏差应为＋8mm、－5mm；主体结构迎水面钢筋保护层厚度不应小于50mm，其允许偏差为±5mm。

检验方法：尺量检查和检查隐蔽工程验收记录。

7.1.2　水泥砂浆防水层

1．质量控制要点

1）基层表面应平整、坚实、清洁，并应充分湿润、无明水。

2）基层表面的孔洞、缝隙，应采用与防水层相同的防水砂浆堵塞并抹平。

3）施工前应将预埋件、穿墙管预留凹槽内嵌填密封材料后，再施工水泥砂浆防水层。

4）防水砂浆的配合比和施工方法应符合所掺材料的规定，其中聚合物水泥防水砂浆的用水量应包括乳液中的含水量。

5）水泥砂浆防水层应分层铺抹或喷射，铺抹时应压实、抹平，最后一层表面应提浆压光。

6）聚合物水泥防水砂浆拌和后应在规定时间内用完，施工中不得任意加水。

7）水泥砂浆防水层各层应紧密粘合，每层宜连续施工；必须留设施工缝时，应采用阶梯坡形槎，但离阴阳角处的距离不得小于200mm。

8）水泥砂浆防水层不得在雨天、五级及以上大风中施工。冬期施工时，气温不应低于5℃。夏季不宜在30℃以上的烈日照射下施工。

9）水泥砂浆防水层终凝后，应及时进行养护，养护温度不宜低于5℃，并应保持砂浆表面湿润，养护时间不得少于14d。

聚合物水泥防水砂浆未达到硬化状态时，不得浇水养护或直接受雨水冲刷，硬化后应采用干湿交替的养护方法。潮湿环境中，可在自然条件下养护。

2．质量检验与验收

（1）主控项目：

1）防水砂浆的原材料及配合比必须符合设计规定。

检验方法：检查产品合格证、产品性能检测报告、计量措施和材料进场检验报告。

2）防水砂浆的黏结强度和抗渗性能必须符合设计规定。

检验方法：检查砂浆黏结强度、抗渗性能检测报告。

3）水泥砂浆防水层与基层之间应结合牢固，无空鼓现象。

检验方法：观察和用小锤轻击检查。

（2）一般项目：

1）水泥砂浆防水层表面应密实、平整，不得有裂纹、起砂、麻面等缺陷。

检验方法：观察检查。

2）水泥砂浆防水层施工缝留槎位置应正确，接槎应按层次顺序操作，层层搭接紧密。

检验方法：观察检查和检查隐蔽工程验收记录。

3）水泥砂浆防水层的平均厚度应符合设计要求，最小厚度不得小于设计值的85%。

检验方法：用针测法检查。

4）水泥砂浆防水层表面平整度的允许偏差应为5mm。

检查方法：用2m靠尺和楔形塞尺检查。

7.1.3 卷材防水层

1．质量控制要点

1）卷材防水层的基面应坚实、平整、清洁，阴阳角处应做圆弧或折角，并应符合所用卷材的施工要求。

2）铺贴卷材严禁在雨天、雪天、五级及以上大风中施工；冷粘法、自粘法施工的环境气温不宜低于5℃，热熔法、焊接法施工的环境气温不宜低于 -10℃。施工过程中下雨或下雪时，应做好已铺卷材的防护工作。

3）不同品种防水卷材的搭接宽度，应符合表7-2的要求。

表7-2 防水卷材搭接宽度

卷 材 品 种	搭接宽度（mm）
弹性体改性沥青防水卷材	100
改性沥青聚乙烯胎防水卷材	100
自粘聚合物改性沥青防水卷材	80
三元乙丙橡胶防水卷材	100/60（胶粘剂/胶粘带）

续表 7－2

卷 材 品 种	搭接宽度（mm）
聚氯乙烯防水卷材	60/80（单焊缝/双焊缝）
	100（胶粘剂）
聚乙烯丙纶复合防水卷材	100（黏结料）
高分子自粘胶膜防水卷材	70/80（自粘胶/胶粘带）

4）防水卷材施工前，基面应干净、干燥，并应涂刷基层处理剂；当基面潮湿时，应涂刷湿固化型胶粘剂或潮湿界面隔离剂。基层处理剂的配制与施工应符合下列要求：

①基层处理剂应与卷材及其黏结材料的材性相容。

②基层处理剂喷涂或刷涂应均匀一致，不应露底，表面干燥后方可铺贴卷材。

5）铺贴各类防水卷材应符合下列规定：

①应铺设卷材加强层。

②结构底板垫层混凝土部位的卷材可采用空铺法或点粘法施工，其黏结位置、点粘面积应按设计要求确定；侧墙采用外防外贴法的卷材及顶板部位的卷材应采用满粘法施工。

③卷材与基面、卷材与卷材间的黏结应紧密、牢固；铺贴完成的卷材应平整顺直，搭接尺寸应准确，不得产生扭曲和皱折。

④卷材搭接处的接头部位应黏结牢固，接缝口应封严或采用材性相容的密封材料封缝。

⑤铺贴立面卷材防水层时，应采取防止卷材下滑的措施。

⑥铺贴双层卷材时，上下两层和相邻两幅卷材的接缝应错开 1/3～1/2 幅宽，且两层卷材不得相互垂直铺贴。

6）弹性体改性沥青防水卷材和改性沥青聚乙烯胎防水卷材采用热熔法施工应加热均匀，不得加热不足或烧穿卷材，搭接缝部位应溢出热熔的改性沥青。

7）铺贴自粘聚合物改性沥青防水卷材应符合下列规定：

①基层表面应平整、干净、干燥、无尖锐突起物或孔隙。

②排除卷材下面的空气，应辊压粘贴牢固，卷材表面不得有扭曲、皱折和起泡现象。

③立面卷材铺贴完成后，应将卷材端头固定或嵌入墙体顶部的凹槽内，并应用密封材料封严。

④低温施工时，宜对卷材和基面适当加热，然后铺贴卷材。

8）铺贴三元乙丙橡胶防水卷材应采用冷粘法施工，并应符合下列规定：

①基底胶粘剂应涂刷均匀，不应露底、堆积。

②胶粘剂涂刷与卷材铺贴的间隔时间应根据胶粘剂的性能控制。

③铺贴卷材时，应辊压粘贴牢固。

④搭接部位的粘合面应清理干净，并应采用接缝专用胶粘剂或胶粘带黏结。

9）铺贴聚氯乙烯防水卷材，接缝采用焊接法施工时，应符合下列规定：

①卷材的搭接缝可采用单焊缝或双焊缝。单焊缝搭接宽度应为 60mm，有效焊接宽度

不应小于 30mm；双焊缝搭接宽度应为 80mm，中间应留设 10~20mm 的空腔，有效焊接宽度不宜小于 10mm。

②焊接缝的结合面应清理干净，焊接应严密。

③应先焊长边搭接缝，后焊短边搭接缝。

10）铺贴聚乙烯丙纶复合防水卷材应符合下列规定：

①应采用配套的聚合物水泥防水黏结材料。

②卷材与基层粘贴应采用满粘法，黏结面积不应小于 90%，刮涂黏结料应均匀，不应露底、堆积。

③固化后的黏结料厚度不应小于 1.3mm。

④施工完的防水层应及时做保护层。

11）高分子自粘胶膜防水卷材宜采用预铺反粘法施工，并应符合下列规定：

①卷材宜单层铺设。

②在潮湿基面铺设时，基面应平整坚固、无明显积水。

③卷材长边应采用自粘边搭接，短边应采用胶粘带搭接，卷材端部搭接区应相互错开。

④立面施工时，在自粘边位置距离卷材边缘 10~20mm 内，应每隔 400~600mm 进行机械固定，并应保证固定位置被卷材完全覆盖。

⑤浇筑结构混凝土时不得损伤防水层。

12）采用外防外贴法铺贴卷材防水层时，应符合下列规定：

①应先铺平面，后铺立面，交接处应交叉搭接。

②临时性保护墙宜采用石灰砂浆砌筑，内表面宜做找平层。

③从底面折向立面的卷材与永久性保护墙的接触部位，应采用空铺法施工；卷材与临时性保护墙或围护结构模板的接触部位，应将卷材临时贴附在该墙上或模板上，并应将板端临时固定。

④当不设保护墙时，从底面折向立面的卷材接槎部位应采取可靠的保护措施。

⑤混凝土结构完成，铺贴立面卷材时，应先将接槎部位的各层卷材揭开，并应将其表面清理干净，如卷材有局部损伤，应及时进行修补；卷材接槎的搭接长度，高聚物改性沥青类卷材应为 150mm，合成高分子类卷材应为 100mm；当使用两层卷材时，卷材应错槎接缝，上层卷材应盖过下层卷材。

卷材防水层甩槎、接槎构造见图 7-6。

13）采用外防内贴法铺贴卷材防水层时，应符合下列规定：

①混凝土结构的保护墙内表面应抹厚度为 20mm 的 1:3 水泥砂浆找平层，然后铺贴卷材。

②卷材宜先铺立面，后铺平面；铺贴立面时，应先铺转角，后铺大面。

14）卷材防水层经检查合格后，应及时做保护层，保护层应符合下列规定：

①顶板卷材防水层上的细石混凝土保护层，应符合下列规定：

a. 采用机械碾压回填土时，保护层厚度不宜小于 70mm。

b. 采用人工回填土时，保护层厚度不宜小于 50mm。

c. 防水层与保护层之间宜设置隔离层。

②底板卷材防水层上的细石混凝土保护层厚度不应小于 50mm。

③侧墙卷材防水层宜和软质保护材料或铺抹 20mm 厚 1∶2.5 水泥砂浆层。

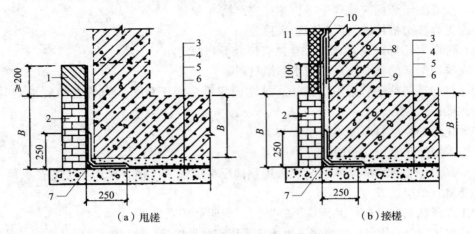

（a）甩槎　　　　　　　　　（b）接槎

图 7 - 6　卷材防水层甩槎、接槎构造

1—临时保护墙；2—永久保护墙；3—细石混凝土保护层；4—卷材防水层；
5—水泥砂浆找平层；6—混凝土垫层；7—卷材加强层；8—结构墙体；
9—卷材加强层；10—卷材防水层；11—卷材保护层

2．质量检验与验收

（1）主控项目：

1）卷材防水层所用卷材及其配套材料必须符合设计要求。

检验方法：检查产品合格证、产品性能检测报告和材料进场检验报告。

2）卷材防水层在转角处、变形缝、施工缝、穿墙管等部位做法必须符合设计要求。

检验方法：观察检查和检查隐蔽工程验收记录。

（2）一般项目：

1）卷材防水层的搭接缝应粘贴或焊接牢固，密封严密，不得有扭曲、皱折、翘边和起泡等缺陷。

检验方法：观察检查。

2）采用外防外贴法铺贴卷材防水层时，立面卷材接槎的搭接宽度，高聚物改性沥青类卷材应为 150mm，合成高分子类卷材应为 100mm，且上层卷材应盖过下层卷材。

检验方法：观察和尺量检查。

3）侧墙卷材防水层的保护层与防水层应结合紧密，保护层厚度应符合设计要求。

检验方法：观察和尺量检查。

4）卷材搭接宽度的允许偏差应为 -10mm。

检验方法：观察和尺量检查。

7.1.4　涂料防水层

1．质量控制要点

1）无机防水涂料基层表面应干净、平整、无浮浆和明显积水。

2）有机防水涂料基层表面应基本干燥，不应有气孔、凹凸不平、蜂窝麻面等缺陷。涂料施工前，基层阴阳角应做成圆弧形。

3）涂料防水层严禁在雨天、雾天、五级及以上大风时施工，不得在施工环境温度低于5℃及高于35℃或烈日暴晒时施工。涂膜固化前如有降雨可能时，应及时做好已完涂层的保护工作。

4）防水涂料的配制应按涂料的技术要求进行。

5）防水涂料应分层刷涂或喷涂，涂层应均匀，不得漏刷漏涂；接槎宽度不应小于100mm。

6）铺贴胎体增强材料时，应使胎体层充分浸透防水涂料，不得有露槎及褶皱。

7）有机防水涂料施工完后应及时做保护层，保护层应符合下列规定：

①底板、顶板应采用20mm厚1:2.5水泥砂浆层和40~50mm厚的细石混凝土保护层，防水层与保护层之间宜设置隔离层。

②侧墙背水面保护层应采用20mm厚1:2.5水泥砂浆。

③侧墙迎水面保护层宜选用软质保护材料或20mm厚1:2.5水泥砂浆。

2. 质量检验与验收

（1）主控项目：

1）涂料防水层所用的材料及配合比必须符合设计要求。

检验方法：检查产品合格证、产品性能检测报告、计量措施和材料进场检验报告。

2）涂料防水层的平均厚度应符合设计要求，最小厚度不得低于设计厚度的90%。

检验方法：用针测法检查。

3）涂料防水层在转角处、变形缝、施工缝、穿墙管等部位做法必须符合设计要求。

检验方法：观察检查和检查隐蔽工程验收记录。

（2）一般项目：

1）涂料防水层应与基层黏结牢固、涂刷均匀，不得流淌、鼓泡、露槎。

检验方法：观察检查。

2）涂层间夹铺胎体增强材料时，应使防水涂料浸透胎体覆盖完全，不得有胎体外露现象。

检验方法：观察检查。

3）侧墙涂料防水层的保护层与防水层应结合紧密，保护层厚度应符合设计要求。

检验方法：观察检查。

7.1.5 塑料防水板防水层

1. 质量控制要点

1）塑料防水板防水层的基面应平整、无尖锐突出物；基面平整度 D/L 不应大于1/6。

注：D 为初期支护基面相邻两凸面间凹进去的深度；L 为初期支护基面相邻两凸面间的距离。

2）铺设塑料防水板前应先铺缓冲层，缓冲层应采用暗钉圈固定在基面上（图7-7）。钉距应符合《地下工程防水技术规范》GB 50108—2008 第4.5.6条的规定。

3）塑料防水板的铺设应符合下列规定：

①铺设塑料防水板时，宜由拱顶向两侧展铺，并应边铺边用压焊机将塑料板与暗钉圈焊接牢靠，不得有漏焊、假焊和焊穿现象。两幅塑料防水板的搭接宽度不应小于100mm。搭接缝应为热熔双焊缝，每条焊缝的有效宽度不应小于10mm。

②环向铺设时，应先拱后墙，下部防水板应压住上部防水板。

③塑料防水板铺设时宜设置分区预埋注浆系数。

④分段设置塑料防水板防水层时，两端应采取封闭措施。

4）接缝焊接时，塑料板的搭接层数不得超过三层。

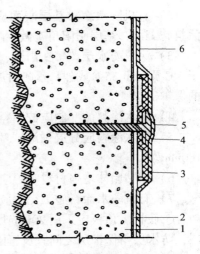

图 7 - 7 暗钉圈固定缓冲层
1—初期支护；2—缓冲层；
3—热塑性暗钉圈；4—金属垫圈；
5—射钉；6—塑料防水板

5）塑料防水板铺设时应少留或不留接头，当留设接头时，应对接头进行保护。再次焊接时应将接头处的塑料防水板擦拭干净。

6）铺设塑料防水板时，不应绷得太紧，宜根据基面的平整度留有充分的余地。

7）防水板的铺设应超前混凝土施工，超前距离宜为5~20m，并应设临时挡板防止机械损伤和电火花灼伤防水板。

8）二次衬砌混凝土施工时应符合下列规定：

①绑扎、焊接钢筋时应采取防刺穿、灼伤防水板的措施。

②混凝土出料口和振捣棒不得直接接触塑料防水板。

9）塑料防水板防水层铺设完毕后，应进行质量检查，并应在验收合格后进行下道工序的施工。

2. 质量检验与验收

（1）主控项目：

1）塑料防水板及其配套材料必须符合设计要求。

检验方法：检查产品合格证、产品性能检测报告和材料进场检验报告。

2）塑料防水板的搭接缝必须采用双缝热熔焊接，每条焊缝的有效宽度不应小于10mm。

检验方法：双焊缝间空腔内充气检查和尺量检查。

（2）一般项目：

1）塑料防水板应采用无钉孔铺设，其固定点的间距应根据基面平整情况确定，拱部宜为0.5~0.8m，边墙宜为1~1.5m，底部宜为1.5~2.0m；局部凹凸较大时，应在凹处加密固定点。

检验方法：观察和尺量检查。

2）塑料防水板与暗钉圈应焊接牢靠，不得漏焊、假焊和焊穿。

检验方法：观察检查。

3）塑料防水板的铺设应平顺，不得有下垂、绷紧和破损现象。

检验方法：观察检查。

4）塑料防水板搭接宽度的允许偏差为 –10mm。

检验方法：尺量检查。

7.1.6　金属板防水层

1. 质量控制要点

1）金属防水层可用于长期浸水、水压较大的水工及过水隧道，所用的金属板和焊条的规格及材料性能，应符合设计要求。

2）金属板的拼接应采用焊接，拼接焊缝应严密。竖向金属板的垂直接缝，应相互错开。

3）主体结构内侧设置金属防水层时，金属板应与结构内的钢筋焊牢，也可在金属防水层上焊接一定数量的锚固件（图7–8）。

4）主体结构外侧设置金属防水层时，金属板应焊在混凝土结构的预埋件上。金属板经焊缝检查合格后，应将其与结构间的空隙用水泥砂浆灌实，见图7–9。

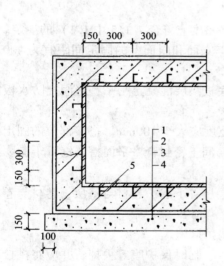

图7–8　金属板防水层

1—金属板；2—主体结构；3—防水砂浆；
4—垫层；5—锚固筋

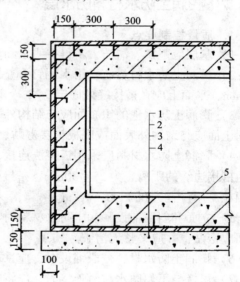

图7–9　金属板防水层

1—防水砂浆；2—主体结构；3—金属板；
4—垫层；5—锚固筋

5）金属板防水层应用临时支撑加固。金属板防水层底板上预留浇捣孔，并应保证混凝土浇筑密实，待底板混凝土浇筑完后应补焊严密。

6）金属板防水层如先焊成箱体，再整体吊装就位时，应在其内部加设临时支撑。

7）金属板防水层应采取防锈措施。

2. 质量检验与验收

（1）主控项目：

1）金属板和焊接材料必须符合设计要求。

检验方法：检查产品合格证、产品性能检测报告和材料进场检验报告。

2）焊工应持有有效的执业资格证书。

检验方法：检查焊工执业资格证书和考核日期。

（2）一般项目：

1）金属板表面不得有明显凹面和损伤。

检验方法：观察检查。

2）焊缝不得有裂纹、未熔合、夹渣、焊瘤、咬边、烧穿、弧坑、针状气孔等缺陷。

检验方法：观察检查和使用放大镜、焊缝量规及钢尺检查，必要时采用渗透或磁粉探伤检查。

3）焊缝的焊波应均匀，焊渣和飞溅物应清除干净；保护涂层不得有漏涂、脱皮和反锈现象。

检验方法：观察检查。

7.1.7　膨润土防水材料防水层

1. 质量控制要点

1）基层应坚实、清洁，不得有明水和积水。平整度应符合7.1.5中1.1）的规定。

2）膨润土防水材料应采用水泥钉和垫片固定。立面和斜面上的固定间距宜为400～500mm，平面上应在搭接缝处固定。

3）膨润土防水毯的织布面应与结构外表面或底板垫层混凝土密贴；膨润土防水板的膨润土面应与结构外表面或底板垫层密贴。

4）膨润土防水材料应采用搭接法连接，搭接宽度应大于100mm。搭接部位的固定位置距搭接边缘的距离宜为25～30mm，搭接处应涂膨润土密封膏。平面搭接缝可干撒膨润土颗粒，用量宜为0.3～0.5kg/m。

5）立面和斜面铺设膨润土防水材料时，应上层压着下层，卷材与基层、卷材与卷材之间应密贴，并应平整无褶皱。

6）膨润土防水材料分段铺设时，应采取临时防护措施。

7）甩槎与下幅防水材料连接时，应将收口压板、临时保护膜等去掉，并应将搭接部位清理干净，涂抹膨润土密封膏，然后搭接固定。

8）膨润土防水材料的永久收口部位应用收口压条和水泥钉固定，并应用膨润土密封膏覆盖。

9）膨润土防水材料与其他防水材料过渡时，过渡搭接宽度应大于400mm，搭接范围内应涂抹膨润土密封膏或铺撒膨润土粉。

10）破损部位应采用与防水层相同的材料进行修补，补丁边缘与破坏部位边缘的距离不应小于100mm；膨润土防水板表面膨润土颗粒损失严重时应涂抹膨润土密封膏。

2. 质量检验与验收

（1）主控项目：

1）膨润土防水材料必须符合设计要求。

检验方法：检查产品合格证、产品性能检测报告和材料进场检验报告。

2）膨润土防水材料防水层在转角处和变形缝、施工缝、后浇带、穿墙管等部位做法必须符合设计要求。

检验方法：观察检查和检查隐蔽工程验收记录。

（2）一般项目：

1）膨润土防水毯的织布面或防水板的膨润土面，应朝向工程主体结构的迎水面。

检验方法：观察检查。

2）立面或斜面铺设的膨润土防水材料应上层压住下层，防水层与基层、防水层与防水层之间应密贴，并应平整无折皱。

检验方法：观察检查。

3）膨润土防水材料的搭接和收口部位应符合1. 中2）、4）、8）的规定。

检验方法：观察和尺量检查。

4）膨润土防水材料搭接宽度的允许偏差应为 −10mm。

检验方法：观察和尺量检查。

7.2　细部构造防水工程

7.2.1　变形缝

1. 质量控制要点

1）中埋式止水带施工应符合下列规定：

①止水带埋设位置应准确，其中间空心圆环应与变形缝的中心线重合。

②止水带应固定，顶、底板内止水带应成盆状安设。

③中埋式止水带先施工一侧混凝土时，其端模应支撑牢固，并应严防漏浆。

④止水带的接缝宜为一处，应设在边墙较高位置上，不得设在结构转角处，接头宜采用热压焊接。

⑤中埋式止水带在转弯处应做成圆弧形，（钢边）橡胶止水带的转角半径不应小于200mm，转角半径应随止水带的宽度增大而相应加大。

2）安设于结构内侧的可卸式止水带施工时应符合下列规定：

①所需配件应一次配齐。

②转角处应做成45°折角，并应增加紧固件的数量。

3）变形缝与施工缝均用外贴式止水带（中埋式）时，其相交部位宜采用十字配件，见图7–10。变形缝用外贴式止水带的转角部位宜采用直角配件，见图7–11。

4）密封材料嵌填施工时，应符合下列规定：

①缝内两侧基面应平整干净、干燥，并应刷涂与密封材料相容的基层处理剂。

②嵌缝底部应设置背衬材料。

③嵌填应密实连续、饱满，并应黏结牢固。

5）在缝表面粘贴卷材或涂刷涂料前，应在缝上设置隔离层。

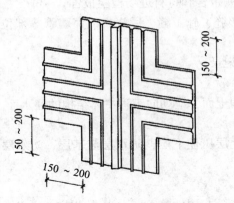
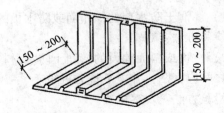

图 7 − 10　外贴式止水带在施工缝与　　　图 7 − 11　外贴式止水带在转角处的
变形缝相交处的十字配件　　　　　　　直角配件

2．质量检验与验收

（1）主控项目：

1）变形缝用止水带、填缝材料和密封材料必须符合设计要求。

检验方法：检查产品合格证、产品性能检测报告和材料进场检验报告。

2）变形缝防水构造必须符合设计要求。

检验方法：观察检查和检查隐蔽工程验收记录。

3）中埋式止水带埋设位置应准确，其中间空心圆环与变形缝的中心线应重合。

检验方法：观察检查和检查隐蔽工程验收记录。

（2）一般项目：

1）中埋式止水带的接缝应设在边墙较高位置上，不得设在结构转角处；接头宜采用热压焊接，接缝应平整、牢固，不得有裂口和脱胶现象。

检验方法：观察检查和检查隐蔽工程验收记录。

2）中埋式止水带在转角处应做成圆弧形；顶板、底板内止水带应安装成盆状，并宜采用专用钢筋套或扁钢固定。

检验方法：观察检查和检查隐蔽工程验收记录。

3）外贴式止水带在变形缝与施工缝相交部位宜采用十字配件；外贴式止水带在变形缝转角部位宜采用直角配件。止水带埋设位置应准确，固定应牢靠，并与固定止水带的基层密贴，不得出现空鼓、翘边等现象。

检验方法：观察检查和检查隐蔽工程验收记录。

4）安设于结构内侧的可卸式止水带所需配件应一次配齐，转角处应做成 45°坡角，并增加紧固件的数量。

检验方法：观察检查和检查隐蔽工程验收记录。

5）嵌填密封材料的缝内两侧基面应平整、洁净、干燥，并应涂刷基层处理剂；嵌缝底部应设置背衬材料；密封材料嵌填应严密、连续、饱满，黏结牢固。

检验方法：观察检查和检查隐蔽工程验收记录。

6）变形缝处表面粘贴卷材或涂刷涂料前，应在缝上设置隔离层和加强层。

检验方法：观察检查和检查隐蔽工程验收记录。

7.2.2　后浇带

1. 质量控制要点

1）补偿收缩混凝土的配合比应符合下列要求：

①膨胀剂掺量不宜大于12%。

②膨胀剂掺量应以胶凝材料总量的百分比表示。

2）后浇带混凝土施工前，后浇带部位和外贴式止水带应防止落入杂物和损伤外贴式止水带。

3）采用膨胀剂拌制补偿收缩混凝土时，应按配合比准确计量。

4）后浇带混凝土应一次浇筑，不得留设施工缝；混凝土浇筑后应及时养护，养护时间不得少于28d。

5）后浇带需超前止水时，后浇带部位的混凝土应局部加厚，并应增设外贴式或中埋式止水带，见图7-12。

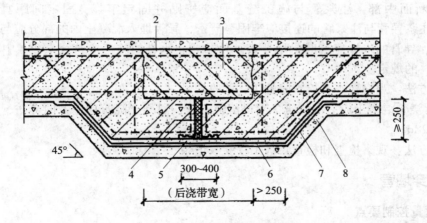

图7-12　后浇带超前止水构造

1—混凝土结构；2—钢丝网片；3—后浇带；4—填缝材料；5—外贴式止水带；

6—细石混凝土保护层；7—卷材防水层；8—垫层混凝土

2. 质量检验与验收

（1）主控项目：

1）后浇带用遇水膨胀止水条或止水胶、预埋注浆管、外贴式止水带必须符合设计要求。

检验方法：检查产品合格证、产品性能检测报告和材料进场检验报告。

2）补偿收缩混凝土的原材料及配合比必须符合设计要求。

检验方法：检查产品合格证、产品性能检测报告、计量措施和材料进场检验报告。

3）后浇带防水构造必须符合设计要求。

检验方法：观察检查和检查隐蔽工程验收记录。

4）采用掺膨胀剂的补偿收缩混凝土，其抗压强度、抗渗性能和限制膨胀率必须符合设计要求。

检验方法：检查混凝土抗压强度、抗渗性能和水中养护14d后的限制膨胀率检测报告。

（2）一般项目：

1）补偿收缩混凝土浇筑前，后浇带部位和外贴式止水带应采取保护措施。

检验方法：观察检查。

2）后浇带两侧的接缝表面应先清理干净，再涂刷混凝土界面处理剂或水泥基渗透结晶型防水涂料；后浇混凝土的浇筑时间应符合设计要求。

检验方法：观察检查和检查隐蔽工程验收记录。

3）遇水膨胀止水条应具有缓膨胀性能；止水条与施工缝基面应密贴，中间不得有空鼓、脱离等现象；止水条应牢固地安装在缝表面或预留凹槽内；止水条采用搭接连接时，搭接宽度不得小于30mm。遇水膨胀止水胶应采用专用注胶器挤出黏结在施工缝表面，并做到连续、均匀、饱满，无气泡和孔洞，挤出宽度及厚度应符合设计要求；止水胶挤出成形后，固化期内应采取临时保护措施；止水胶固化前不得浇筑混凝土。预埋注浆管应设置在施工缝断面中部，注浆管与施工缝基面应密贴并固定牢靠，固定间距宜为200~300mm；注浆导管与注浆管的连接应牢固、严密，导管埋入混凝土内的部分应与结构钢筋绑扎牢固，导管的末端应临时封堵严密。外贴式止水带的施工应符合7.2.1中"一般项目"中3）的规定。

检验方法：观察检查和检查隐蔽工程验收记录。

4）后浇带混凝土应一次浇筑，不得留施工缝；混凝土浇筑后应及时养护，养护时间不得少于28d。

检验方法：观察检查和检查隐蔽工程验收记录。

7.2.3 穿墙管

1. 质量控制要点

1）穿墙管防水施工时应符合下列要求：

①金属止水环应与主管或套管满焊密实，采用套管式穿墙防水构造时，翼环与套管应满焊密实，并应在施工前将套管内表面清理干净。

②相邻穿墙管间的间距应大于300mm。

③采用遇水膨胀止水圈的穿墙管，管径宜小于50mm，止水圈应采用胶粘剂满粘固定于管上，并应涂缓胀剂或采用缓胀型遇水膨胀止水圈。

2）穿墙管线较多时，宜相对集中，并应采用穿墙盒方法。穿墙盒的封口钢板应与墙上的预埋角钢焊严，并应从钢板上的预留浇注孔注入柔性密封材料或细石混凝土，如图7-13所示。

3）当工程有防护要求时，穿墙管除应采取防水措施外，尚应采用满足防护要求的措施。

4）穿墙管伸出外墙的部位，应采取防止回填时将管体损坏的措施。

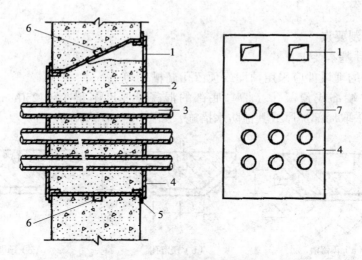

图 7 – 13　穿墙群管防水构造

1—浇注孔；2—柔性材料或细石混凝土；3—穿墙管；4—封口钢板；
5—固定角钢；6—遇水膨胀止水条；7—预留孔

2．质量检验与验收

（1）主控项目：

1）穿墙管用遇水膨胀止水条和密封材料必须符合设计要求。

检验方法：检查产品合格证、产品性能检测报告和材料进场检验报告。

2）穿墙管防水构造必须符合设计要求。

检验方法：观察检查和检查隐蔽工程验收记录。

（2）一般项目：

1）固定式穿墙管应加焊止水环或环绕遇水膨胀止水圈，并作好防腐处理；穿墙管应在主体结构迎水面预留凹槽，槽内应用密封材料嵌填密实。

检验方法：观察检查和检查隐蔽工程验收记录。

2）套管式穿墙管的套管与止水环及翼环应连续满焊，并作好防腐处理；套管内表面应清理干净，穿墙管与套管之间应用密封材料和橡胶密封圈进行密封处理，并采用法兰盘及螺栓进行固定。

检验方法：观察检查和检查隐蔽工程验收记录。

3）穿墙盒的封口钢板与混凝土结构墙上预埋的角钢应焊平，并从钢板上的预留浇注孔注入改性沥青密封材料或细石混凝土，封填后将浇注孔口用钢板焊接封闭。

检验方法：观察检查和检查隐蔽工程验收记录。

4）当主体结构迎水面有柔性防水层时，防水层与穿墙管连接处应增设加强层。

检验方法：观察检查和检查隐蔽工程验收记录。

5）密封材料嵌填应密实、连续、饱满，黏结牢固。

检验方法：观察检查和检查隐蔽工程验收记录。

7.2.4　埋设件

1. 质量控制要点

（1）埋设件基本要求：

1）结构上的埋设件应采用预埋或预留孔（槽）等。

2）埋设件端部或预留孔（槽）底部的混凝土厚度不得小于 250mm，当厚度小于 250mm 时，应采取局部加厚或其他防水措施，如图 7-14 所示。

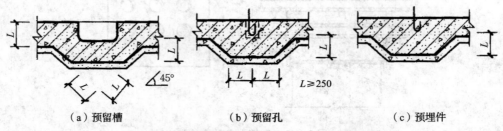

（a）预留槽　　　　　（b）预留孔　　　　　（c）预埋件

图 7-14　预埋件或预留孔（槽）处理示意

3）预留孔（槽）内的防水层，宜与孔（槽）外的结构防水层保持连续。

（2）埋设件防水处理：

1）预埋件处混凝土应力较集中，容易开裂，所以要求预埋件端部混凝土厚度≥200mm；当厚度<200mm 时，必须局部加厚和采取抗渗止水的措施，如图 7-15 所示。

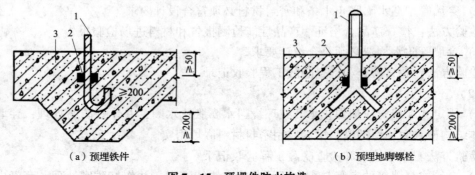

（a）预埋铁件　　　　　　　　　　（b）预埋地脚螺栓

图 7-15　预埋件防水构造

1—预埋件；2—SPJ 型或 BW 型遇水膨胀止水条；3—围护结构

2）防水混凝土外观平整，无露筋，无蜂窝、麻面、孔洞等缺陷，预埋件位置准确。

3）用加焊止水钢板的方法既简便又可获得一定防水效果（图 7-16）施工时，应注意将铁件及止水钢板周围的混凝土浇捣密实，以保证防水质量。

2. 质量检验与验收

（1）主控项目：

1）埋设件用密封材料必须符合设计要求。

检验方法：检查产品合格证、产品性能检测报告、材料进场检验报告。

2）埋设件防水构造必须符合设计要求。

检验方法：观察检查和检查隐蔽工程验收记录。

（2）一般项目：

1）埋设件应位置准确，固定牢靠；埋设件应进行防腐处理。

检验方法：观察、尺量和手扳检查。

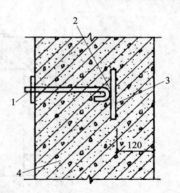

2）埋设件端部或预留孔、槽底部的混凝土厚度不得小于250mm；当混凝土厚度小于250mm时，应局部加厚或采取其他防水措施。

检验方法：尺量检查和检查隐蔽工程验收记录。

3）结构迎水面的埋设件周围应预留凹槽，凹槽内应用密封材料填实。

图 7–16 预埋件防水处理
1—预埋螺栓；2—焊缝；3—止水钢板；
4—防水混凝土结构

检验方法：观察检查和检查隐蔽工程验收记录。

4）用于固定模板的螺栓必须穿过混凝土结构时，可采用工具式螺栓或螺栓加堵头，螺栓上应加焊止水环。拆模后留下的凹槽应用密封材料封堵密实，并用聚合物水泥砂浆抹平。

检验方法：观察检查和检查隐蔽工程验收记录。

5）预留孔、槽内的防水层应与主体防水层保持连续。

检验方法：观察检查和检查隐蔽工程验收记录。

6）密封材料嵌填应密实、连续、饱满，黏结牢固。

检验方法：观察检查和检查隐蔽工程验收记录。

7.2.5 预留通道接头

1. 质量控制要点

1）预留通道接头处的最大沉降差值不得大于30mm。

2）预留通道接头应采取变形缝防水构造形式，如图7–17、图7–18所示。

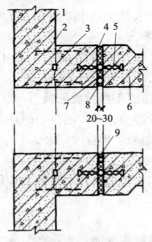

图 7–17 预留通道接头防水构造（一）
1—先浇混凝土结构；2—连接钢筋；3—遇水膨胀止水条（胶）；4—填缝材料；5—中埋式止水带；
6—后浇混凝土结构；7—遇水膨胀橡胶条（胶）；8—密封材料；9—填充材料

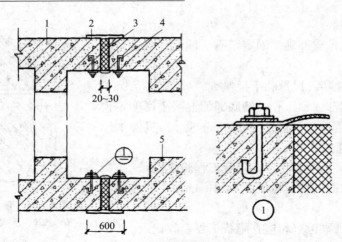

图 7-18 预留通道接头防水构造（二）
1—先浇混凝土结构；2—防水涂料；3—填缝材料；4—可卸式止水带；5—后浇混凝土结构

3）预留通道接头的防水施工应符合下列规定：

①预留通道先施工部位的混凝土、中埋式止水带和防水相关的预埋件等应及时保护，并应确保端部表面混凝土和中埋式止水带清洁，埋设件不得锈蚀。

②采用图 7-17 的防水构造时，在接头混凝土施工前应将先浇混凝土端部表面凿毛，露出钢筋或预埋的钢筋接驳器钢板，与待浇混凝土部位的钢筋焊接或连接好后再行浇筑。

③当先浇混凝土中未预埋可卸式止水带的预埋螺栓时，可选用金属或尼龙的膨胀螺栓固定可卸式止水带。采用金属膨胀螺栓时，可选用不锈钢材料或用金属涂膜、环氧涂料等涂层进行防锈处理。

2. 质量检验与验收

（1）主控项目：

1）预留通道接头用中埋式止水带、遇水膨胀止水条或止水胶、预埋注浆管、密封材料和可卸式止水带必须符合设计要求。

检验方法：检查产品合格证、产品性能检测报告、材料进场检验报告。

2）预留通道接头防水构造必须符合设计要求。

检验方法：观察检查和检查隐蔽工程验收记录。

3）中埋式止水带埋设位置应准确，其中间空心圆环与通道接头中心线应重合。

检验方法：观察检查和检查隐蔽工程验收记录。

（2）一般项目：

1）预留通道先浇混凝土结构、中埋式止水带和预埋件应及时保护，预埋件应进行防锈处理。

检验方法：观察检查。

2）遇水膨胀止水条应具有缓膨胀性能；止水条与施工缝基面应密贴，中间不得有空鼓、脱离等现象；止水条应牢固地安装在缝表面或预留凹槽内；止水条采用搭接连接时，搭接宽度不得小于 30mm。遇水膨胀止水胶应采用专用注胶器挤出黏结在施工缝表面，并做到连续、均匀、饱满，无气泡和孔洞，挤出宽度及厚度应符合设计要求；止水胶挤出成形后，固化期内应采取临时保护措施；止水胶固化前不得浇筑混凝土。预埋注浆管应设置在施工缝断面中部，注浆管与施工缝基面应密贴并固定牢靠，固定间距宜为 200 ~ 300mm；注浆导管与注浆管的连接应牢固、严密，导管埋入混凝土内的部分应与结构钢筋绑扎牢固，导管的末端应临时封堵严密。

检验方法：观察检查和检查隐蔽工程验收记录。

3）密封材料嵌填应紧实、连续、饱满，黏结牢固。

检验方法：观察检查和检查隐蔽工程验收记录。

4）用膨胀螺栓固定可卸式止水带时，止水带与紧固件压块以及止水带与基面之间应结合紧密。采用金属膨胀螺栓时，应选用不锈钢材料或进行防锈处理。

检验方法：观察检查和检查隐蔽工程验收记录。

5）预留通道接头外部应设保护墙。

检验方法：观察检查和检查隐蔽工程验收记录。

7.2.6 桩头

1. 质量控制要点

1）桩头防水设计应符合下列规定：

①桩头所用防水材料应具有良好的黏结性、湿固化性；

②桩头防水材料应与垫层防水层连为一体。

2）桩头防水施工应符合下列规定：

①应按设计要求将桩顶剔凿至混凝土密实处，并应清洗干净；

②破桩后如发现渗漏水，应及时采取堵漏措施；

③涂刷水泥基渗透结晶型防水涂料时，应连续、均匀，不得少涂或漏涂，并应及时进行养护；

④采用其他防水材料时，基面应符合施工要求；

⑤应对遇水膨胀止水条（胶）进行保护。

3）桩头防水构造形式如图 7 – 19、图 7 – 20 所示。

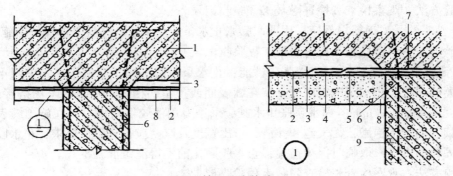

图 7 – 19 桩头防水构造（一）

1—结构底板；2—底板防水层；3—细石混凝土保护层；4—防水层；5—水泥基渗透结晶型防水涂料；
6—桩基受力筋；7—遇水膨胀止水条（胶）；8—混凝土垫层；9—桩基混凝土

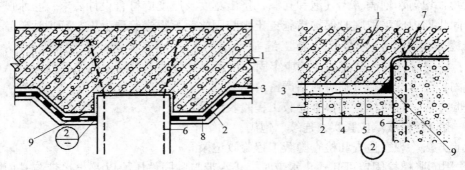

图 7 – 20　桩头防水构造（二）

1—结构底板；2—底板防水层；3—细石混凝土保护层；4—聚合物水泥防水砂浆；
5—水泥基渗透结晶型防水涂料；6—桩基受力筋；7—遇水膨胀止水条（胶）；
8—混凝土垫层；9—密封材料

2．质量检验与验收

（1）主控项目：

1）桩头用聚合物水泥防水砂浆、水泥基渗透结晶型防水涂料、遇水膨胀止水条或止水胶和密封材料必须符合设计要求。

检验方法：检查产品合格证、产品性能检测报告和材料进场检验报告。

2）桩头防水构造必须符合设计要求。

检验方法：观察检查和检查隐蔽工程验收记录。

3）桩头混凝土应密实，如发现渗漏水应及时采取封堵措施。

检验方法：观察检查和检查隐蔽工程验收记录。

（2）一般项目：

1）桩头顶面和侧面裸露处应涂刷水泥基渗透结晶型防水涂料，并延伸到结构底板垫层 150mm 处；桩头四周 300mm 范围内应抹聚合物水泥防水砂浆过渡层。

检验方法：观察检查和检查隐蔽工程验收记录。

2）结构底板防水层应做在聚合物水泥防水砂浆过渡层上并延伸至桩头侧壁，其与桩头侧壁接缝处应采用密封材料嵌填。

检验方法：观察检查和检查隐蔽工程验收记录。

3）桩头的受力钢筋根部应采用遇水膨胀止水条或止水胶，并应采取保护措施。

检验方法：观察检查和检查隐蔽工程验收记录。

4）遇水膨胀止水条应具有缓膨胀性能；止水条与施工缝基面应密贴，中间不得有空鼓、脱离等现象；止水条应牢固地安装在缝表面或预留凹槽内；止水条采用搭接连接时，搭接宽度不得小于 30mm。遇水膨胀止水胶应采用专用注胶器挤出黏结在施工缝表面，并做到连续、均匀、饱满，无气泡和孔洞，挤出宽度及厚度应符合设计要求；止水胶挤出成形后，固化期内应采取临时保护措施；止水胶固化前不得浇筑混凝土。

检验方法：观察检查和检查隐蔽工程验收记录。

5）密封材料嵌填应密实、连续、饱满，黏结牢固。

检验方法：观察检查和检查隐蔽工程验收记录。

7.2.7 孔口

1. 质量控制要点

1）地下工程通向地面的各种孔口应采取防地面水倒灌的措施。人员出入口高出地面的高度宜为 500mm，汽车出入口设置明沟排水时，其高度宜为 150mm，并应采取防雨措施。

2）窗井的底部在最高地下水位以上时，窗井的底板和墙应做防水处理，并宜与主体结构断开，如图 7 – 21 所示。

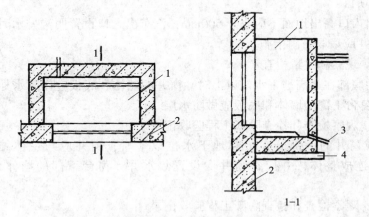

图 7 – 21　窗井防水构造
1—窗井；2—主体结构；3—排水管；4—垫层

3）窗井或窗井的一部分在最高地下水位以下时，窗井应与主体结构连成整体，其防水层也应连成整体，并应在窗井内设置集水井，如图 7 – 22 所示。

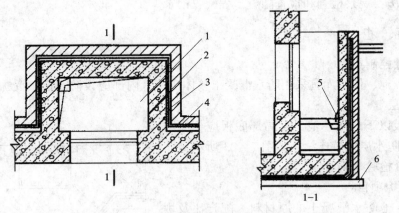

图 7 – 22　窗井与主体相连防水示意图
1—窗井；2—防水层；3—主体结构；4—防水层保护层；5—集水井；6—垫层

4）无论地下水位高低，窗台下部的墙体和底板应做防水层。

5）窗井内的底板，应低于窗下缘 300mm。窗井墙高出地面不得小于 500mm。窗井外地面应做散水，散水与墙面间应采用密封材料嵌填。

6）通风口应与窗井同样处理，竖井窗下缘离室外地面高度不得小于500mm。

2. 质量检验与验收

（1）主控项目：

1）孔口用防水卷材、防水涂料和密封材料必须符合设计要求。

检验方法：检查产品合格证、产品性能检测报告、材料进场检验报告。

2）孔口防水构造必须符合设计要求。

检验方法：观察检查和检查隐蔽工程验收记录。

（2）一般项目：

1）人员出入口高出地面不应小于500mm；汽车出入口设置明沟排水时，其高出地面宜为150mm，并应采取防雨措施。

检验方法：观察和尺量检查。

2）窗井的底部在最高地下水位以上时，窗井的墙体和底板应作防水处理，并宜与主体结构断开。窗台下部的墙体和底板应做防水层。

检验方法：观察检查和检查隐蔽工程验收记录。

3）窗井或窗井的一部分在最高地下水位以下时，窗井应与主体结构连成整体，其防水层也应连成整体，并应在窗井内设置集水井。窗台下部的墙体和底板应做防水层。

检验方法：观察检查和检查隐蔽工程验收记录。

4）窗井内的底板应低于窗下缘300mm。窗井墙高出室外地面不得小于500mm；窗井外地面应做散水，散水与墙面间应采用密封材料嵌填。

检验方法：观察检查和尺量检查。

5）密封材料嵌填应密实、连续、饱满，黏结牢固。

检验方法：观察检查和检查隐蔽工程验收记录。

7.2.8　坑、池

1. 质量控制要点

1）坑、池、储水库宜采用防水混凝土整体浇筑，内部应设防水层。受振动作用时应设柔性防水层。

2）底板以下的坑、池，其局部底板应相应降低，并应使防水层保持连续，如图7-23所示。

2. 质量检验与验收

（1）主控项目：

1）坑、池防水混凝土的原材料、配合比及坍落度必须符合设计要求。

检验方法：检查产品合格证、产品性能检测报告、计量措施和材料进场检验报告。

2）坑、池防水构造必须符合设计要求。

检验方法：观察检查和检查隐蔽工程验收

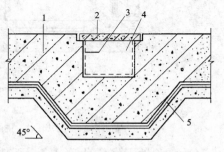

图7-23　底板下坑、池的防水构造
1—底板；2—盖板；3—坑、池防水层；
4—坑、池；5—主体结构防水层

记录。

3）坑、池、储水库内部防水层完成后，应进行蓄水试验。

检验方法：观察检查和检查蓄水试验记录。

（2）一般项目：

1）坑、池、储水库宜采用防水混凝土整体浇筑，混凝土表面应坚实、平整，不得有露筋、蜂窝和裂缝等缺陷。

检验方法：观察检查和检查隐蔽工程验收记录。

2）坑、池底板的混凝土厚度不应小于250mm；当底板的厚度小于250mm时，应采取局部加厚措施，并应使防水层保持连续。

检验方法：观察检查和检查隐蔽工程验收记录。

3）坑、池施工完后，应及时遮盖和防止杂物堵塞。

检验方法：观察检查。

7.3　特殊施工法结构防水工程

7.3.1　锚喷支护

1. 质量控制要点

1）喷射混凝土施工前，应根据围岩裂隙及渗漏水的情况，预先采用引排或注浆堵水。

采用引排措施时，应采用耐侵蚀、耐久性好的塑料丝盲沟或弹塑性软式导水管等导水材料。

2）锚喷支护用作工程内衬墙时，应符合下列规定：

①宜用于防水等级为三级的工程。

②喷射混凝土宜掺入速凝剂、膨胀剂或复合型外加剂、钢纤维与合成纤维等材料，其品种及掺量应通过试验确定。

③喷射混凝土的厚度应大于80mm，对地下工程变截面及轴线转折点的阳角部位，应增加50mm以上厚度的喷射混凝土。

④喷射混凝土设置预埋件时，应采取防水处理。

⑤喷射混凝土终凝2h后，应喷水养护，养护时间不得少于14d。

3）锚喷支护作为复合式衬砌的一部分时，应符合下列规定：

①宜用于防水等级为一、二级工程的初期支护。

②锚喷支护的施工应符合2）中②~⑤的规定。

4）锚喷支护、塑料防水板、防水混凝土内衬的复合式衬砌，应根据工程情况选用，也可将锚喷支护和离壁式衬砌、衬套结合使用。

2. 质量检验与验收

（1）主控项目：

1）喷射混凝土所用原材料、混合料配合比及钢筋网、锚杆、钢拱架等必须符合设计要求。

检验方法：检查产品合格证、产品性能检测报告、计量措施和材料进场检验报告。

2）喷射混凝土抗压强度、抗渗性能和锚杆抗拔力必须符合设计要求。

检验方法：检查混凝土抗压强度、抗渗性能检验报告和锚杆抗拔力检验报告。

3）锚喷支护的渗漏水量必须符合设计要求。

检验方法：观察检查和检查渗漏水检测记录。

（2）一般项目：

1）喷层与围岩以及喷层之间应黏结紧密，不得有空鼓现象。

检验方法：用小锤轻击检查。

2）喷层厚度有60%以上检查点不应小于设计厚度，最小厚度不得小于设计厚度的50%，且平均厚度不得小于设计厚度。

检验方法：用针探法或凿孔法检查。

3）喷射混凝土应密实、平整，无裂缝、脱落、漏喷、露筋。

检验方法：观察检查。

4）喷射混凝土表面平整度 D/L 不得大于1/6。

检验方法：尺量检查。

7.3.2　地下连续墙

1. 质量控制要点

1）地下连续墙应根据工程要求和施工条件划分单元槽段，宜减少槽段数量。墙体幅间接缝应避开拐角部位。

2）地下连续墙用作主体结构时，应符合下列规定：

①单层地下连续墙不应直接用于防水等级为一级的地下工程墙体。单墙用于地下工程墙体时，应使用高分子聚合物泥浆护壁材料。

②墙的厚度宜大于600mm。

③应根据地质条件选择护壁泥浆及配合比，遇有地下水含盐或受化学污染时，泥浆配合比应进行调整。

④单元槽段整修后墙面平整度的允许偏差不宜大于50mm。

⑤浇筑混凝土前应清槽、置换泥浆和清除沉渣，沉渣厚度不应大于100mm，并应将接缝面的泥皮、杂物清理干净。

⑥钢筋笼浸泡泥浆时间不应超过10h，钢筋保护层厚度不应小于70mm。

⑦幅间接缝应采用工字钢或十字钢板接头，锁口管应能承受混凝土浇筑时的侧压力，浇筑混凝土时不得发生位移和混凝土绕管。

⑧胶凝材料用量不应少于400kg/m³，水胶比小于0.55，坍落度不得小于180mm，石子粒径不宜大于导管直径的1/8。浇筑导管埋入混凝土深度宜为1.5~3m，在槽段端部的浇筑导管与端部的距离宜为1~1.5m，混凝土浇筑应连续进行。冬期施工时应采取保温措施，墙顶混凝土未达到设计强度50%时，不得受冻。

⑨支撑的预埋件应设置止水片或遇水膨胀止水条（胶），支撑部位及墙体的裂缝、孔

洞等缺陷应采用防水砂浆及时修补；墙体幅间接缝如有渗漏，应采用注浆、嵌填弹性密封材料等进行防水处理，并应采取引排措施。

⑩底板混凝土应达到设计强度后方可停止降水，并应将降水井封堵密实。

⑪墙体与工程顶板、底板、中楼板的连接处均应凿毛，并应清洗干净，同时应设置1~2道遇水膨胀止水条（胶），接驳器处宜喷涂水泥基渗透结晶型防水涂料或涂抹聚合物水泥防水砂浆。

3）地下连续墙与内衬构成的复合式衬砌，应符合下列规定：

①应用作防水等级为一、二级的工程。

②应根据基坑基础形式、支撑方式和内衬构造特点选择防水层。

③墙体施工应符合2）中③~⑩的规定，并按设计规定对墙面、墙缝渗漏水进行处理，并应在基面找平满足设计要求后施工防水层及浇筑内衬混凝土。

④内衬墙应采用防水混凝土浇筑。施工缝、变形缝和诱导缝的防水措施应按表7-3选用，并应与地下连续墙墙缝互相错开。施工要求应符合《地下工程防水技术规范》GB 50108—2008第4.1节和第5.1节的有关规定。

表7-3 明挖法地下工程防水设防

工程部位		主体结构								施工缝					后浇带			变形缝、诱导缝				
防水措施		防水混凝土	防水卷材	防水涂料	塑料防水板	膨润土防水材料	防水砂浆	金属板	遇水膨胀止水条或止水胶	外贴式止水带	中埋式止水带	外抹防水砂浆	外涂防水涂料	水泥基渗透结晶型防水涂料	预埋注浆管	补偿收缩混凝土	外贴式止水带	预埋注浆管	遇水膨胀止水条或止水胶	中埋式止水带	外贴式止水带	可卸式止水带	防水密封材料	外贴防水卷材	外涂防水涂料
防水等级	一级	应选	应选一种至二种						应选二种						应选	应选二种		应选	应选二种			
	二级	应选	应选一种						应选一种至二种						应选	应选一种至二种		应选	应选一种至二种			
	三级	应选	宜选一种						宜选一种至二种						应选	宜选一种至二种		应选	宜选一种至二种			
	四级	宜选	—						宜选一种						应选	宜选一种		应选	宜选一种			

4）地下连续墙作为围护并与内衬墙构成叠合结构时，其抗渗等级要求可比表7－4规定的设计抗渗等级降低一级；地下连续墙与内衬墙构成分离式结构时，可不要求地下连续墙的混凝土抗渗等级。

表7－4　防水混凝土设计抗渗等级

工程埋置深度 H（m）	设计抗渗等级
$H < 10$	P6
$10 \leqslant H < 20$	P8
$20 \leqslant H < 30$	P10
$H \geqslant 30$	P12

注：1. 本表适用于Ⅰ、Ⅱ、Ⅲ类围岩（土层及软弱围岩）。
　　2. 山岭隧道防水混凝土的抗渗等级可按国家现行有关标准执行。

2. 质量检验与验收

（1）主控项目：

1）防水混凝土的原材料、配合比以及坍落度必须符合设计要求。

检验方法：检查产品合格证、产品性能检测报告、计量措施和材料进场检验报告。

2）防水混凝土的抗压强度和抗渗性能必须符合设计要求。

检验方法：检查混凝土抗压强度、抗渗性能检验报告。

3）地下连续墙的渗漏水量必须符合设计要求。

检验方法：观察检查和检查渗漏水检测记录。

（2）一般项目：

1）地下连续墙的槽段接缝构造应符合设计要求。

检验方法：观察检查和检查隐蔽工程验收记录。

2）地下连续墙墙面不得有露筋、露石和夹泥现象。

检验方法：观察检查。

3）地下连续墙墙体表面平整度，临时支护墙体允许偏差应为50mm，单一或复合墙体允许偏差应为30mm。

检验方法：尺量检查。

7.3.3　盾构隧道

1. 质量控制要点

1）盾构法施工的隧道，宜采用钢筋混凝土管片、复合管片等装配式衬砌或现浇混凝土衬砌。衬砌管片应采用防水混凝土制作。当隧道处于侵蚀性介质的地层时，应采取相应的耐侵蚀混凝土或外涂耐侵蚀的外防水涂层的措施。当处于严重腐蚀地层时，可同时采取耐侵蚀混凝土和外涂耐侵蚀的外防水涂层措施。

2）不同防水等级盾构隧道衬砌防水措施应符合表7-5的要求。

表7-5 不同防水等级盾构隧道的衬砌防水措施

措施选择 防水措施 防水等级	高精度管片	接缝防水				混凝土内衬或其他内衬	外防水涂料
		密封垫	嵌缝	注入密封剂	螺孔密封圈		
一级	必选	必选	全隧道或部分区段应选	可选	必选	宜选	对混凝土有中等以上腐蚀的地层应选，在非腐蚀地层宜选
二级	必选	必选	部分区段宜选	可选	必选	局部宜选	对混凝土有中等以上腐蚀的地层宜选
三级	应选	必选	部分区段宜选	—	应选		对混凝土有中等以上腐蚀的地层宜选
四级	可选	宜选	可选	—	—	—	—

3）钢筋混凝土管片应采用高精度钢模制作，钢模宽度及弧、弦长允许偏差宜为-0.4mm。钢筋混凝土管片制作尺寸的允许偏差应符合下列规定：

①宽度应为±1mm；

②弧、弦长应为±1mm；

③厚度应为+3mm，-1mm。

4）管片防水混凝土的抗渗等级应符合表7-4的规定，且不得小于P8。管片应进行混凝土氯离子扩散系数或混凝土渗透系数的检测，并宜进行管片的单块抗渗检漏。

5）管片应至少设置一道密封垫沟槽。接缝密封垫宜选择具有合理构造形式、良好弹性或遇水膨胀性、耐久性、耐水性的橡胶类材料，其外形应与沟槽相匹配。弹性橡胶密封垫材料、遇水膨胀橡胶密封垫胶料的物理性能应符合表7-6和表7-7的规定。

表7-6 弹性橡胶密封垫材料物理性能

项 目	指 标	
	氯丁橡胶	三元乙丙橡胶
硬度（邵尔A，度）	45±5～60±5	55±5～70±5
伸长率（%）	≥350	≥330
拉伸强度（MPa）	≥10.5	≥9.5

续表 7－6

项　　目		指　　标	
		氯丁橡胶	三元乙丙橡胶
热空气老化 （70℃×96h）	硬度变化值（邵尔 A，度）	≤＋8	≤＋6
	拉伸强度变化率（%）	≥－20	≥－15
	扯断伸长率变化率（%）	≥－30	≥－30
压缩永久变形（70℃×24h,%）		≤35	≤28
防霉等级		达到与优于 2 级	达到与优于 2 级

注：以上指标均为成品切片测试的数据，若只能以胶料制成试样测试，则其伸长率、拉伸强度的性能数据应达到本规定的 120% 。

表 7－7　遇水膨胀橡胶密封垫胶料的主要物理性能

项　　目		指　　标		
		PZ－150	PZ－250	PZ－400
硬度（邵尔 A，度）		42±7	42±7	45±7
拉伸强度（MPa）		≥3.5	≥3.5	≥3.0
扯断伸长率（%）		≥450	≥450	≥350
体积膨胀倍率（%）		≥150	≥250	≥400
反复浸水试验	拉伸强度（MPa）	≥3	≥3	≥2
	扯断伸长率（%）	≥350	≥350	≥250
	体积膨胀倍率（%）	≥150	≥250	≥300
低温弯折（－20℃×2h）		无裂纹		
防霉等级		达到与优于 2 级		

注：1. 成品切片测试应达到本指标的 80% 。
　　2. 接头部位的拉伸强度指标不得低于本指标的 50% 。
　　3. 体积膨胀倍率是浸泡前后的试样质量的比率。

6）管片接缝密封垫应被完全压入密封垫沟槽内，密封垫沟槽的截面积应大于或等于密封垫的截面积，其关系宜符合下式：

$$A = (1 \sim 1.15) A_0 \tag{7-1}$$

式中　A——密封垫沟槽截面积；

　　　A_0——密封垫截面积。

管片接缝密封垫应满足在计算的接缝最大张开量和估算的错位量下、埋深水头的 2～3 倍水压下不渗漏的技术要求；重要工程中选用的接缝密封垫，应进行一字缝或十字缝水密性的试验检测。

7）螺孔防水应符合下列规定：

①管片肋腔的螺孔口应设置锥形倒角的螺孔密封圈沟槽。

②螺孔密封圈的外形应与沟槽相匹配，并应有利于压密止水或膨胀止水。在满足止水的要求下，螺孔密封圈的断面宜小。

螺孔密封圈应为合成橡胶或遇水膨胀橡胶制品，其技术指标要求应符合表 7 - 6 和表 7 - 7 的规定。

8）嵌缝防水应符合下列规定：

①在管片内侧环纵向边沿设置嵌缝槽，其深度比不应小于 2.5，槽深宜为 25 ~ 55mm，单面槽宽宜为 5 ~ 10mm；嵌缝槽断面构造形状应符合图 7 - 24 的规定。

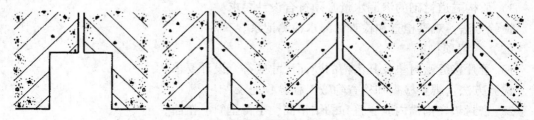

图 7 - 24　管片嵌缝槽断面构造形式

②嵌缝材料应有良好的不透水性、潮湿基面黏结性、耐久性、弹性和抗下坠性。

③应根据隧道使用功能和表 8 - 9 中的防水等级要求，确定嵌缝作业区的范围与嵌填嵌缝槽的部位，并采取嵌缝堵水或引排水措施。

④嵌缝防水施工应在盾构千斤顶顶力影响范围外进行。同时，应根据盾构施工方法、隧道的稳定性确定嵌缝作业开始的时间。

⑤嵌缝作业应在接缝堵漏和无明显渗水后进行，嵌缝槽表面混凝土如有缺损，应采用聚合物水泥砂浆或特种水泥修补，强度应达到或超过混凝土本体的强度。嵌缝材料嵌填时，应先刷涂基层处理剂，嵌填应密实、平整。

9）复合式衬砌的内层衬砌混凝土浇筑前，应将外层管片的渗漏水引排或封堵。采用塑料防水板等夹层防水层的复合式衬砌，应根据隧道排水情况选用相应的缓冲层和防水板材料，并应按《地下工程防水技术规范》GB 50108—2008 第 4.5 节和第 6.4 节的有关规定执行。

10）管片外防水涂料宜采用环氧或改性环氧涂料等封闭型材料、水泥基渗透结晶型或硅氧烷类等渗透自愈型材料，并应符合下列规定：

①耐化学腐蚀性、抗微生物侵蚀性、耐水性、耐磨性应良好，且应无毒或低毒。

②在管片外弧面混凝土裂缝宽度达到 0.3mm 时，应仍能在最大埋深处水压下不渗漏。

③应具有防杂散电流的功能，体积电阻率应高。

11）竖井与隧道结合处，可用刚性接头，但接缝宜采用柔性材料密封处理，并宜加固竖井洞圈周围土体。在软土地层距竖井结合处一定范围内的衬砌段，宜增设变形缝。变形缝环面应贴设垫片，同时应采用适应变形量大的弹性密封垫。

12）盾构隧道的连接通道及其与隧道接缝的防水应符合下列规定：

①采用双层衬砌的连接通道，内衬应采用防水混凝土。衬砌支护与内衬间宜设塑料防水板与土工织物组成的夹层防水层，并宜配以分区注浆系统加强防水。

②当采用内防水层时，内防水层宜为聚合物水泥砂浆等抗裂防渗材料。

③连接通道与盾构隧道接头应选用缓膨胀型遇水膨胀类止水条（胶）、预留注浆管以

及接头密封材料。

2. 质量检验与验收

（1）主控项目：

1）盾构隧道衬砌所用防水材料必须符合设计要求。

检验方法：检查产品合格证、产品性能检测报告、计量措施和材料进场检验报告。

2）钢筋混凝土管片的抗压强度和抗渗性能必须符合设计要求。

检验方法：检查混凝土抗压强度、抗渗性能检验报告和管片单块检漏测试报告。

3）盾构隧道衬砌的渗漏水量必须符合设计要求。

检验方法：观察检查和检查渗漏水检测记录。

（2）一般项目：

1）管片接缝密封垫及其沟槽的断面尺寸应符合设计要求。

检验方法：观察检查和检查隐蔽工程验收记录。

2）密封垫在沟槽内应套箍和黏结牢固，不得歪斜、扭曲。

检验方法：观察检查。

3）管片嵌缝槽的深度比及断面构造形式、尺寸应符合设计要求。

检验方法：观察检查和检查隐蔽工程验收记录。

4）嵌缝材料嵌填应密实、连续、饱满、表面平整、密贴牢固。

检验方法：观察检查和检查隐蔽工程验收记录。

5）管片的环向及纵向螺栓应全部穿进并拧紧；衬砌内表面的外露铁件防腐处理应符合设计要求。

检验方法：观察检查。

7.3.4　沉井

1. 质量控制要点

1）沉井主体应采用防水混凝土浇筑，分别制作时，施工缝的防水措施应根据其防水等级按表 7－3 选用。

2）沉井施工缝的施工应符合 7.1.1 中 1.11）的规定。固定模板的螺栓穿过混凝土井壁时，螺栓部位的防水处理应符合 7.1.1 中 1.14）的规定。

3）沉井的干封底应符合下列规定：

①下水位应降至底板底高程 500mm 以下，降水作业应在底板混凝土达到设计强度，且沉井内部结构完成并满足抗浮要求后，方可停止。

②封底前井壁与底板连接部位应凿毛或涂刷界面处理剂，并应清洗干净。

③待垫层混凝土达到 50% 设计强度后，浇筑混凝土底板，应一次浇筑，并应分格连续对称进行。

④降水用的集水井应采用微膨胀混凝土填筑密实。

4）沉井水下封底应符合下列规定：

①水下封底宜采用水下不分散混凝土，其坍落度宜为 200±20mm。

②封底混凝土应在沉井全部底面积上连续均匀浇筑，浇筑时导管插入混凝土深度不宜

③封底混凝土应达到设计强度后，方可从井内抽水，并应检查封底质量，对渗漏水部位应进行堵漏处理。

④防水混凝土底板应连续浇筑，不得留设施工缝，底板与井壁接缝处的防水措施应按表7-3选用，施工要求应符合7.1.1中1.11）的规定。

5）当沉井与位于不透水层内的地下工程连接时，应先封住井壁外侧含水层的渗水通道。

2. 质量检验与验收

（1）主控项目：

1）沉井混凝土的原材料、配合比及坍落度必须符合设计要求。

检验方法：检查产品合格证、产品性能检测报告、计量措施和材料进场检验报告。

2）沉井混凝土的抗压强度和抗渗性能必须符合设计要求。

检验方法：检查混凝土抗压强度、抗渗性能检验报告。

3）沉井的渗漏水量必须符合设计要求。

检验方法：观察检查和检查渗漏水检测记录。

（2）一般项目：

1）沉井干封底和水下封底的施工应符合本节1.中3）和4）的规定。

检验方法：观察检查和检查隐蔽工程验收记录。

2）沉井底板与井壁接缝处的防水处理应符合设计要求。

检验方法：观察检查和检查隐蔽工程验收记录。

7.3.5 逆筑结构

1. 质量控制要点

1）直接采用地下连续墙作围护的逆筑结构，应符合7.3.2中1.1）和2）的规定。

2）采用地下连续墙和防水混凝土内衬的复合逆筑结构，应符合下列规定：

①可用于防水等级为一、二级的工程；

②地下连续墙的施工应符合7.3.2中1.2）的③~⑧、⑩的规定；

③顶板、楼板及下部500mm的墙体应同时浇筑，墙体的下部应做成斜坡形；斜坡形下部应预留300~500mm空间，并应待下部先浇混凝土施工14d后再行浇筑；浇筑前所有缝面应凿毛、清理干净，并应设置遇水膨胀止水条（胶）和预埋注浆管。上部施工缝设置遇水膨胀止水条时，应使用胶粘剂和射钉（或水泥钉）固定牢靠。浇筑混凝土应采用补偿收缩混凝土，见图7-25。

④底板应连续浇筑，不宜留设施工缝，底板与桩头相交处的防水处理应符合《地下工程防水技术规范》GB 50108—2008第5.6节的有关规定。

3）采用桩基支护逆筑法施工时，应符合下列规定：

①应用于各防水等级的工程。

②侧墙水平、垂直施工缝，应采取二道防水措施。

③逆筑施工缝、底板、底板与桩头的接触做法应符合本节2）中③、④的规定。

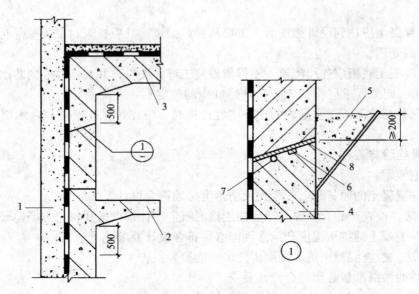

图 7 – 25   逆筑法施工接缝防水构造

1—地下连续墙；2—楼板；3—顶板；4—补偿收缩混凝土；5—应凿去的混凝土；

6—遇水膨胀止水条或预埋注浆管；7—遇水膨胀止水胶；8—黏结剂

2．质量检验与验收

（1）主控项目：

1）补偿收缩混凝土的原材料、配合比及坍落度必须符合设计要求。

检验方法：检查产品合格证、产品性能检测报告、计量措施和材料进场检验报告。

2）内衬墙接缝用遇水膨胀止水条或止水胶和预埋注浆管必须符合设计要求。

检验方法：检查产品合格证、产品性能检测报告和材料进场检验报告。

3）逆筑结构的渗漏水量必须符合设计要求。

检验方法：观察检查和检查渗漏水检测记录。

（2）一般项目：

1）逆筑结构的施工应符合《地下防水工程质量验收规范》GB 50208—2011 第 6.5.2
条和第 6.5.3 条的规定。

检验方法：观察检查和检查隐蔽工程验收记录。

2）遇水膨胀止水条应具有缓膨胀性能；止水条与施工缝基面应密贴，中间不得有空
鼓、脱离等现象；止水条应牢固地安装在缝表面或预留凹槽内；止水条采用搭接连接时，
搭接宽度不得小于 30mm。遇水膨胀止水胶应采用专用注胶器挤出黏结在施工缝表面，并
做到连续、均匀、饱满，无气泡和孔洞，挤出宽度及厚度应符合设计要求；止水胶挤出成
形后，固化期内应采取临时保护措施；止水胶固化前不得浇筑混凝土。预埋注浆管应设置
在施工缝断面中部，注浆管与施工缝基面应密贴并固定牢靠，固定间距宜为 200 ~
300mm；注浆导管与注浆管的连接应牢固、严密，导管埋入混凝土内的部分应与结构钢筋
绑扎牢固，导管的末端应临时封堵严密。

检验方法：观察检查和检查隐蔽工程验收记录。

7.4 排 水 工 程

1. 质量控制要点

1）纵向盲沟铺设前，应将基坑底铲平，并应按设计要求铺设碎砖（石）混凝土层。

2）集水管应放置在过滤层中间。

3）盲管应采用塑料（无纺布）带、水泥钉等固定在基层上，固定点拱部间距宜为300～500mm，边墙宜为1000～1200mm，在不平处应增加固定点。

4）环向盲管宜整条铺设，需要有接头时，宜采用与盲管相配套的标准接头及标准三通连接。

5）铺设于贴壁式衬砌、复合式衬砌隧道或坑道中的盲沟（管），在浇灌混凝土前，应采用无纺布包裹。

6）无砂混凝土管连接时，可采用套接或插接，连接应牢固，不得扭曲变形和错位。

7）隧道或坑道内的排水明沟及离壁式衬砌夹层内的排水沟断面，应符合设计要求，排水沟表面应平整、光滑。

8）不同沟、槽、管应连接牢固，必要时可外加无纺布包裹。

2. 质量检验与验收

（1）渗排水、盲沟排水：

1）主控项目：

①盲沟反滤层的层次和粒径组成必须符合设计要求。

检验方法：检查砂、石试验报告和隐蔽工程验收记录。

②集水管的埋置深度及坡度必须符合设计要求。

检验方法：观察和尺量检查。

2）一般项目：

①渗排水构造应符合设计要求。

检验方法：观察检查和检查隐蔽工程验收记录。

②渗排水层的铺设应分层、铺平、拍实。

检验方法：观察检查和检查隐蔽工程验收记录。

③盲沟排水构造应符合设计要求。

检验方法：观察检查和检查隐蔽工程验收记录。

④集水管采用平接式或承插式接口应连接牢固，不得扭曲变形和错位。

检验方法：观察检查。

（2）隧道排水、坑道排水：

1）主控项目：

①盲沟反滤层的层次和粒径必须符合设计要求。

检验方法：检查砂、石试验报告。

②无砂混凝土管、硬质塑料管或软式透水管必须符合设计要求。

检验方法：检查产品合格证和产品性能检测报告。

③隧道、坑道排水系统必须畅通。

检验方法：观察检查。

2）一般项目：

①盲沟、盲管及横向导水管的管径、间距、坡度均应符合设计要求。

检验方法：观察和尺量检查。

②隧道或坑道内排水明沟及离壁式衬砌外排水沟，其断面尺寸及坡度应符合设计要求。

检验方法：观察和尺量检查。

③盲管应与岩壁或初期支护密贴，并应固定牢固；环向、纵向盲管接头宜与盲管相配套。

检验方法：观察检查。

④贴壁式、复合式衬壁的盲沟与混凝土衬砌接触部位应做隔浆层。

检验方法：观察检查和检查隐蔽工程验收记录。

（3）塑料排水板排水：

1）主控项目：

①塑料排水板和土工布必须符合设计要求。

检验方法：检查产品合格证和产品性能检测报告。

②塑料排水板排水层必须与排水系统连通，不得有堵塞现象。

检验方法：观察检查。

2）一般项目：

①塑料排水板排水层构造做法应符合《地下防水工程质量验收规范》GB 50208—2011 第7.3.3 条的规定。

检验方法：观察检查和检查隐蔽工程验收记录。

②塑料排水板的搭接宽度和搭接方法应符合《地下防水工程质量验收规范》GB 50208—2011 第7.3.4 条的规定。

检验方法：观察和尺量检查。

③土工布铺设应平整、无折皱；土工布的搭接宽度和搭接方法应符合《地下防水工程质量验收规范》GB 50208—2011 第7.3.6 条的规定。

检验方法：观察和尺量检查。

7.5　注浆工程

1. 质量控制要点

1）注浆孔数量、布置间距、钻孔深度除应符合设计要求外，尚应符合下列规定：

①注浆孔深小于 10m 时，孔位最大允许偏差应为 100mm，钻孔偏斜率最大允许偏差应为 1%。

②注浆孔深大于 10m 时，孔位最大允许偏差应为 50mm，钻孔偏斜率最大允许偏差应为 0.5%。

2）岩石地层或衬砌内注浆前，应将钻孔冲洗干净。

3）注浆前，应进行测定注浆孔吸水率和地层吸浆速度等参数的压水试验。

4）回填注浆时，对岩石破碎、渗漏水量较大的地段，宜在衬砌与围岩间采用定量、重复注浆法分段设置隔水墙。

5）回填注浆、衬砌后围岩注浆施工顺序，应符合下列规定：

①应沿工程轴线由低到高，由下往上，从少水处到多水处。

②在多水地段，应先两头，后中间。

③对竖井应由上往下分段注浆，在本段内应从下往上注浆。

6）注浆过程中应加强监测，当发生围岩或衬砌变形、堵塞排水系统、窜浆、危及地面建筑物等异常情况时，可采取下列措施：

①降低注浆压力或采用间歇注浆，直到停止注浆。

②改变注浆材料或缩短浆液凝胶时间。

③调整注浆实施方案。

7）单孔注浆结束的条件，应符合下列规定：

①预注浆各孔段均应达到设计要求并应稳定 10min，且进浆速度应为开始进浆速度的 1/4 或注浆量达到设计注浆量的 80%。

②衬砌后回填注浆及围岩注浆应达到设计终压。

③其他各类注浆，应满足设计要求。

8）预注浆和衬砌后围岩注浆结束前，应在分析资料的基础上，采取钻孔取芯法对注浆效果进行检查，必要时应进行压（抽）水试验。当检查孔的吸水量大于1.0L/（min·m)时，应进行补充注浆。

9）注浆结束后，应将注浆孔及检查孔封填密实。

2．质量检验与验收

（1）预注浆、后注浆：

1）主控项目：

①配制浆液的原材料及配合比必须符合设计要求。

检验方法：检查产品合格证、产品性能检测报告、计量措施和材料进场检验报告。

②预注浆和后注浆的注浆效果必须符合设计要求。

检验方法：采用钻孔取芯法检查；必要时采取压水或抽水试验方法检查。

2）一般项目：

①注浆孔的数量、布置间距、钻孔深度及角度应符合设计要求。

检验方法：尺量检查和检查隐蔽工程验收记录。

②注浆各阶段的控制压力和注浆量应符合设计要求。

检验方法：观察检查和检查隐蔽工程验收记录。

③注浆时浆液不得溢出地面和超出有效注浆范围。

检验方法：观察检查。

④注浆对地面产生的沉降量不得超过30mm，地面的隆起不得超过20mm。

检验方法：用水准仪测量。

（2）结构裂缝注浆：

1）主控项目：

①注浆材料及配合比必须符合设计要求。

检验方法：检查产品合格证、产品性能检测报告、计量措施和材料进场检验报告。

②结构裂缝注浆的注浆效果必须符合设计要求。

检验方法：观察检查和压水或压气检查，必要时钻取芯样采取劈裂抗拉强度试验方法检查。

2）一般项目：

①注浆孔的数量、布置间距、钻孔深度及角度应符合设计要求。

检验方法：尺量检查和检查隐蔽工程验收记录。

②注浆各阶段的控制压力和注浆量应符合设计要求。

检验方法：观察检查和检查隐蔽工程验收记录。

8 建筑装饰装修工程质量控制

8.1 抹 灰 工 程

8.1.1 一般抹灰

1. 质量控制要点

1）一般抹灰应在基体或基层的质量检查合格后进行。

2）各分项工程的检验批应按下列规定划分：

①相同材料、工艺和施工条件的室外抹灰工程每 500~1000m² 应划分为一个检验批，不足 500m² 也应划分为一个检验批。

②相同材料、工艺和施工条件的室内抹灰工程每 50 个自然间（大面积房间和走廊按抹灰面积 30m² 为一间）应划分为一个检验批，不足 50 间也应划分为一个检验批。

③检查数量应符合下列规定：

a. 室内每个检验批应至少抽查 10%，并不得少于 3 间，不足 3 间时应全数检查。

b. 室外每个检验批每 100m² 应至少抽查 1 处，每处不得小于 10m²。

3）一般抹灰工程施工顺序通常应先室外后室内，先上面后下面，先顶棚后地面。高层建设采取措施后，也可分段进行。

4）高级抹灰施工的环境温度不应低于 5℃，中级和普通抹灰施工的环境温度应在 0℃以上。

5）抹灰前，砖石、混凝土等基体表面的灰尘、污垢和油渍等应清除干净，砌块的空壳要凿掉，光滑的混凝土表面要进行凿毛处理，并洒水湿润。

6）抹灰前，应纵横拉通线，有与抹灰层相同砂浆设置标志或标筋。

7）各种砂浆的抹灰层，在凝结前，应防止快干、水冲、撞击和振动。凝结后，应采取措施防止玷污和损坏。

8）水泥砂浆不得抹在石灰砂浆层上。

9）抹灰的面层应在踢脚板、门窗贴脸板和挂镜线等木制品安装前进行涂抹。

10）抹灰线用的模子，其线型、楞角等均应符合设计要求，并按墙面、柱面找平后的平水线确定灰线位置。

11）抹灰用的石膏的熟化期不应少于 15d；罩面用的磨细石灰粉的熟化期不应少于 3d。

12）室内外墙面、柱面和六洞口的阳角做法应符合设计要求，设计无要求时，应采用 1:2 水泥砂浆做暗护角，其高度不应低于 2m，每侧宽度不应小于 50mm。

13）当要求抹灰层具有防水、防潮功能时，应采用防水砂浆。

14）外墙抹灰工程施工前应先安装钢木门窗框、护栏等，并应将墙上的施工孔洞堵塞密实。

15）外墙窗台、窗楣、雨篷、阳台、压顶主突出腰线等，上面应做流水坡度，下面应做滴水线或滴水槽，滴水槽的深度和宽度均不应小于10mm，并整齐一致。窗洞、外窗台应在窗框安装验收合格，框与墙体间缝隙填嵌实符合要求后进行。

2．质量检验与验收

（1）主控项目：

1）抹灰前基层表面的尘土、污垢、油渍等应清除干净，并应洒水润湿。

检验方法：检查施工记录。

2）一般抹灰所用材料的品种和性能应符合设计要求。水泥的凝结时间和安定性复验应合格。砂浆的配合比应符合设计要求。

检验方法：检查产品合格证书、进场验收记录、复验报告和施工记录。

3）抹灰工程应分层进行。当抹灰总厚度大于或等于35mm时，应采取加强措施。不同材料基体交接处表面的抹灰，应采取防止开裂的加强措施，当采用加强网时，加强网与各基体的搭接宽度不应小于100mm。

检验方法：检查隐蔽工程验收记录和施工记录。

4）抹灰层与基层之间及各抹灰层之间必须黏结牢固，抹灰层应无脱层、空鼓，面层应无爆灰和裂缝。

检验方法：观察；用小锤轻击检查，检查施工记录。

（2）一般项目：

1）一般抹灰工程的表面质量应符合下列规定：

①普通抹灰表面应光滑、洁净、接槎平整，分格缝应清晰。

②高级抹灰表面应光滑、洁净、颜色均匀、无抹纹，分格缝和灰线应清晰美观。

检验方法：观察、手摸检查。

2）护角、孔洞、槽、盒周围的抹灰表面应整齐、光滑，管道后面的抹灰表面应平整。

检验方法：观察。

3）抹灰层的总厚度应符合设计要求；水泥砂浆不得抹在石灰砂浆层上；罩面石膏灰不得抹在水泥砂浆层上。

检验方法：检查施工记录。

4）抹灰分格缝的设置应符合设计要求，宽度和深度应均匀，表面应光滑，棱角应整齐。

检验方法：观察、尺量检查。

5）有排水要求的部位应做滴水线（槽）。滴水线（槽）应整齐顺直，滴水线应内高外低，滴水槽宽度和深度均不应小于10mm。

检验方法：观察、尺量检查。

6）一般抹灰工程质量的允许偏差和检验方法应符合表8-1的规定。

表 8 - 1　一般抹灰的允许偏差和检验方法

项次	项　目	允许偏差（mm）		检 验 方 法
		普通抹灰	高级抹灰	
1	立面垂直度	4	3	用 2m 垂直检测尺检查
2	表面平整度	4	3	用 2m 靠尺和塞尺检查
3	阴阳角方正	4	3	用直角检测尺检查
4	分格条（缝）直线度	4	3	拉 5m 线，不足 5m 拉通线，用钢直尺检查
5	墙裙、勒脚上口直线度	4	3	拉 5m 线，不足 5m 拉通线，用钢直尺检查

　　注：1. 普通抹灰，本表第 3 项阴角方正可不检查。
　　　　2. 顶棚抹灰，本表第 2 项表面平整度可不检查，但应平顺。

8.1.2　装饰抹灰

1. 质量控制要点

1）装饰抹灰的基体与基层质量检验合格后方可进行。基层必须清理干净，使抹灰层与基层黏结牢。

2）装配式混凝土外墙板，其外墙面和接缝不平处以及缺楞掉角处，用水泥砂浆修补后，可直接进行喷涂、滚涂、弹涂。

3）装饰抹面层应在已硬化、粗糙而平整的中层砂浆面上，涂抹前应洒水湿润。

4）装饰抹灰面层的施工缝，应留在分格缝、墙面阴角，水落管背后或独立组成部分的边缘处。每个分块必须连续作业，不显接槎。

5）喷涂、弹涂等工艺在阴雨天时不得施工；干黏石等工艺在大风天气不宜施工。

6）装饰抹灰的周围的墙面、窗口等部位，应采取有效措施，进行遮挡，以防污染。

7）装饰抹灰的材料、配合比、面层颜色和图案要符合设计要求，以达到理想的装饰效果，为此，应预先做出样板（一个样品或标准间），经建设、设计、施工、监理四方共同鉴定合格后，方可大面积施工。

2. 质量检验与验收

（1）主控项目：

1）抹灰前基层表面的尘土、污垢、油渍等应清除干净，并应洒水润湿。

检验方法：检查施工记录。

2）装饰抹灰工程所用材料的品种和性能应符合设计要求。水泥的凝结时间和安定性复验应合格。砂浆的配合比应符合设计要求。

检验方法：检查产品合格证书、进场验收记录、复验报告和施工记录。

3）抹灰工程应分层进行。当抹灰总厚度大于或等于 35mm 时，应采取加强措施。不同材料基体交接处表面的抹灰，应采取防止开裂的加强措施，当采用加强网时，加强网与各基体的搭接宽度不应小于100mm。

检验方法：检查隐蔽工程验收记录和施工记录。

4）各抹灰层之间及抹灰层与基体之间必须黏结牢固，抹灰层应无脱层、空鼓和裂缝。

检验方法：观察、用小锤轻击检查；检查施工记录。

（2）一般项目：

1）装饰抹灰工程的表面质量应符合下列规定：

①水刷石表面应石粒清晰、分布均匀、紧密平整、色泽一致，应无掉粒和接槎痕迹。

②斩假石表面剁纹应均匀顺直、深浅一致，应无漏剁处，阳角处应横剁并留出宽窄一致的不剁边条，棱角应无损坏。

③干黏石表面应色泽一致、不露浆、不漏黏，石粒应黏结牢固、分布均匀，阳角处应无明显黑边。

④假面砖表面应平整、沟纹清晰、留缝整齐、色泽一致，应无掉角、脱皮、起砂等缺陷。

检验方法：观察、手摸检查。

2）装饰抹灰分格条（缝）的设置应符合设计要求，宽度和深度应均匀，表面应平整光滑，棱角应整齐。

检验方法：观察。

3）有排水要求的部位应做滴水线（槽）。滴水线（槽）应整齐顺直，滴水线应内高外低，滴水槽的宽度和深度均不应小于10mm。

检验方法：观察、尺量检查。

4）装饰抹灰工程质量的允许偏差和检验方法应符合表8-2的规定。

表8-2　装饰抹灰的允许偏差和检验方法

项次	项　目	允许偏差（mm）				检 验 方 法
		水刷石	斩假石	干黏石	假面砖	
1	立面垂直度	5	4	5	5	用2m靠尺和塞尺检查
2	表面平整度	3	3	5	4	用2m靠尺和塞尺检查
3	阳角方正	3	3	4	4	用直角检测尺检查
4	分格条（缝）直线度	3	3	3	3	用5m线，不足5m拉通线，用钢直尺检查
5	墙裙、勒脚上口直线度	3	3	—	—	用5m线，不足5m拉通线，用钢直尺检查

8.2　门窗工程

8.2.1　木门窗制作与安装工程

1.质量控制要点

（1）木门窗制作：

1）放样。放样是根据施工图纸上设计好的木构件，按照 1:1 的比例将木构件画出来，采用杉木制成样板（或样棒），双面刨光，厚约为 25mm，宽等于门窗樘子梃的截面宽，长比门窗长度大 200mm 左右，经过仔细校核后才能使用。放样是配料、裁料和划线的依据，在使用的过程中，注意保持其划线的清晰，不得使其弯曲或折断。

2）配料、裁料。根据下料单进行长短搭配下料，不得大材小用、长材短用。

①毛料断面尺寸均预留出刨光消耗量，一般一面刨光留 3mm，两面刨光留 5mm。

②长度加工余量见表 8-3。

表 8-3　门窗构件长度加工余量

构 件 名 称	加 工 余 量
门框立梃	按图纸规格放长 7cm
门窗框冒头	按图纸放长 10cm，无走头时放长 4cm
门窗框中冒头、窗框中竖梃	按图纸规格放长 1cm
门窗扇梃	按图纸规格放长 4cm
门窗扇冒头、玻璃棂子	按图纸规格放长 1cm
门扇中冒头	在五根以上者，有一根可考虑做半榫
门芯板	按图纸冒头及扇梃内净距放长各 2cm

③配料时还需注意木材的缺陷，节疤应避开眼和榫头的部位，防止凿劈或榫头断掉，起线部位也禁止有节疤。

裁料时应按设计留出余头，以保证质量。

3）刨料。刨料时，宜将纹理清晰的材料面作为正面，樘子料可任选一个窄面为正面，门、窗框的梃及冒头可只刨三面，不刨靠墙的一面；门、窗扇的梃和上冒头也可先刨三面，靠樘子的一面施工时再进行修刨。刨完后，应按同规格、同类型、同材质的樘扇料分别堆放，上、下对齐。每个正面相合，堆垛下面要垫实平整，加强防潮处理。

4）划线。划线是按门窗的构造要求，在各根刨好的木料上划出样线，打眼线、榫线等。榫、眼尺寸应符合设计要求，规格必须一致，一般先做样品，经审查合格后再全部划线。

门窗樘一般采用平肩插。樘梃宽超过 80mm 时，要画双实榫；门扇梃厚度超过 60mm 时，要画双头榫。60mm 以下画单榫。冒头料宽度大于 180mm 者，一般画上下双榫。榫眼厚度一般是料厚的 $1/4 \sim 1/3$。半榫眼深度一般不大于料截面的 $1/3$，冒头拉肩应和榫吻合，尺寸会略大一点。

成批画线应在画线架上进行。把门窗料叠放在架子上，用螺钉拧紧固定，然后用丁字尺一次画下来，或用墨斗直接弹线下来，不仅准确而且迅速，并标识出门窗料的背面或正面，再标注出全眼还是半眼，透榫还是半榫。用木工三角尺将正面眼线画到背面，并画好倒棱、裁口线，这样就已画好所有的线。一般应遵循的原则是：先正面后背面、先榫眼后冒头、先全眼后半眼、先透榫后半榫。

5）打眼。打眼之前，应选择好凿刀，凿出的眼，顺木纹两侧要直，不得出错槎。全眼应先打背面，先将凿刀沿榫眼线向里，顺着木纹方向凿到一定深度，然后凿横纹方向，凿到一半时，翻转过来再打正面直至贯穿。眼的正面要留半条墨线，反面不留线，但比正面略宽。这样装榫头时，可减少冲击，以免挤裂眼口四周。成批生产时，采用的是机械制作，因此要经常核对位置和尺寸。

6）开榫、拉肩。开榫又称倒卯，就是按榫头线纵向锯开。拉肩就是锯掉榫头两旁的肩头，通过开榫和拉肩操作就制成了榫头。开榫、拉肩均要留出半个墨线。锯出的榫头要方正、平直，榫眼处完整无损，没有被拉肩时锯伤。半榫的长度应比半眼的深度少 2～3mm。锯成的榫要求方正，不能伤榫眼。楔头倒棱，以防装楔头时将眼背面胀裂。机械加工时操作要领与人工一致。

7）裁口、倒角。裁口即刨去框的一个方形角，以供安装玻璃时用。用裁口刨子或歪嘴刨，快刨到线时，用单线刨子刨，刨到为止。裁好的口要求方正平直，防止出现起毛、凹凸不平的现象。

8）拼装。拼装前要对构件进行检查，要求构件顺直、方正、线脚整齐分明、表面光滑、尺寸规格、式样符合设计要求，并用细刨将遗留墨线刨光。门窗框的组装，是在一根边梃的眼里，再装上另一边的梃；用锤轻轻敲打拼合，敲打时要垫木块，防止打坏榫头或留下敲打的痕迹。待整个拼好归方以后，再将所有样头敲实，锯断露出的排头。拼装时，先在楔头内抹上胶，再用锤轻轻敲打拼合。门窗扇的组装方法与门窗框基本相同。但木扇有门芯板，施工前须先把门芯板按尺寸裁好，一般门芯板下料尺寸比设计尺寸小 3～5mm，门芯板的四边应去棱，刨光净。然后，再把一根门梃平放，将冒头逐个装入，门芯板嵌入冒头与门梃的凹槽内，随后将另一根门梃的眼对准榫装入，并用锤敲紧。

门窗框、扇组装好后，为使其成为一个结实的整体，必须在眼中加木楔，将榫在眼中挤紧。木楔长度为榫头的 2/3，宽度比眼宽窄。楔子头用铲顺木纹铲尖，加楔时应先检查门窗框、扇的方正，掌握其歪扭程度，以便在加楔时调整、纠正。

为了防止木门窗在施工、运输过程中发生变形，应在门框锯口处钉拉杆，在窗框的四个角上钉八字撑杆。拉杆在楼地面施工完成后方可锯掉，八字撑杆在窗户安装完成后即可锯掉。

9）码放：

①加工好的门窗框、扇，应码放在库房内。库房地面应平整，下垫垫木（离地为200mm），搁置平稳，以防门窗框、扇变形。库房内应通风良好，保持室内干燥，保证产品不受潮和暴晒。

②按门窗型号分类码放，不得紊乱。

③门窗框靠砌体的一面应刷好防腐剂、防潮剂。

（2）木门窗安装：

1）木门窗框的安装：

①将门窗框用木楔临时固定在门窗洞口内的相应位置。

②用水平尺校正框冒头的水平度，用吊线坠校正框的正、侧面垂直度。

③高档硬木门框应用钻打孔，木螺钉拧固，并拧进木框5mm，并用同等木补孔。

④ 用砸扁钉帽的钉子钉牢在木砖上。钉帽要冲入木框内1～2mm，每块木砖要钉两处。

2）木门窗扇的安装

①量出樘口净尺寸，考虑留缝宽度。确定门窗扇的高、宽尺寸，先画出中间缝处的中线，再画出边线，为保证梃宽一致，应四边画线。

②若门窗扇高、宽尺寸过小，可在下边或装合页一边用胶和钉子绑钉刨光的木条。钉帽砸扁，钉入木条内1～2mm，然后锯掉余头再刨平。

③若门窗扇高、宽尺寸过大，则应刨去多余部分。修刨时应先锯余头，再行修刨。门窗扇为双扇时，应先作打叠高低缝，并以开启方向的右扇压左扇。

④平开扇的底边，上悬扇的下边，中悬扇的上下边，下悬扇的上边等与框接触且容易发生摩擦的边，应刨成1mm斜面。

⑤试装门窗扇时，应先用木楔塞在门窗扇的下边，然后再检查缝隙，并注意玻璃芯子和窗楞是否平直对齐。合格后画出合页的位置线，剔槽装合页。

3）木门窗配件的安装

①所有小五金必须用木螺钉固定安装，严禁用钉子代替。使用木螺钉时，首先用手锤钉入全长的1/3，接着用旋具（螺丝刀）拧入。当木门窗为硬木时，先钻孔径为木螺钉直径0.9倍的孔，孔深为木螺钉全长的2/3，然后再拧入木螺钉。

②铰链距门窗扇上下两端的距离为扇高的1/10，且避开上下冒头。安好后必须灵活。

③门窗拉手应位于门窗扇中线以下，窗拉手距地面宜为1.5～1.6m。

④门锁距地面高0.9～1.05m，应错开边梃的榫头和中冒头。

⑤门插销位于门拉手下边。装窗插销时应先固定插销底板，再关窗打插销压痕、凿孔，打入插销。

⑥窗风钩应装在窗框下冒头与窗扇下冒头夹角处，使窗开启后呈90°角，并使上下各层窗扇开启后整齐划一。

⑦小五金应安装齐全，固定可靠，位置适宜。

⑧门扇开启后易碰墙的门，为固定门扇应安装门吸。

2．质量检验与验收

（1）主控项目：

1）木门窗的木材品种、材质等级、规格、尺寸、框扇的线型及人造木板的甲醛含量应符合设计要求。设计未规定材质等级时，所用木材的质量应符合表8－4和表8－5的规定。

表 8 - 4　普通木门窗用木材的质量要求

木材缺陷		门窗扇的立梃、冒头、中冒头	窗棂、压条、门窗及气窗的线脚、通风窗立梃	门心板	门窗框
活节	不计个数,直径(mm)	<15	<5	<15	<15
	计算个数,直径	≤材宽的 1/3	≤材宽的 1/3	≤30mm	≤材宽的 1/3
	任 1 延米个数	≤3	≤2	≤3	≤5
死节		允许,计入活节总数	不允许	允许,计入活节总数	
髓心		不露出表面的,允许	不允许	不露出表面的,允许	
裂缝		深度及长度不大于厚度及材长的 1/5	不允许	允许可见裂缝	深度及长度不大于厚度及材长的 1/4
斜纹的斜率(%)		≤7	≤5	不限	≤12
油眼		非正面,允许			
其他		浪形纹理、圆形纹理、偏心及化学变色,允许			

表 8 - 5　高级木门窗用木材的质量要求

木材缺陷		木门窗的立梃、冒头、中冒头	窗棂、压条、门窗及气窗的线脚、通风窗立梃	门心板	门窗框
活节	不计个数,直径(mm)	<10	<5	<10	<10
	计算个数,直径	≤材宽的 1/4	≤材宽的 1/4	≤20mm	≤材宽的 1/3
	任 1 延米个数	≤2	0	≤2	≤3
死节		允许,包括在活节总数中	不允许	允许,包括在活节总数中	不允许
髓心		不露出表面的,允许	不允许	不露出表面的,允许	
裂缝		深度及长度不大于厚度及材长的 1/6	不允许	允许可见裂缝	深度及长度不大于厚度及材长的 1/5
斜纹的斜率(%)		≤6	≤4	≤15	≤10
油眼		非正面,允许			
其他		浪形纹理、圆形纹理、偏心及化学变色,允许			

检验方法：观察、检查材料进场验收记录和复验报告。

2）木门窗应采用烘干的木材，含水率应符合现行行业标准的规定。

检验方法：检查材料进场验收记录。

3）木门窗的防火、防腐、防虫处理应符合设计要求。

检验方法：观察、检查材料进场验收记录。

4）门窗的结合处和安装配件处不得有木节或已填补的木节。木门窗如有允许限值以内的死节及直径较大的虫眼时，应用同一材质的木塞加胶填补。对于清漆制品，木塞的木纹和色泽应与制品一致。

检验方法：观察。

5）门窗框和厚度大于50mm的门窗扇应用双榫连接。榫槽应采用胶料严密嵌合，并应用胶楔加紧。

检验方法：观察、手扳检查。

6）胶合板门、纤维板门和模压门不得脱胶。胶合板不得刨透表层单板，不得有戗槎。制作胶合板门、纤维板门时，边框和横楞应在同一平面上，面层、边框及横楞应加压胶结。横楞和上、下冒头应各钻两个以上的透气孔，透气孔应通畅。

检验方法：观察。

7）木门窗的品种、类型、规格、开启方向、安装位置及连接方式应符合设计要求。

检验方法：观察、尺量检查、检查成品门的产品合格证书。

8）木门窗框的安装必须牢固。预埋木砖的防腐处理、木门窗框固定点的数量、位置及固定方法应符合设计要求。

检验方法：观察、手扳检查、检查隐蔽工程验收记录和施工记录。

9）木门窗扇必须安装牢固，并应开关灵活，关闭严密，无倒翘。

检验方法：观察、开启和关闭检查、手扳检查。

10）木门窗配件的型号、规格、数量应符合设计要求，安装应牢固，位置应正确，功能应满足使用要求。

检验方法：观察、开启和关闭检查、手扳检查。

（2）一般项目：

1）木门窗表面应洁净，不得有刨痕、锤印。

检验方法：观察。

2）木门窗的割角、拼缝应严密平整。门窗框、扇裁口应顺直，刨面应平整。

检验方法：观察。

3）木门窗上的槽、孔应边缘整齐，无毛刺。

检验方法：观察。

4）木门窗与墙体间缝隙的填嵌材料应符合设计要求，填嵌应饱满。寒冷地区外门窗（或门窗框）与砌体间的空隙应填充保温材料。

检验方法：轻敲门窗框检查；检查隐蔽工程验收记录和施工记录。

5）木门窗批水、盖口条、压缝条、密封条安装应顺直，与门窗结合应牢固、严密。

检验方法：观察、手扳检查。

6）木门窗制作的允许偏差和检验方法应符合表8-6的规定。

表8-6 木门窗制作的允许偏差和检验方法

项 目	构件名称	允许偏差（mm）		检 验 方 法
		普通	高级	
翘曲	框	3	2	将框、扇平放在检查平台上，用塞尺检查
	扇	2	2	
对角线长度差	框、扇	3	2	用钢尺检查，框量裁口里角，扇量外角
表面平整度	扇	2	2	用1m靠尺和塞尺检查
高度、宽度	框	0；-2	0；-1	用钢尺检查，框量裁口里角，扇量外角
	扇	+2；0	+1；0	
裁口、线条结合处高低差	框、扇	1	0.5	用钢直尺和塞尺检查
相邻棂子两端间距	扇	2	1	用钢直尺检查

7）木门窗安装的留缝限值、允许偏差和检验方法应符合表8-7的规定。

表8-7 木门窗安装的留缝限值、允许偏差和检验方法

项 目		留缝限值（mm）		允许偏差（mm）		检 验 方 法
		普通	高级	普通	高级	
门窗槽口对角线长度差		—	—	3	2	用钢尺检查
门窗框的正、侧面垂直度		—	—	2	1	用1m垂直检测尺检查
框与扇、扇与扇接缝高低差		—	—	2	1	用钢直尺和塞尺检查
门窗扇对口缝		1~2.5	1.5~2	—	—	用塞尺检查
工业厂房双扇大门对口缝		2~5	—	—	—	
门窗扇与上框间留缝		1~2	1~1.5	—	—	
门窗扇与侧框间留缝		1~2.5	1~1.5	—	—	用塞尺检查
窗扇与下框间留缝		2~3	2~2.5	—	—	
门扇与下框间留缝		3~5	3~4	—	—	
双层门窗内外框间距		—	—	4	3	用钢尺检查
无下框时门扇与地面间留缝	外门	4~7	5~6	—	—	用塞尺检查
	内门	5~8	6~7	—	—	
	卫生间门	8~12	8~10	—	—	
	厂房大门	10~20				

8.2.2 金属门窗安装工程

1. 质量控制要点

（1）钢门窗安装：

1）弹控制线。钢门窗安装前，应在距地面、楼面500mm高的墙面上弹出一条水平控制线；再按门窗的安装标高、尺寸和开启方向，在墙体预留洞口四周弹出门窗落位线。若为双层钢窗，钢窗之间的距离应符合设计规定或生产厂家的产品要求；如设计无具体规定，两窗扇之间的净距应不小于100mm。

2）立钢门窗、校正。将钢门窗塞入洞口内，用对拔木楔（或称木榫）做临时固定。木楔固定钢门窗的位置，须应设置于框梃端部和门窗四角（图8-1），否则容易产生变形。此后即用吊线锤、水平尺及对角线尺量等方法，校正门窗框的水平与垂直度，同时调整木楔，使门窗达到横平竖直、高低一致。待同一墙面相邻的门窗就位固定后，再拉水平通线找齐；上下层窗框吊线应找垂直，以做到上下层顺直、左右通平。

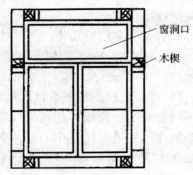

图8-1 木楔的位置

3）门窗框固定。在实际工程中，钢门窗框的固定方法多有不同，最常用的一种做法是采用 3mm × （12~18）mm × （100~150）mm 的扁钢铁脚，其一端与预埋铁件焊牢，或是用水泥砂浆或豆石混凝土埋入墙内，另一端用螺钉与门窗框拧紧。另外，也有的用一端带有倒刺形状的圆铁埋入墙内，另一端用装有母螺钉圆头螺钉将门窗框旋牢。

另外一种做法是先把门窗以对拔木楔临时固定于洞口内，再用电钻（钻头为 $\phi5.5mm$）通过门窗框上的 $\phi7mm$ 孔眼在墙体上钻成 $\phi5.6 \sim \phi5.8mm$ 的孔，孔深约为35mm，把预制的 $\phi6mm$ 钢钉强行打入孔内挤紧。固定钢门窗后拔除木楔并在周边抹灰，洞口尺寸与钢门窗边距应小于30mm，木楔应先拆两侧的而后再拔除上下者，但在镶砖和灰缝处不能采用此法，不允许先立樘后进行砌筑或浇筑。

4）安装小五金和附件：

①安装门窗小五金，宜在装饰完内外墙面后进行。高级建筑应在安装玻璃前将机螺丝拧在框上，待油漆做完后再安装小五金。

②安装零附件之前，应检查门窗在洞口内是否牢固，开启是否灵活，关闭是否严密。如有缺陷应立即进行调整，合格后方可安装零附件。

③五金零件应按照生产厂家提供的装配图经试装鉴定合格后，方可全面进行安装。

④密封条应在钢门窗的最后一遍涂料干燥后，按型号安装压实。如用直条密封条时，拐角处必须裁成45°角，再粘成直角安装。密封条应比门窗扇的密封槽口尺寸长10~20mm，避免收缩引起局部不密封现象。

⑤各类五金零件的转动和滑动配合处应灵活且无卡阻现象。

⑥装配螺钉，拧紧后不得松动，埋头螺钉不得高于零件表面。

⑦钢门上的灰尘应及时擦拭干净。

5）安装纱门窗：

①纱门窗扇如有变形，应校正后方可安装。

②宽、高大于 1400mm 的纱扇，应在装纱前，在纱扇中用木条临时支撑，以防窗纱凹陷影响使用。

③检查压纱条和扇是否配套后，再将纱切成比实际尺寸大 50mm。绷纱时先用机螺丝拧入上下压纱条再装两侧压纱条，切除多余纱头，然后将机螺丝的纱扣剔平，用钢板锉锉平。

④金属纱装完后，统一刷油漆。交工前再将纱门窗扇安在钢门窗框上，最后在纱门上安装护纱条和拉手。

（2）铝合金门窗安装：

1）预埋件安装。主体结构施工时，门窗洞口和洞口预埋件，应按施工图规定预留、预埋。

2）弹安装线。按照设计图纸和墙面 +50cm 水平基准线，在门窗洞口墙体和地面上弹出门窗安装位置线。超高层或高层建筑的外墙窗口，必须用经纬仪从顶层到底层逐层施测边线，再量尺定中心线。各洞口中心线从顶层到底层偏差应不超过 ±5mm。同一楼层水平标高偏差不应大于 5mm。周边安装缝应满足装饰要求，一般不应小于25mm。

3）门窗就位

①在安装前后，铝框上的保护膜不要撕除或损坏。

②框子安装在洞口的安装线上，调整正、侧面水平度、垂直度和对角线合格后，用对拔木楔临时固定。木楔应垫在边框能受力的部位，避免框子被挤压变形。

③组合门窗应先按设计要求进行预拼装，然后先装通长拼樘料，后装分段拼樘料，最后安装基本门窗框的顺序进行。门窗框横向及竖向组合应采用套插，搭接应形成曲面组合，搭接量一般不少于10mm，以避免因门窗冷热伸缩和建筑物变形而引起的门窗之间裂缝。缝隙需用密封胶条密封。组合方法如图 8-2 所示。

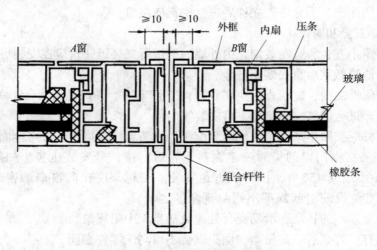

图 8-2 铝合金门窗组合方法示意

④组合门窗拼樘料如需加强时，其加强型材应采取防腐措施。连接部位采用镀锌螺钉（图 8 - 3）。

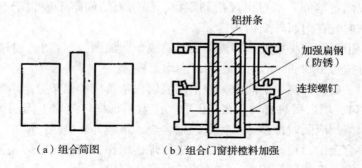

（a）组合简图　　　　　　（b）组合门窗拼樘料加强

图 8 - 3　铝合金组合门窗拼樘料加强示意

4）门窗框固定：

①根据在洞口上弹出的门、窗位置线，应符合设计要求，将门、窗框立于墙的中心线部位或内侧，使门、窗框表面与饰面层相适应。

②将铝合金门、窗框临时用木楔固定，待检查立面垂直、左右间隙大小、上下位置一致，均符合要求后，再将镀锌锚板固定在门、窗洞口内。

③铝合金门、窗框上的锚固板与墙体的固定方法有膨胀螺钉固定法、射钉固定法以及燕尾铁脚固定法等，如图 8 - 4 所示。

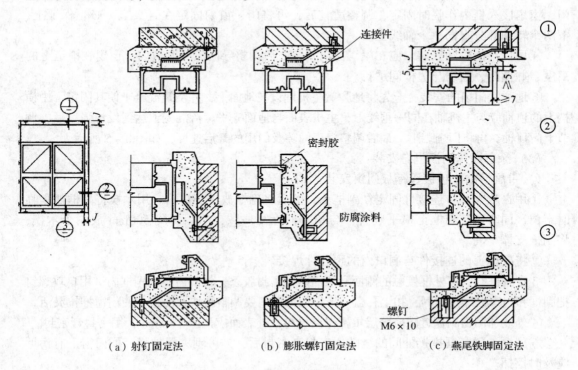

（a）射钉固定法　　　　（b）膨胀螺钉固定法　　　　（c）燕尾铁脚固定法

图 8 - 4　锚固板与墙体固定方法

④锚固板是铝合金门、窗框与墙体固定的连接件，锚固板的一端固定在门、窗框的外侧，另一端固定在密实的洞口墙体内。

⑤锚固板应固定牢固，不得出现松动现象，锚固板的间距不应大于500mm。如有条件时，锚固板方向宜在内、外交错布置。

⑥大型窗、带型窗的拼接处，如需增设槽钢或角钢加固，则其上、下部要与预埋钢板焊接，预埋件可按每1000mm的间距在洞口内均匀设置。

⑦铝合金门、窗框与洞口的间隙，应采用玻璃棉毡条或矿棉条分层填塞，缝隙表面留5～8mm深的槽口，填嵌密封材料。在施工中，注意不得损坏门窗上面的保护膜；如表面沾上了水泥砂浆，则应随时擦净，以免腐蚀铝合金，影响外表美观。

⑧严禁在铝合金门、窗框上连接地线以进行焊接工作，当固定铁码与洞口预埋件焊接时，门、窗框上要盖上橡胶石棉布，避免焊接时烧伤门窗。

⑨严禁采用安装完毕的门、窗框搭设和捆绑脚手架，避免损坏门、窗框。

⑩竣工后，剥去门、窗框上的保护膜，如有油污、脏物，可用醋酸乙酯擦洗（醋酸乙酯系易燃品，操作时应特别注意防火）。

5）门窗扇安装：

①铝合金门、窗扇的安装　应在室内外装修基本完工后进行。

②推拉门、窗扇的安装　配好的门、窗扇分内扇和外扇，先将外扇插入上滑道的外槽内，便自然下落于对应的下滑道的外滑道内，然后再用同样的方法安装内扇。

③平开门、窗扇的安装　应先把合页按规定的位置固定在铝合金门、窗框上，然后将门、窗扇嵌入框内作临时固定，调整适宜后，再将门、窗扇固定在合页上，必须保证上、下两个转动部分在同一个轴线上。

④可调导向轮的安装　应在门、窗扇安装之后调整导向轮，调节门、窗扇在滑道上的高度，并使门、窗扇与边框间平行。

⑤地弹簧门扇的安装　应先将地弹簧主机埋设在地面上，并浇筑混凝土使其固定。中横档上的顶轴应与主机轴在同一垂线上，主机表面与地面齐平。待混凝土达到设计强度后，调节上门顶轴，再将门扇装上，最后调整门扇间隙及门扇的开启速度，如图8-5所示。

（3）涂色镀锌钢板门窗安装：

1）带副框的涂色镀锌钢板门窗安装：

①用自攻螺丝将连接件固定在副框上，然后将副框放进洞口内。用木楔将副框四角临时定位，同时调整副框至横平竖直，与相邻框标高一致，然后每隔500mm放一个木楔，将副框支撑牢固。

②将副框上的连接件与洞口内的预埋件焊接。

③在副框与门窗外框接触的侧面和顶面贴上密封胶条，将门窗镶入副框内，用自攻螺钉把副框和门窗框连接牢固，扣上孔盖。推拉门窗框扇要调整滑块及滑道，使门窗推拉灵活。

④外墙与门窗副框缝隙应分层填塞保温材料，外表面应预留5～8mm，用密封膏密封。

⑤副框与门窗框拼接处间的缝隙用密封膏密封后，方可剥去保护膜。如门窗上有污垢应及时擦掉。

带副框涂色镀锌钢板门窗安装节点如图8-6所示。

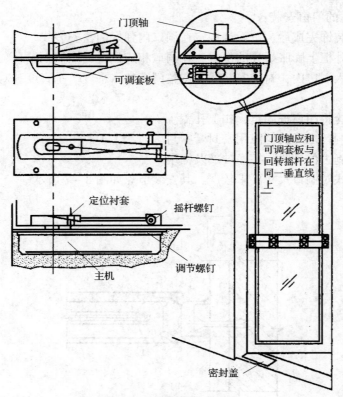

图8-5 地弹簧门扇安装

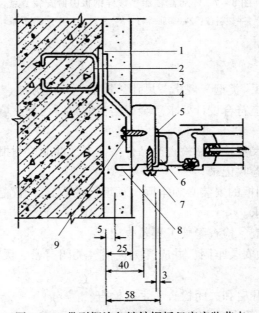

图8-6 带副框涂色镀锌钢板门窗安装节点

1—预埋铁件；2—预埋件φ10圆铁；3—连接件；4—水泥砂浆；5—密封膏；
6—垫片；7—自攻螺钉；8—副框；9—自攻螺钉

2）不带副框的门窗安装：

①在室内外装饰完成后，按设计规定在洞口内弹好门窗安装线。

②根据门窗外框上膨胀螺栓的位置，在洞口相应位置的墙体上钻孔。

③门窗框放入洞口内，对准安装线，调整门窗的水平度、垂直度和对角线合格后，用木楔固定。

④用膨胀螺栓将门窗框固定，扣上孔盖。

⑤门窗框与洞口之间的缝隙用密封膏密封。

⑥完工后，剥去保护膜，擦净玻璃及框扇。

上述安装方式对洞口尺寸要求较严，其安装节点如图8-7所示。

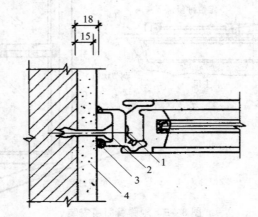

图8-7 不带副框涂色镀锌钢板门窗安装节点
1—塑料盖；2—膨胀螺钉；3—密封膏；4—水泥砂浆

2. 质量检验与验收

（1）主控项目：

1）金属门窗的品种、类型、规格、尺寸、性能、开启方向、安装位置、连接方式及铝合金门窗的型材壁厚应符合设计要求。金属门窗的防腐处理及填嵌、密封处理应符合设计要求。

检验方法：观察，尺量检查，检查产品合格证书、性能检测报告、进场验收记录和复验报告，检查隐蔽工程验收记录。

2）金属门窗框和副框的安装必须牢固。预埋件的数量、位置、埋设方式、与框的连接方式必须符合设计要求。

检验方法：手扳检查、检查隐蔽工程验收记录。

3）金属门窗扇必须安装牢固，并应开关灵活、关闭严密，无倒翘。推拉门窗必须有防脱落措施。

检验方法：观察、开启和关闭检查、手扳检查。

4）金属门窗配件的型号、规格、数量应符合设计要求，安装应牢固，位置应正确，功能应满足使用要求。

检验方法：观察、开启和关闭检查、手扳检查。

（2）一般项目：

1）金属门窗表面应洁净、平整、光滑、色泽一致，无锈蚀。大面应无划痕、碰伤。漆膜或保护层应连续。

检验方法：观察。

2）铝合金门窗推拉门窗扇开关力应不大于100N。

检验方法：用弹簧秤检查。

3）金属门窗框与墙体之间的缝隙应填嵌饱满，并采用密封胶密封。密封胶表面应光滑、顺直，无裂纹。

检验方法：观察、轻敲门窗框检查、检查隐蔽工程验收记录。

4）金属门窗扇的橡胶密封条或毛毡密封条应安装完好，不得脱槽。

检验方法：观察、开启和关闭检查。

5）有排水孔的金属门窗，排水孔应畅通，位置和数量应符合设计要求。

检验方法：观察。

6）钢门窗安装的留缝限值、允许偏差和检验方法应符合表8-8的规定。

表8-8　钢门窗安装的留缝限值、允许偏差和检验方法

项　　目		留缝限值（mm）	允许偏差（mm）	检　验　方　法
门窗槽口宽度、高度	≤1500mm	—	2.5	用钢尺检查
	>1500mm	—	3.5	
门窗槽口对角线长度差	≤2000mm	—	5	用钢尺检查
	>2000mm	—	6	
门窗框的正、侧面垂直度		—	3	用1m垂直检测尺检查
门窗横框的水平度		—	3	用1m水平尺和塞尺检查
门窗横框标高		—	5	用钢尺检查
门窗竖向偏离中心		—	4	用钢尺检查
双层门窗内外框间距		—	5	用钢尺检查
门窗框、扇配合间隙		≤2	—	用塞尺检查
无下框时门扇与地面间留缝		4～8	—	用塞尺检查

7）铝合金门窗安装的允许偏差和检验方法应符合表8-9的规定。

表8-9　铝合金门窗安装的允许偏差和检验方法

项　　目		允许偏差（mm）	检　验　方　法
门窗槽口宽度、高度	≤1500mm	1.5	用钢尺检查
	>1500mm	2	
门窗槽口对角线长度差	≤2000mm	3	用钢尺检查
	>2000mm	4	

续表 8 - 9

项　　目	允许偏差（mm）	检　验　方　法
门窗框的正、侧面垂直度	2.5	用垂直检测尺检查
门窗横框的水平度	2	用 1m 水平尺和塞尺检查
门窗横框标高	5	用钢尺检查
门窗竖向偏离中心	5	用钢尺检查
双层门窗内外框间距	4	用钢尺检查
推拉门窗扇与框搭接量	1.5	用钢直尺检查

8）涂色镀锌钢板门窗安装的允许偏差和检验方法应符合表 8 - 10 的规定。

表 8 - 10　涂色镀锌钢板门窗安装的允许偏差和检验方法

项　　目		允许偏差（mm）	检　验　方　法
门窗槽口宽度、高度	≤1500mm	2	用钢尺检查
	>1500mm	3	
门窗槽口对角线长度差	≤2000mm	4	用钢尺检查
	>2000mm	5	
门窗框的正、侧面垂直度		3	用垂直检测尺检查
门窗横框的水平度		3	用 1m 水平尺和塞尺检查
门窗横框标高		5	用钢尺检查
门窗竖向偏离中心		5	用钢尺检查
双层门窗内外框间距		4	用钢尺检查
推拉门窗扇与框搭接量		2	用钢直尺检查

8.2.3　塑料门窗安装工程

1. 质量控制要点

（1）弹门窗位置线。门窗洞口周边的底槽达到强度后，按施工设计图要求，弹出门窗安装位置线，同时检查洞口内预埋件的数量和位置。如预埋件的数量和位置不符合设计要求或未预埋铁件或防腐木砖，则应在门窗安装线上弹出膨胀螺栓的钻孔位置。钻孔位置应与框子连接铁件位置相对应。

（2）框子安装连接铁件。框子连接铁件的安装位置是从门窗框宽度和高度两端向内各标出 150mm，作为第一个连接件的安装点，中间安装点间距小于或等于 600mm。安装方法为先把连接铁件与框子成45°角放入框子背面燕尾槽口内，顺时针方向将连接件扳成直角，然后成孔旋进 $\phi 4 \times 15mm$ 自攻螺钉。严禁锤子敲打框子，以防损坏。

（3）立樘子、校正：

1）把门窗放入洞口安装线上就位，用对拔木楔临时固定。校正正、侧面垂直度、水平度和对角线合格后，将木楔固定牢靠。为防止门窗框受木楔挤压变形，木楔应塞在门窗角、中横框、中竖框等能受力的部位。框子固定后，应开启门窗扇，检查反复开关灵活度。若有问题应及时进行调整。

2）塑料门窗边框连接件与洞口墙体的固定，如图8-8所示。

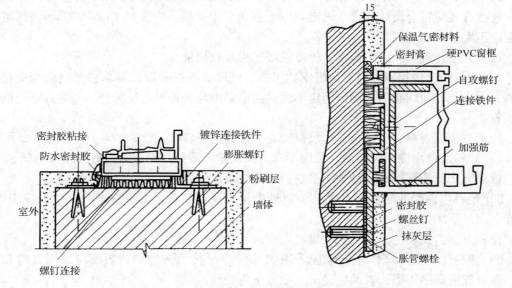

图8-8 塑料门窗边框连接件与洞口墙体固定

3）塑料门窗底、顶框连接件与洞口基体固定与边框固定方法相同。

4）用膨胀螺栓固定连接件，一只连接件不宜少于2个螺栓。如洞口是预埋木砖，则用两只螺钉将连接件紧固于木砖上。

（4）塞缝。塑料门窗与墙体洞口间的缝隙，用软质保温材料（如泡沫聚氨酯条、泡沫塑料条、油毡条等）填塞饱满。填塞不得过紧，过紧会使门窗框受压发生变形；也不能填塞过松，过松会使缝隙密封不严，影响门窗防风、防寒功能。最后用密封膏将门窗框四周的内外缝隙密封。

（5）安装小五金。塑料门窗安装小五金时，必须先在框架上钻孔，然后用自攻螺丝拧入，严禁直接锤击打入。

（6）安装玻璃。扇、框连在一起的半玻平开门，可在安装后直接装玻璃。对可拆卸的窗扇，如推拉窗扇，可先将玻璃装在扇上，再将扇装在框上。玻璃应由专业玻璃工安装。

（7）清洁。门窗洞口墙面面层粉刷时，应先在门窗框、扇上贴好防污纸，以防水泥浆污染。局部受水泥浆污染的框扇，应及时用擦布抹拭干净。玻璃安装后，必须及时擦除玻璃上的胶液等污物,直至光洁明亮。

2.质量检验与验收

(1)主控项目:

1)塑料门窗的品种、类型、规格、尺寸、开启方向、安装位置、连接方式及填嵌密封处理应符合设计要求,内衬增强型钢的壁厚及设置应符合国家现行产品标准的质量要求。

检验方法:观察,尺量检查,检查产品合格证书、性能检测报告、进场验收记录和复验报告,检查隐蔽工程验收记录。

2)塑料门窗框、副框和扇的安装必须牢固。固定片或膨胀螺栓的数量与位置应正确,连接方式应符合设计要求。固定点应距窗角、中横框、中竖框150~200mm,固定点间距应不大于600mm。

检验方法:观察、手扳检查、检查隐蔽工程验收记录。

3)塑料门窗拼樘料内衬增加型钢的规格、壁厚必须符合设计要求,型钢应与型材内腔紧密吻合,其两端必须与洞口固定牢固。窗框必须与拼樘料连接紧密,固定点间距应不大于600mm。

检验方法:观察、手扳检查、尺量检查、检查进场验收记录。

4)塑料门窗扇应开关灵活、关闭严密,无倒翘。推拉门窗扇必须有防脱落措施。

检验方法:观察、开启和关闭检查、手扳检查。

5)塑料门窗配件的型号、规格、数量应符合设计要求,安装应牢固,位置应正确,功能应满足使用要求。

检验方法:观察、手扳检查、尺量检查。

6)塑料门窗框与墙体间缝隙应采用闭孔弹性材料填嵌饱满,表面应采用密封胶密封。密封胶应黏结牢固,表面应光滑、顺直、无裂纹。

检验方法:观察、检查隐蔽工程验收记录。

(2)一般项目:

1)塑料门窗表面应洁净、平整、光滑,大面应无划痕、碰伤。

检验方法:观察。

2)塑料门窗扇的密封条不得脱槽。旋转窗间隙应基本均匀。

3)塑料门窗扇的开关力应符合下列规定:

①平开门窗扇平铰链的开关力应不大于80N,滑撑铰链的开关力应不大于80N,并不小于30N。

②推拉门窗扇的开关力应不大于100N。

检验方法:观察;用弹簧秤检查。

4)玻璃密封条与玻璃槽口的接缝应平整,不得卷边、脱槽。

检验方法:观察。

5)排水孔应畅通,位置和数量应符合设计要求。

检验方法:观察。

6)塑料门窗安装的允许偏差和检验方法应符合表8-11的规定。

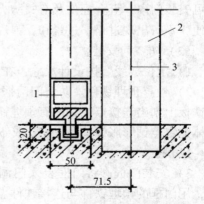

表 8 – 11　塑料门窗安装的允许偏差和检验方法

项　　目		允许偏差（mm）	检验方法
门窗槽口宽度、高度	≤1500mm	2	用钢尺检查
	>1500mm	3	
门窗槽口对角线长度差	≤2000mm	3	用钢尺检查
	>2000mm	5	
门窗框的正、侧面垂直度		3	用1m垂直检测尺检查
门窗横框的水平度		3	用1m水平尺和塞尺检查
门窗横框标高		5	用钢尺检查
门窗竖向偏离中心		5	用钢直尺检查
双层门窗内外框间距		4	用钢尺检查
同樘平开门窗相邻扇高度差		2	用钢直尺检查
平开门窗铰链部位配合间隙		+2；–1	用塞尺检查
推拉门窗扇与框搭接量		+1.5；–2.5	用钢直尺检查
推拉门窗扇与竖框平行度		2	用1m水平尺和塞尺检查

8.2.4　特种门安装工程

1. 质量控制要点

（1）自动门安装：

1）安装地面导向轨道。全玻璃自动门和铝合金自动门地面上装有导向性下轨道，异型钢管自动门无下轨道。有下轨道的自动门在土建做地坪时，须在地面上预埋 1 根

50 ~ 75mm 的方木条。自动门安装时，撬出方木条便可埋设下轨道，下轨道长度是开启门宽的 2 倍，如图 8 – 9 所示。

2）安装横梁。将 ⊏18 槽钢放置在已预埋铁件的门柱处，校平、吊直，应注意与下面轨道的位置关系，确定位置后焊牢。

自动门上部机箱层主梁是安装中的重要环节。由于机箱内装有电控及机械装置，因此对支撑横梁的土建支撑结构有一定的稳定性及强度要求。通常采用两种支承节点（见图 8 – 10），一般砌体结构宜采用图 8 – 10（a），混凝土结构采用图8 – 10（b）。

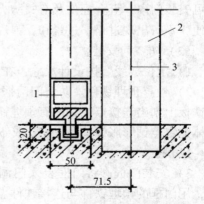

图 8 – 9　自动门下轨道埋设示意图

1—自动门扇下帽；2—门柱；3—门柱中心线

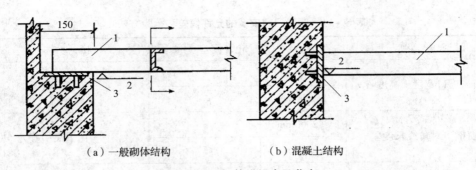

（a）一般砌体结构　　　　　　　　　（b）混凝土结构

图 8-10　机箱横梁支承节点
1—机箱横梁；2—门扇高度；3—预埋铁件

3）调试。自动门安装后，接通电源，调整控制箱和微波传感器，使其达到最佳技术性能和工作状态。一旦调试正常，就不能随意变动各种旋钮位置，以免失去最佳工作状态。

（2）防火门安装：

1）划线。按设计要求标高、尺寸和方向，画出门框框口位置线。

2）立门框。先拆掉门框下部的固定板，将门框用木楔临时固定在洞口内，经校正合格后再固定木楔。当门框内高度尺寸比门扇的高度大于 30mm 时，洞口两侧地面应留设凹槽。门框一般埋入地（楼）面标高以下 20mm，要保证框口尺寸一致，允许误差小于1.5mm，对角线允许误差小于 2mm。

将门框铁脚与预埋铁件焊牢，然后在门框两上角墙上开洞，向钢质门框空腔内灌注M10 水泥素浆，待其凝固后方可装配门扇（水泥素浆浇注后的养护期为 21d）；冬季施工要注意防寒。另外一种做法是将防火门的钢质门框空腔内填充水泥珍珠岩砂浆（养护48h），砂浆的体积配合比为水泥:砂:珍珠岩 = 1:2:5，先干拌均匀后再加入适量清水拌和，其稠度以外观松散、手握成团不散且挤不出浆为宜。

3）安装门扇附件。采用 1:2 的水泥砂浆或强度不低于 10MPa 的细石混凝土嵌填门框周边缝隙，做到密实牢固，保证与墙体结合严整。经养护凝固后，再粉刷洞口墙面。然后即可安装门扇、五金配件及有关防火防盗装置。门扇关闭后，门缝应均匀平整，开启自由轻便，不得出现过松、过紧和反弹现象。

（3）防盗门安装：

1）定位放线。按设计尺寸，在墙面上弹出门框四周边线。

2）检查预埋铁件。防盗门门框每边宜设置三个固定点。按门框固定点的位置，在预埋铁板上划出连接点。如没有预埋铁板，则应在门框连接件的相应位置准确量出尺寸，在墙体上定点钻膨胀螺栓孔。ϕ10 或 ϕ12 膨胀螺栓的长度为 100~150mm，螺栓孔的深度为75~120mm。

3）安装门框。将门框装入门洞，经反复检查校正垂直度、平整度合格后，初步固定，用门框的预埋铁件与连接铁件点焊。另一种做法是将门框上的连接铁件与膨胀螺栓连接点焊，再次调整垂直度、平整度合格后，将焊点焊牢，膨胀螺栓螺帽紧固。采用焊接时，不得在门框上接地打火，还应用石棉布遮住门框，以防门框损坏。框与墙周边缝隙，

用罐装聚氨酯泡沫剂压注。

4）安装门扇。防盗门的接缝缝隙比较精细，又不允许用锤敲打门框、扇，因此，应严格控制门框的垂直、平整度。安装门扇时还应仔细校核。门扇就位后，按设计规定的开启方向安装隐形轴承铰链（合页）。若门框不平行门扇，可在铁门框背面靠近螺栓位置加木楔试垫，直至门框与门扇垫平为止。最后，反复开启，无碰撞且活动自如为合格。

（4）全玻门安装：

1）安装玻璃板。首先用玻璃吸盘将玻璃板吸紧，然后进行玻璃就位。应先将玻璃板上边插入门框顶部的限位槽内，然后将其下边安放于木底托的不锈钢包面对口缝内，如图8-11所示。

在底托上固定玻璃板的方法为：在底托木方上钉木板条，距玻璃板面4mm左右；然后在木板条上涂刷胶粘剂，将饰面不锈钢板片粘贴在木方上。玻璃板竖直方向各部位的安装构造，如图8-12所示。

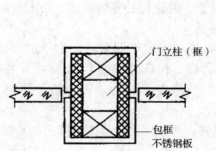

图8-11 玻璃门框柱与玻璃板安装的构造关系

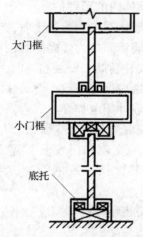

图8-12 玻璃门竖向安装构造示意图

2）注胶封口。玻璃门固定部分的玻璃板就位以后，即在底部的底托固定处和顶部的限位槽处，以及玻璃板与框柱的对缝等各缝隙处，均应注胶密封。首先将玻璃胶开封后装入打胶枪内，即用胶枪的后压杆端头板顶住玻璃胶罐的底部；然后用一只手托住胶枪身，另一只手握着注胶压柄并不断松压循环地操作压柄，将玻璃胶注于需要封口的缝隙端，如图8-13所示。从需要注胶的缝隙端头开始，顺缝隙匀速移动，使玻璃胶在缝隙处形成一条均匀的直线。最后用塑料片刮去多余的玻璃胶，用棉布擦净胶迹。

3）玻璃板之间的对接。门上固定部分的玻璃板需要对接时，其对接缝应有2~3mm的宽度，玻璃板边部要进行倒角处理。当玻璃块留缝定位并安装稳固后，即将玻璃胶注入其对接的缝隙，在玻璃板对缝的两面用塑料片把胶刮平，用布擦净胶迹。

4）玻璃活动门扇安装。全玻璃活动门扇的结构无门扇框，门扇的启闭由地弹簧实现，地弹簧与门扇的上、下金属横档进行铰接，见图8-14。

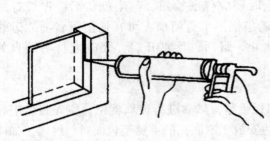

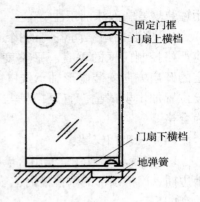

图8-13　注胶封口操作示意图　　　　图8-14　玻璃门扇构造

（5）卷帘门安装：

1）定位放线。测量洞口标高，弹出两导轨垂线和卷轴中心线。

2）墙体内的预埋件

①当墙体洞口为混凝土时，应在洞口内埋设预埋件，然后与轴承架、导轨焊接连接。

②当墙体洞口为砖砌体时，可采用钻孔埋设胀锚螺栓与轴承架、导轨连接。

3）安装卷筒。安装卷筒时，应先找好尺寸，并使卷筒轴保持水平，注意与导轨之间的距离两端应保持一致。卷筒临时固定后进行检查，并进行必要的调整、校正，合格后再与支架预埋件用电焊焊牢。卷筒安装后应转动灵活。

4）安装卷轴防护罩。卷筒上的防护罩可做成方形或半圆形。防护罩的尺寸大小，应与门窗的宽度和门窗页片卷起后的尺寸相适应，保证卷筒将门窗的页片卷满后与防护罩依然保持一定的距离，防止相互碰撞。经检查无误后，再与防护罩预埋件焊牢。

5）安装卷门机。按说明书检查卷门机的规格、型号，无误后按说明书的要求进行安装。

6）安装门体。先将页片装配好，再安装在卷轴上，注意不要装反。

7）安装导轨。应先按图纸规定进行找直、吊正轨道，槽口尺寸应准确，上下保证一致，对应槽口应在同一垂直平面内，然后用连接件与洞口内的预埋件焊牢。导轨与轴承架安装应牢固，导轨预埋件间距不应大于600mm。

8）安装锁具。锁具的安装位置有两种，轻型卷门窗的锁具应安装在座板上，卷门的锁具亦可安装在距地面约1m处。

9）安装水幕喷淋系统。水幕喷淋系统应装在防护罩下面，喷嘴倾斜15°。安装后，应试用。

10）调试。安装完毕，先手动调试行程，观察门体上下运行情况，正常后再用电动机启闭数次，调整至无阻滞、卡住及异常噪声等现象为合格。

2. 质量检验与验收

（1）主控项目：

1）特种门的质量和各项性能应符合设计要求。

检验方法：检查生产许可证、产品合格证书和性能检测报告。

2）特种门的品种、类型、规格、尺寸、开启方向、安装位置及防腐处理应符合设计要求。

检验方法：观察、尺量检查、检查进场验收记录和隐蔽工程验收记录。

3）带有机械装置、自动装置或智能化装置的特种门，其机械装置、自动装置或智能化装置的功能应符合设计要求和有关标准的规定。

检验方法：启动机械装置、自动装置或智能化装置，观察。

4）特种门的安装必须牢固。预埋件的数量、位置、埋设方式、与框的连接方式必须符合设计要求。

检验方法：观察、手扳检查、检查隐蔽工程验收记录。

5）特种门的配件应齐全，位置应正确，安装应牢固，功能应满足使用要求和特种门的各项性能要求。

检验方法：观察；手扳检查；检查产品合格证书、性能检测报告和进场验收记录。

（2）一般项目：

1）特种门的表面装饰应符合设计要求。

检验方法：观察。

2）特种门的表面应洁净，无划痕、碰伤。

检验方法：观察。

3）推拉自动门安装的留缝限值、允许偏差和检验方法应符合表 8-12 的规定。

表 8-12　推拉自动门安装的留缝限值、允许偏差和检验方法

项　　目		留缝限值（mm）	允许偏差（mm）	检 验 方 法
门窗槽口宽度、高度	≤1500mm	—	1.5	用钢尺检查
	>1500mm	—	2	
门窗槽口对角线长度差	≤2000mm	—	2	用钢尺检查
	>2000mm	—	2.5	
门框的正、侧面垂直度		—	1	用 1m 垂直检测尺检查
门构件装配间隙		—	0.3	用塞尺检查
门梁导轨水平度		—	1	用 1m 水平尺和塞尺检查
下导轨与门梁导轨平行度		—	1.5	用钢尺检查
门扇与侧框间留缝		1.2~1.8	—	用塞尺检查
门扇对口缝		1.2~1.8	—	用塞尺检查

4）推拉自动门的感应时间限值和检验方法应符合表 8 – 13 的规定。

表 8 – 13　推拉自动门的感应时间限值和检验方法

项　目	感应时间限值（s）	检 验 方 法
开门响应时间	≤0.5	用秒表检查
堵门保护延时	16 ~ 20	用秒表检查
门扇全开启后保持时间	13 ~ 17	用秒表检查

5）旋转门安装的允许偏差和检验方法应符合表 8 – 14 的规定。

表 8 – 14　旋转门安装的允许偏差和检验方法

项　目	允许偏差（mm）		检 验 方 法
	金属框架玻璃旋转门	木质旋转门	
门扇正、侧面垂直度	1.5	1.5	用1m垂直检测尺检查
门扇对角线长度差	1.5	1.5	用钢尺检查
相邻扇高度差	1	1	用钢尺检查
扇与圆弧边留缝	1.5	2	用塞尺检查
扇与上顶间留缝	2	2.5	用塞尺检查
扇与地面间留缝	2	2.5	用塞尺检查

8.2.5　门窗玻璃安装工程

1. 质量控制要点

（1）安装尺寸要求。不同厚度的单片玻璃、夹层玻璃，其最小安装尺寸应符合表 8 – 15 的规定；中空玻璃的最小安装尺寸应符合表 8 – 16 的规定。玻璃安装尺寸部位参见图 8 – 15。

表 8 – 15　单片玻璃、夹层玻璃的最小安装尺寸（mm）

玻璃公称厚度	前部余隙或后部余隙 a			嵌入深度 b	边缘余隙 c
	①	②	③		
3	2.0	2.5	2.5	8	3
4	2.0	2.5	2.5	8	3
5	2.0	2.5	2.5	8	4
6	2.0	2.5	2.5	8	4
8	—	3.0	3.0	10	5
10	—	3.0	3.0	10	5

续表 8 – 15

玻璃公称厚度	前部余隙或后部余隙 a			嵌入深度 b	边缘余隙 c
	①	②	③		
12	—	3.0	3.0	12	5
15	—	5.0	4.0	12	8
19	—	5.0	4.0	15	10
25	—	5.0	4.0	18	10

注：1. 表中①适用于建筑钢、木门窗油灰的安装，但不适用于安装夹层玻璃。

2. 表中②适用于塑性填料、密封剂或嵌缝条材料的安装。

3. 表中③适用于预成型的弹性材料（如聚氯乙烯或氯丁橡胶制成的密封垫）的安装。油灰适用于公称厚度不大于 6mm、面积不大于 $2m^2$ 的玻璃。

4. 夹层玻璃最小安装尺寸，应按原片玻璃公称厚度的总和，在表中选取。

表 8 – 16 中空玻璃的最小安装尺寸 （mm）

中空玻璃	固定部分				
	前部余隙或后部余隙 a	嵌入深度 b	边缘余隙 c		
			下边	上边	两侧
$3+A+3$	5	12	7	6	5
$4+A+4$		13			
$5+A+5$		14			
$6+A+6$		15			

注：$A = 6mm$、$9mm$、$12mm$，为空气层厚度。

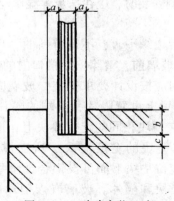

图 8 – 15 玻璃安装尺寸

（2）木门窗玻璃安装。

1）分散玻璃。根据安装部位所需的规格、数量分散已裁好的玻璃，分散数量以当天安装数量为准。将玻璃放在安装地点，但不得靠近门窗开合摆动的范围之内，避免损坏。

2）清理裁口。玻璃安装前，必须将门窗的裁口（玻璃槽）清扫干净。清除灰渣、木屑、胶渍与尘土等，使油灰与槽口黏结牢固。

3）涂抹底油灰。在玻璃底面与裁口之间，沿裁口的全长涂抹 1~3mm 厚的底灰，要达到均匀饱满而不间断，随后用双手把玻璃推铺平正，轻按压实并使部分油灰挤出槽口，待油灰初凝有一定强度时，顺槽口方向把多余的底油灰刮平，遗留的灰渣应清除干净。

4）嵌钉固定。在玻璃四边分别钉上钉子，钉圆钉时钉帽要靠紧玻璃，但钉身不得靠玻璃，否则钉身容易把玻璃挤碎。所用圆钉的数量每边不少于 1 颗，若边长超过 40cm，则每边需钉两颗，钉距不宜大于 20cm。嵌钉完毕，用手轻敲玻璃，听声音鉴别是否平直，如底灰不饱满应立即重新安装。

5）涂抹表面油灰。涂抹表面应选用无杂质、软硬适宜的油灰。

（3）钢门窗玻璃安装：

1）操作准备。首先检查门窗扇是否平整，如发现扭曲变形应立即校正；检查铁片卡子的孔眼是否准确齐全，如有不符合要求的应补钻。钢门窗安装玻璃使用的油灰应加适量的红丹，以使油灰具有防锈性能，再加适量的铅油，以增加油灰的硬度和黏性。

2）清理槽口。清除槽口的焊渣、铁屑、污垢和灰尘，以使安装时油灰黏结牢固。

3）涂底油灰。在槽口内涂抹底灰，油灰厚度宜为 3mm，最厚不宜超过 4mm，做到均匀一致，不堆积、不间断。

4）装玻璃。用双手将玻璃揉平放正，不留偏差并将油灰挤出。将油灰与槽口、玻璃接触的边缘刮平、刮齐。

5）安卡子。应用铁片卡子固定，卡子间距不应大于 300mm，且每边不少于 2 个。卡脚应长短适宜，不能过长，用油灰填实抹光后，卡脚不得露于油灰表面。

如采用橡胶垫安装钢门窗玻璃，应将橡胶垫嵌入裁口内，并用螺钉和压条固定。将橡胶垫与玻璃、裁口、压条贴紧，大小尺寸适宜，不应露在压条之处。

（4）彩色镀锌钢板门窗框扇玻璃安装：

彩色镀锌钢板门窗框扇玻璃安装时，应在抹灰等湿作业完成后进行，注意不宜在寒冷条件下操作。

1）操作准备。玻璃裁割后边缘平直，不得有斜曲，尺寸大小准确，使其边缘与槽口的间隙符合设计要求。安装玻璃前，清除框扇槽口内的杂物、灰尘等，疏通排水孔。

2）安装玻璃。玻璃的朝向应按设计要求安装，玻璃应放在定位垫块上。开扇和玻璃面积较大时，应在垂直边位置上设置隔片，上端的隔片应固定在框或扇上（楔或粘住）。固定框、扇的玻璃应放在两块相同的定位垫块上，搁置点设在距玻璃垂直边的距离为玻璃宽度的 1/4 处，定位垫块的宽度应大于所支撑的玻璃厚度，长度不宜小于 25mm，并应符合设计要求。定位垫块下面可设铝合金垫片，垫片和垫块均固定在框扇上，不得采用木质的垫片、垫块和隔片。玻璃嵌入槽口内，填塞填充材料、镶嵌条，使玻璃平整、受力均匀并不得翘曲。迎风面的玻璃，应采用通长镶嵌压条或垫片固定；当镶嵌压条位于室外一侧时，应作防风处理。镶嵌条应与玻璃、槽口紧贴。后安的镶嵌条，在其转角处宜用少量密封胶封缝，应注意填充密实，表面平整光滑；密封胶污染框扇或玻璃时，应及时擦净。

2. 质量检验与验收

（1）主控项目：

1）玻璃的品种、规格、尺寸、色彩、图案和涂膜朝向应符合设计要求。单块玻璃大于 $1.5m^2$ 时应使用安全玻璃。

检验方法：观察，检查产品合格证书、性能检测报告和进场验收记录。

2）门窗玻璃裁割尺寸应正确。安装后的玻璃应牢固，不得有裂纹、损伤和松动。

检验方法：观察、轻敲检查。

3）玻璃的安装方法应符合设计要求。固定玻璃的钉子或钢丝卡的数量、规格应保证玻璃安装牢固。

检验方法：观察、检查施工记录。

4）镶钉木压条接触玻璃处，应与裁口边缘平齐。木压条应互相紧密连接，并与裁口边缘紧贴，割角应整齐。

检验方法：观察。

5）密封条与玻璃、玻璃槽口的接触应紧密、平整。密封胶与玻璃、玻璃槽口的边缘应黏结牢固、接缝平齐。

检验方法：观察。

6）带密封条的玻璃压条，其密封条封条必须与玻璃全部贴紧，压条与型材之间应无明显缝隙，压条接缝应不大于0.5mm。

检验方法：观察、尺量检查。

（2）一般项目：

1）玻璃表面应洁净，不得有腻子、密封胶、涂料等污渍。中空玻璃内外表面均应洁净，玻璃中空层内不得有灰尘和水蒸气。

检验方法：观察。

2）门窗玻璃不应直接接触型材。单面镀膜玻璃的镀膜层及磨砂玻璃的磨砂面应朝向室内。中空玻璃的单面镀膜玻璃应在最外层，镀膜层应朝向室内。

检验方法：观察。

3）腻子应填抹饱满、黏结牢固，腻子边缘与裁口应平齐。固定玻璃的卡子不应在腻子表面显露。

8.3 吊 顶 工 程

8.3.1 暗龙骨吊顶工程

1. 主控项目

1）吊顶标高、尺寸、起拱和造型应符合设计要求。

检验方法：观察、尺量检查。

2）饰面材料的材质、品种、规格、图案和颜色应符合设计要求。

检验方法：观察，检查产品合格证书、性能检测报告、进场验收记录和复验报告。

3）暗龙骨吊顶工程的吊杆、龙骨和饰面材料的安装必须牢固。

检验方法：观察、手扳检查、检查隐蔽工程验收记录和施工记录。

4）吊杆、龙骨的材质、规格、安装间距及连接方式应符合设计要求。金属吊杆、龙骨应经过表面防腐处理，木吊杆、龙骨应进行防腐、防火处理。

检验方法：观察，尺量检查，检查产品合格证书、性能检测报告、进场验收记录和隐蔽工程验收记录。

5）石膏板的接缝应按其施工工艺标准进行板缝防裂处理。安装双层石膏板时，面层板与基层板的接缝应错开，并不得在同一根龙骨上接缝。

检验方法：观察。

2. 一般项目

1）饰面材料表面应洁净、色泽一致，不得有翘曲、裂缝及缺损。压条应平直、宽窄一致。

检验方法：观察、尺量检查。

2）饰面板上的灯具、烟感器、喷淋头、风口篦子等设备的位置应合理、美观，与饰面板的交接应吻合、严密。

检验方法：观察。

3）金属吊杆、龙骨的接缝应均匀一致，角缝应吻合，表面应平整，无翘曲、锤印。木质吊杆、龙骨应顺直，无劈裂、变形。

检验方法：检查隐蔽工程验收记录和施工记录。

4）吊顶内填充吸声材料的品种和铺设厚度应符合设计要求，并应有防散落措施。

检验方法：检查隐蔽工程验收记录和施工记录。

5）暗龙骨吊顶工程安装的允许偏差和检验方法应符合表 8–17 的规定。

表 8–17　暗龙骨吊顶工程安装的允许偏差和检验方法

项目	允许偏差（mm）				检 验 方 法
	纸面石膏板	金属板	矿棉板	木板、塑料板、格栅	
表面平整度	3	2	2	2	用 2m 靠尺和塞尺检查
接缝直线度	3	1.5	3	3	拉 5m 线，不足 5m 拉通线，用钢直尺检查
接缝高低差	1	1	1.5	1	用钢直尺和塞尺检查

8.3.2　明龙骨吊顶工程

1. 主控项目

1）吊顶标高、尺寸、起拱和造型应符合设计要求。

检验方法：观察、尺量检查。

2）饰面材料的材质、品种、规格、图案和颜色应符合设计要求。当饰面材料为玻璃板时，应使用安全玻璃或采取可靠的安全措施。

检验方法：观察，检查产品合格证书、性能检测报告和进场验收记录。

3）饰面材料的安装应稳固严密，饰面材料与龙骨的搭接宽度应大于龙骨受力面宽度的2/3。

检验方法：观察、手扳检查、尺量检查。

4）吊杆、龙骨的材质、规格、安装间距及连接方式应符合设计要求。金属吊杆、龙骨应进行表面防腐处理，木龙骨应进行防腐、防火处理。

检验方法：观察，尺量检查，检查产品合格证书、进场验收记录和隐蔽工程验收记录。

5）明龙骨吊顶工程的吊杆和龙骨安装必须牢固。

检验方法：手扳检查、检查隐蔽工程验收记录和施工记录。

2．一般项目

1）饰面材料表面应洁净、色泽一致，不得有翘曲、裂缝及缺损。饰面板与明龙骨的搭接应平整、吻合，压条应平直、宽窄一致。

检验方法：观察、尺量检查。

2）饰面板上的灯具、烟感器、喷淋头、风口篦子等设备的位置应合理、美观，与饰面板的交接应吻合、严密。

检验方法：观察。

3）金属龙骨的接缝应平整、吻合、颜色一致，不得有划伤、擦伤等表面缺陷。木质龙骨应平整、顺直，无劈裂。

检验方法：观察。

4）吊顶内填充吸声材料的品种和铺设厚度应符合设计要求，并应有防散落措施。

检验方法：检查隐蔽工程验收记录和施工记录。

5）明龙骨吊顶工程安装的允许偏差和检验方法应符合表8-18的规定。

表8-18　明龙骨吊顶工程安装的允许偏差和检验方法

项目	允许偏差（mm）				检验方法
	石膏板	金属板	矿棉板	塑料板、玻璃板	
表面平整度	3	2	3	2	用2m靠尺和塞尺检查
接缝直线度	3	2	3	3	拉5m线，不足5m拉通线，用钢直尺检查
接缝高低差	1	1	2	1	用钢直尺和塞尺检查

8.4　轻质隔墙工程

8.4.1　板材隔墙工程

1．主控项目

1）隔墙板材的品种、规格、性能、颜色应符合设计要求。有隔声、隔热、阻燃、防潮等特殊要求的工程，板材应有相应性能等级的检测报告。

检验方法：观察，检查产品合格证书、进场验收记录和性能检测报告。

2）安装隔墙板材所需预埋件、连接件的位置、数量及连接方法应符合设计要求。

检验方法：观察、尺量检查、检查隐蔽工程验收记录。

3）隔墙板材安装必须牢固。现制钢丝网水泥隔墙与周边墙体的连接方法应符合设计要求，并应连接牢固。

检验方法：观察、手扳检查。

4）隔墙板材所用接缝材料的品种及接缝方法应符合设计要求。

检验方法：观察、检查产品合格证书和施工记录。

2．一般项目

1）隔墙板材安装应垂直、平整、位置正确，板材不应有裂缝或缺损。

检验方法：观察、尺量检查。

2）板材隔墙表面应平整光滑、色泽一致、洁净，接缝应均匀、顺直。

检验方法：观察、手摸检查。

3）隔墙上的孔洞、槽、盒应位置正确、套割方正、边缘整齐。

检验方法：观察。

4）板材隔墙安装的允许偏差和检验方法应符合表 8 – 19 的规定。

表 8 – 19　板材隔墙安装的允许偏差和检验方法

项目	允许偏差（mm）				检 验 方 法
	复合轻质墙板		石膏空心板	钢丝网水泥板	
	金属夹芯板	其他复合板			
立面垂直度	2	3	3	3	用 2m 垂直检测尺检查
表面平整度	2	3	3	3	用 2m 靠尺和塞尺检查
阴阳角方正	3	3	3	4	用直角检测尺检查
接缝高低差	1	2	2	3	用钢直尺和塞尺检查

8.4.2　骨架隔墙工程

1．主控项目

1）骨架隔墙所用龙骨、配件、墙面板、填充材料及嵌缝材料的品种、规格、性能和木材的含水率应符合设计要求。有隔声、隔热、阻燃、防潮等特殊要求的工程，材料应有相应性能等级的检测报告。

检验方法：观察，检查产品合格证书、进场验收记录、性能检测报告和复验报告。

2）骨架隔墙工程边框龙骨必须与基体结构连接牢固，并应平整、垂直、位置正确。

检验方法：手扳检查、尺量检查、检查隐蔽工程验收记录。

3）骨架隔墙中龙骨间距和构造连接方法应符合设计要求。骨架内设备管线的安装、门窗洞口等部位加强龙骨应安装牢固、位置正确，填充材料的设置应符合设计要求。

检验方法：检查隐蔽工程验收记录。

4）木龙骨及木墙面板的防火和防腐处理必须符合设计要求。

检验方法：检查隐蔽工程验收记录。

5）骨架隔墙的墙面板应安装牢固，无脱层、翘曲、折裂及缺损。

检验方法：观察、手扳检查。

6）墙面板所用接缝材料的接缝方法应符合设计要求。

检验方法：观察。

2．一般项目

1）骨架隔墙表面应平整光滑、色泽一致、洁净、无裂缝，接缝应均匀、顺直。

检验方法：观察、手摸检查。

2）骨架隔墙上的孔洞、槽、盒应位置正确、套割吻合、边缘整齐。

检验方法：观察。

3）骨架隔墙内的填充材料应干燥，填充应密实、均匀、无下坠。

检验方法：轻敲检查、检查隐蔽工程验收记录。

4）骨架隔墙安装的允许偏差和检验方法应符合表 8－20 的规定。

表 8－20 骨架隔墙安装的允许偏差和检验方法

项目	允许偏差（mm）		检验方法
	纸面石膏板	人造木板、水泥纤维板	
立面垂直度	3	4	用 2m 垂直检测尺检查
表面平整度	3	3	用 2m 靠尺和塞尺检查
阴阳角方正	3	3	用直角检测尺检查
接缝直线度	—	3	拉 5m 线，不足 5m 拉通线，用钢直尺检查
压条直线度	—	3	拉 5m 线，不足 5m 拉通线，用钢直尺检查
接缝高低差	1	1	用钢直尺和塞尺检查

8.4.3 活动隔墙工程

1．主控项目

1）活动隔墙所用墙板、配件等材料的品种、规格、性能和木材的含水率应符合设计要求。有阻燃、防潮等特性要求的工程，材料应有相应性能等级的检测报告。

检验方法：观察，检查产品合格证书、进场验收记录、性能检测报告和复验报告。

2）活动隔墙轨道必须与基体结构连接牢固，并应位置正确。

检验方法：尺量检查、手扳检查。

3）活动隔墙用于组装、推拉和制动的构配件必须安装牢固、位置正确，推拉必须安全、平稳、灵活。

检验方法：尺量检查、手扳检查、推拉检查。

4）活动隔墙制作方法、组合方式应符合设计要求。

检验方法：观察。

2．一般项目

1）活动隔墙表面应色泽一致、平整光滑、洁净，线条应顺直、清晰。

检验方法：观察、手摸检查。

2）活动隔墙上的孔洞、槽、盒应位置正确，套割吻合、边缘整齐。

检验方法：观察、尺量检查。

3）活动隔墙推拉应无噪声。

检验方法：推拉检查。

4）活动隔墙安装的允许偏差和检验方法应符合表 8 – 21 的规定。

表 8 – 21　活动隔墙安装的允许偏差和检验方法

项　目	允许偏差（mm）	检　验　方　法
立面垂直度	3	用 2m 垂直检测尺检查
表面平整度	2	用 2m 靠尺和塞尺检查
接缝直线度	3	拉 5m 线，不足 5m 拉通线，用钢直尺检查
接缝高低差	2	用钢直尺和塞尺检查
接缝宽度	2	用钢直尺检查

8.4.4　玻璃隔墙工程

1．主控项目

1）玻璃隔墙工程所用材料的品种、规格、性能、图案和颜色应符合设计要求。玻璃板隔墙应使用安全玻璃。

检验方法：观察，检查产品合格证书、进场验收记录和性能检测报告。

2）玻璃砖隔墙的砌筑或玻璃板隔墙的安装方法应符合设计要求。

检验方法：观察。

3）玻璃砖隔墙砌筑中埋设的拉结筋必须与基体结构连接牢固，并应位置正确。

检验方法：手扳检查、尺量检查、检查隐蔽工程验收记录。

4）玻璃板隔墙的安装必须牢固。玻璃隔墙胶垫的安装应正确。

检验方法：观察、手推检查、检查施工记录。

2．一般项目

1）玻璃隔墙表面应色泽一致、平整洁净、清晰美观。

检验方法：观察。

2）玻璃隔墙接缝应横平竖直，玻璃应无裂痕、缺损和划痕。

检验方法：观察。

3）玻璃板隔墙嵌缝及玻璃砖隔墙勾缝应密实平整、均匀顺直、深浅一致。

检验方法：观察。

4）玻璃隔墙安装的允许偏差和检验方法应符合表8－22的规定。

表8－22　玻璃隔墙安装的允许偏差和检验方法

项目	允许偏差（mm）		检验方法
	玻璃砖	玻璃板	
立面垂直度	3	2	用2m垂直检测尺检查
表面平整度	3	—	用2m靠尺和塞尺检查
阴阳角方正	—	2	用直角检测尺检查
接缝直线度	—	2	拉5m线，不足5m拉通线，用钢直尺检查
接缝高低差	3	2	用钢直尺和塞尺检查
接缝宽度		1	用钢直尺检查

8.5　饰面板（砖）工程

8.5.1　饰面板安装工程

1. 质量控制要点

（1）石材饰面板安装：

1）饰面板安装前，应按厂牌、品种、规格和颜色进行分类选配，并将其侧面和背面清扫干净，修边打眼，每块板的上、下边打眼数量不得少于2个，并用防锈金属丝穿入孔内，以做系固之用。

2）饰面板安装时接缝宽度可垫木楔调整，并确保外表面平整、垂直及板的上沿平顺。

3）灌筑砂浆时，应先在竖缝内塞15～20mm深的麻丝或泡沫塑料条，以防漏浆，并将饰面板背面和基体表面湿润。砂浆灌筑应分层进行，每层灌筑高度为100～150mm。待砂浆硬化后，将填缝材料清除。

4）室内安装天然石光面和镜面的饰面板时接缝应干接，接缝处宜用与饰面板相同颜色的水泥浆填抹。室外安装天然石光面和镜面饰面板，接缝可干接或用水泥细砂浆勾缝，干接缝应用与饰面板相同颜色水泥浆填平。安装天然石粗磨面、麻面、条纹面、天然面饰面板的接缝和勾缝应用水泥砂浆。

5）安装人造石饰面板，接缝宜用与饰面板相同颜色的水泥浆或水泥砂浆抹勾严密。

6）饰面板完工后，表面应清洗干净。光面和镜面饰面板经清洗晾干后，方可打蜡擦亮。

7）石材饰面板的接缝宽度，应符合表8－23的规定。

表 8 – 23　石材饰面板的接缝宽度

名　称		接缝宽度（mm）
天然石	光面、镜面	1
	粗磨面、麻面、条纹理	5
	天然面	10
人造石	水磨石	2
	水刷石	10
	大理石、花岗石	1

（2）瓷板饰面施工：

1）瓷板装饰应在主体结构、穿过墙体的所有管道、线路等施工完毕经验收合格后进行。

2）进场材料，按有关规定送检，合格后按不同品种、规格分类堆放在室内，若堆在室外时，应采取有效防雨防潮措施。吊运及施工过程，严禁随意碰撞板材，不得划花、污损板材光泽面。

（3）干挂瓷质饰面施工：

1）瓷板的安装顺序宜由下往上进行，避免交叉作业。

2）瓷板编号、开槽或钻孔、胀锚螺栓、窗墙螺栓安装，挂件安装应满足设计及 CECS 101：98 规程的规定。

3）瓷板安装前应修补施工中损坏的外墙防水层。

4）瓷板的拼缝应符合设计要求，瓷板的槽（孔）内及挂件表面的灰粉应清除。

5）扣齿板的长度应符合设计要求，当设计未作规定时，不锈钢扣齿板与瓷板支承边等长，铝合金扣齿板比瓷板支承边短 20～50mm。

6）扣齿或销钉插入瓷板深度应符合设计要求。

7）当为不锈钢挂件时，应将环氧树脂浆液抹入槽（孔）内，与瓷板接合部位的挂件应满涂，然后插入扣齿或销钉。

8）瓷板中部加强点的连接件与基面连接应可靠，其位置及面积应符合设计要求。

9）灌缝的密封胶应符合设计要求，其颜色应与瓷板色彩相配，灌缝应饱满平直，宽窄一致，不得在潮湿时灌密封胶。灌缝时不得污损瓷板面。

10）底板的拼缝有排水设置要求时，其排水通道不得阻塞。

（4）挂贴瓷质饰面施工：

1）瓷板应按作业流水编号，瓷板拉结点的竖孔应钻在板厚中心线上，孔径为 3.2～3.5mm，深度为 20～30mm，板背模孔应与竖孔连通，用防锈金属丝穿孔固定，金属丝直径大于瓷板拼缝宽度时，应凿槽埋置。

2）瓷板挂贴窗由下而上进行，出墙面勒脚的瓷板，应待上层饰面完成后进行。楼梯栏杆、栏板及墙裙的瓷板，应在楼梯踏步、地面面层完成后进行。

3）当基层用拉结钢筋时，钢筋网应与锚固点焊接牢固。锚固点为螺栓时，其紧固力矩应取 40～45N·m。

4）挂装的瓷板、同幅墙的瓷板色彩应一致（特殊要求除外）。

5）瓷板挂装时，应找正吊直后用金属丝绑牢在拉结钢筋网上，挂装时间可用木楔调整，瓷板的拼缝宽度应符合设计要求，并不宜大于1mm。

6）灌筑填缝砂浆前，应将墙体及瓷板背面浇水润湿，并用石膏灰临时封闭瓷板竖缝，以防漏浆。用稠度100~150mm的1:2.5~1:3水泥砂浆（体积比）分层灌筑，每层高度为150~200mm，应插捣振密实，待初凝后，应检查板面位置，合格后方可灌筑上层砂浆，否则应拆除重装。施工缝应留在瓷板水平接缝以下50~100mm处，待填缝砂浆初凝后，方可拆除石膏及临时固定物。

7）瓷板的拼缝处理应符合设计要求，当设计无要求时，用瓷板色相配的水泥浆抹匀严密。

8）冬期施工应采取相应措施保护砂浆，以免受冻。

（5）金属饰面板安装：

1）金属饰面板安装，当设计无要求时，宜采用抽芯铝铆钉，中间必须垫橡胶垫圈。抽芯铝铆钉间距以控制在100~150mm为宜。

2）板材安装时严禁采用对接，搭接长度应符合设计要求，不得有透缝现象。

3）阴阳角宜采用预制角装饰板安装，角板与大面搭接方向与主导方向一致，严禁逆向安装。

（6）聚氯乙烯塑料板饰面安装：

1）水泥砂浆基体必须垂直，要坚硬、平整、不起壳，不应过光，也不宜过毛，应洁净，如有麻面，宜用乳胶腻子修补平整，再刷一遍乳胶水溶液，以增加黏结力。

2）粘贴前，在基层上分块弹线预排。

3）胶黏剂一般宜用脲醛树脂、聚酯酸乙酯、环氧树脂或氯丁胶黏剂。

4）调制胶黏剂不宜太稀或大稠，应在基层表面和罩面板背面同时均匀涂刷胶黏剂，待用手触试已涂胶液、感到黏性较大时，即可进行粘贴。

5）粘贴后应采取临时措施固定，同时及时清除板缝中多余的胶液，否则会污染板面。

6）硬聚氯乙烯装饰板，用木螺钉和垫圈或金属压条固定，使用金属压条时，应先用钉将装饰板临时固定，然后加盖金属压条。

7）储运时，应防止损坏板材。严禁暴晒或高温、撞击。凡缺棱少角或有裂缝者不宜使用。

8）完成后的产品，应及时做好产品保护工作。

2．质量检验与验收

（1）主控项目：

1）饰面板的品种、规格、颜色和性能应符合设计要求，木龙骨、木饰面板和塑料饰面板的燃烧性能等级应符合设计要求。

检验方法：观察，检查产品合格证书、进场验收记录和性能检测报告。

2）饰面板孔、槽的数量、位置和尺寸应符合设计要求。

检验方法：检查进场验收记录和施工记录。

3）饰面板安装工程的预埋件（或后置埋件）、连接件的数量、规格、位置、连接方法和防腐处理必须符合设计要求。后置埋件的现场拉拔强度必须符合设计要求。饰面板安装必须牢固。

检验方法：手扳检查，检查进场验收记录、现场拉拔检测报告、隐蔽工程验收记录和施工记录。

（2）一般项目：

1）饰面板表面应平整、洁净、色泽一致，无裂痕和缺损。石材表面应无泛碱等污染。

检验方法：观察。

2）饰面板嵌缝应密实、平直，宽度和深度应符合设计要求，嵌填材料色泽应一致。

检验方法：观察、尺量检查。

3）采用湿作业法施工的饰面板工程，石材应进行防碱背涂处理。饰面板与基体之间的灌注材料应饱满、密实。

检验方法：用小锤轻击检查、检查施工记录。

4）饰面板上的孔洞应套割吻合，边缘应整齐。

检验方法：观察。

5）饰面板安装的允许偏差和检验方法应符合表8－24的规定。

表 8 –24　饰面板安装的允许偏差和检验方法

项目	允许偏差（mm）							检 验 方 法
	石材			瓷板	木材	塑料	金属	
	光面	剁斧石	蘑菇石					
立面垂直度	2	3	3	2	1.5	2	2	用2m垂直检测尺检查
表面平整度	2	3	—	1.5	1	3	3	用2m靠尺和塞尺检查
阴阳角方正	2	4	4	2	1.5	3	3	用直角检测尺检查
接缝直线度	2	4	4	1	1	1	1	拉5m线，不足5m拉通线，用钢直尺检查
墙裙、勒脚上口直线度	2	3	3	2	2	2	2	拉5m线，不足5m拉通线，用钢直尺检查
接缝高低差	0.5	3	—	0.5	0.5	1	1	用钢直尺和塞尺检查
接缝宽度	1	2	2	1	1	1	1	用钢直尺检查

8.5.2　饰面砖粘贴工程

1. 质量控制要点

（1）一般要求：

1）饰面砖粘贴应预排，使接缝顺直、均匀。同一墙面上的横竖排列，不得有一项以上的非整砖。非整砖应排在次要部位或阴角处。

2）基层表面如有管线、灯具、卫生设备等突出物，周围的砖应用整砖套割吻合，不得用非整砖拼凑镶贴。

3）粘贴饰面砖横竖须按弹线标志进行。表面应平整，不显接槎，接缝平直、宽度一致。

4）饰面砖的品种、规格、图案、颜色和性能应符合设计要求。进场后应派人进行挑选，并分类堆放备用。使用前，应在清水中浸泡2h以上，晾干后方可使用。

5）饰面砖粘贴宜采用1:2（体积比）水泥砂浆或在水泥砂浆中掺入≤15%的石灰膏或纸筋灰，以改善砂浆的和易性。亦可用聚合物水泥砂浆粘贴，黏结层可减薄到2～3mm，108胶的掺入量以水泥用量的3%为好。

（2）粘贴室内面砖：

1）粘贴室内面砖时一般由下往上逐层粘贴，从阳角起贴，先贴大面，后贴阴阳角、凹槽等难度较大的部位。

2）每皮砖上口平齐成一线，竖缝应单边按墙上控制线齐直，砖缝应横平竖直。

3）粘贴室内面砖时，如设计无要求，接缝宽度为1～1.5mm。

4）墙裙、浴盆、水池等处和阴阳角处应使用配件砖。

5）粘贴室内面砖的房间，阴阳角须找方，要防止地面沿墙边出现宽窄不一现象。

6）如设计无特殊要求，砖缝用白水泥擦缝。

（3）粘贴室外面砖：

1）粘贴室外面砖时，水平缝用嵌缝条控制（应根据设计要求排砖确定的缝宽做嵌缝木条）使用前木条应先捆扎后用水浸泡，以保证缝格均匀。施工中每次重复使用木条前都应及时清除余灰。

2）粘贴室外面砖的竖缝用竖向弹线控制，其弹线密度可根据操作工人水平确定，可每块弹，也可5～10块弹一垂线。操作时，面砖下面座在嵌条上，一边与弹线齐平。然后依次向上粘贴。

3）外墙面砖不应并缝粘贴，完成后的外墙面砖，应用1:1水泥砂浆勾缝，先勾横缝，后勾竖缝，缝深宜凹进面砖2～3mm，宜用方板平底缝，不宜勾圆弧底缝，完成后用布或纱头擦净面砖。必要时可用浓度10%稀盐酸刷洗，但必须随即用水冲洗干净。

4）外墙饰面粘贴前和施工过程中，均应在相同基层上做样板件，并对样板件的饰面砖黏结强度进行检验。每300m²同类墙体取1组试样，每组3个，每楼层不得少于1组；不足300m²每二楼层取1组。每组试样的平均黏结强度不应小于0.4MPa；每组可有一个试样的黏结强度小于0.4MPa，但不应小于0.3MPa。

5）饰面板（砖）工程的抗震缝、伸缩缝、沉降缝等部位的处理应保证缝的使用功能和饰面的完整性。

（4）粘贴陶瓷锦砖：

1）外墙粘贴陶瓷锦砖时，整幢房屋宜从上往下进行，但如上下分段施工时亦可从下往上进行粘贴，整间或独立部位应一次完成。

2）陶瓷锦砖宜采用水泥浆或聚合物水泥浆粘贴。在粘贴之前基层应湿润，并刷水泥浆一遍，同时将每联陶瓷锦砖铺在木垫板上（底面朝上），清扫干净，缝中灌1:2干水泥砂。用软毛刷刷净底面砂，涂上2～3mm厚的一层水泥浆（1:0.3＝水泥:石灰膏），然后进行粘贴。

3）在陶瓷锦砖粘贴完后 20～30min，将纸面用水润湿，揭去纸面，再拨缝使达到横平竖直，应仔细拍实、拍平，用水泥浆揩缝后擦净面层。

2. 质量检验与验收

（1）主控项目：

1）饰面砖的品种、规格、图案颜色和性能应符合设计要求。

检验方法：观察，检查产品合格证书、进场验收记录、性能检测报告和复验报告。

2）饰面砖粘贴工程的找平、防水、黏结和勾缝材料及施工方法应符合设计要求及国家现行产品标准和工程技术标准的规定。

检验方法：检查产品合格证书、复验报告和隐蔽工程验收记录。

3）饰面砖粘贴必须牢固。

检验方法：检查样板件黏结强度检测报告和施工记录。

4）满粘法施工的饰面砖工程应无空鼓、裂缝。

检验方法：观察、用小锤轻击检查。

（2）一般项目：

1）饰面砖表面应平整、洁净、色泽一致，无裂痕和缺损。

检验方法：观察。

2）阴阳角处搭接方式、非整砖使用部位应符合设计要求。

检验方法：观察。

3）墙面突出物周围的饰面砖应整砖套割吻合，边缘应整齐。墙裙、贴脸突出墙面的厚度应一致。

检验方法：观察、尺量检查。

4）饰面砖接缝应平直、光滑，填嵌应连续、密实，宽度和深度应符合设计要求。

检验方法：观察、尺量检查。

5）有排水要求的部位应做滴水线（槽）。滴水线（槽）应顺直，流水坡向应正确，坡度应符合设计要求。

检验方法：观察、用水平尺检查。

6）饰面砖粘贴的允许偏差和检验方法应符合表 8－25 的规定。

表 8－25　饰面砖粘贴的允许偏差和检验方法

项　　目	允许偏差（mm）		检 验 方 法
	外墙面砖	内墙面砖	
立面垂直度	3	2	用 2m 垂直检测尺检查
表面平整度	4	3	用 2m 靠尺和塞尺检查
阴阳角方正	3	3	用直角检测尺检查
接缝直线度	3	2	拉 5m 线，不足 5m 拉通线，用钢直尺检查
接缝高低差	1	0.5	用钢直尺和塞尺检查
接缝宽度	1	1	用钢直尺检查

8.6 幕 墙 工 程

1. 质量控制要点

1）后置埋件现场抗拔强度必须符合设计要求，必须对后置埋件进行抗拔强度试验。

2）基体结构与幕墙连接的各种埋件，其数量、规格、位置和防腐处理必须符合设计要求。

3）柱安装应采用螺栓与角码连接，螺栓直径应经过计算，并不应小于10mm，不同金属材料接触时应采用绝缘垫片分隔。

4）各种连接件、紧固件的螺栓应有防松动措施，焊接连接应符合设计要求和焊接规范要求。

5）金属框架立柱与主体结构埋件的连接、立柱与横梁的连接、连接件与金属框架的连接、连接件与幕墙面板的连接必须符合设计要求，安装必须牢固。

6）幕墙的防雷装置必须与主体结构防雷装置可靠连接。

7）幕墙的防火、保温、防潮材料的设置应符合设计要求，并应密实、均匀、厚度一致。

8）连接节点各种变形缝、墙角节点应符合设计要求和技术标准的规定。

9）面板安装时应拉线控制相邻板材的水平度、垂直度及大面平整度，用统一厚度垫块控制缝隙的宽度，如有误差应均分在每一条缝隙中，防止误差积累。

10）石材幕墙安装时石材切割或开槽等工序后应将石屑用水冲干净，石板与不锈钢挂件之间应采用环氧树脂型石材专用结构胶黏结。

11）幕墙的拼缝打胶前应对工作面进行清扫，打胶应饱满、密实、连续、均匀、无气泡，宽度和厚度应符合设计要求和技术标准的规定，没有渗漏。

2. 质量检验与验收

（1）玻璃幕墙工程：

1）主控项目：

①玻璃幕墙工程所使用的各种材料、构件和组件的质量，应符合设计要求及国家现行产品标准和工程技术规范的规定。

检验方法：检查材料、构件、组件的产品合格证书、进场验收记录、性能检测报告和材料的复验报告。

②玻璃幕墙的造型和立面分格应符合设计要求。

检验方法：观察、尺量检查。

③玻璃幕墙使用的玻璃应符合下列规定：

a. 幕墙应使用安全玻璃，玻璃的品种、规格、颜色、光学性能及安装方向应符合设计要求。

b. 幕墙玻璃的厚度不应小于6.0mm，全玻璃幕墙肋玻璃的厚度不应小于12mm。

c. 幕墙的中空玻璃应采用双道密封，明框幕墙的中空玻璃应采用聚硫密封胶及丁基密封胶，隐框和半隐框幕墙的中空玻璃应采用硅酮结构密封胶及丁基密封胶。镀膜面应在中空玻璃的第2或第3面上。

d. 幕墙的夹层玻璃应采用聚乙烯醇缩丁醛（PVB）胶片干法加工夹层玻璃，点支承玻璃幕墙夹层胶片（PVB）厚度不应小于0.76mm。

e. 钢化玻璃表面不得有损伤，8.0mm以下的钢化玻璃应进行引爆处理。

f. 所有幕墙玻璃均应进行边缘处理。

检验方法：观察、尺量检查、检查施工记录。

④玻璃幕墙与主体结构连接的各种预埋件、连接件、紧固件必须安装牢固，其数量、规格、位置、连接方法和防腐处理应符合设计要求。

检验方法：观察、检查隐蔽工程验收记录和施工记录。

⑤各种连接件、紧固件的螺栓应有防松动措施，焊接连接应符合设计要求和焊接规范的规定。

检验方法：观察、检查隐蔽工程验收记录和施工记录。

⑥隐框或半隐框玻璃幕墙，每块玻璃下端应设置两个铝合金或不锈钢托条，其长度不应小于100mm，厚度不应小于2mm，托条外端应低于玻璃外表面2mm。

检验方法：观察、检查施工记录。

⑦明框玻璃幕墙的玻璃安装应符合下列规定：

a. 玻璃槽口与玻璃的配合尺寸应符合设计要求和技术标准的规定。

b. 玻璃与构件不得直接接触，玻璃四周与构件凹槽底部应保持一定的空隙，每块玻璃下部应至少放置两块宽度与槽口宽度相同、长度不小于100mm的弹性定位垫块，玻璃两边嵌入量及空隙应符合设计要求。

c. 玻璃四周橡胶条的材质、型号应符合设计要求，镶嵌应平整，橡胶条长度应比边框内槽长1.5%～2.0%，橡胶条在转角处应斜面断开，并应用黏结剂黏结牢固后嵌入槽内。

检验方法：观察、检查施工记录。

⑧高度超过4m的全玻璃幕墙应吊挂在主体结构上，吊夹具应符合设计要求。玻璃与玻璃，玻璃与玻璃肋之间的缝隙，应采用硅酮结构密封胶填嵌严密。

检验方法：观察、检查隐蔽工程验收记录和施工记录。

⑨支承玻璃幕墙应采用带万向头的活动不锈钢爪，其钢爪间的中心距离应大于250mm。

检验方法：观察、尺量检查。

⑩玻璃幕墙四周、玻璃幕墙内表面与主体结构之间的连接节点、各种变形缝、墙角的连接节点应符合设计要求和技术标准的规定。

检验方法：观察、检查隐蔽工程验收记录和施工记录。

⑪玻璃幕墙应无渗漏。

检验方法：在易渗漏部位进行淋水检查。

⑫玻璃幕墙结构胶和密封胶的打注应饱满、密实、连续、均匀、无气泡，宽度和厚度应符合设计要求和技术标准的规定。

检验方法：观察、尺量检查、检查施工记录。

⑬玻璃幕墙开启窗的配件应齐全，安装应牢固，安装位置和开启方向、角度应正确，开启应灵活，关闭应严密。

检验方法：观察、手扳检查、开启和关闭检查。

⑭玻璃幕墙的防雷装置必须与主体结构的防雷装置可靠连接。

检验方法：观察、检查隐蔽工程验收记录和施工记录。

2）一般项目：

①玻璃幕墙表面应平整、洁净；整幅玻璃的色泽应均匀一致；不得有污染和镀膜损坏。

检验方法：观察。

②每平方米玻璃的表面质量和检验方法应符合表 8 – 26 的规定。

表 8 – 26　每平方米玻璃的表面质量和检验方法

项　　　目	质量要求	检验方法
明显划伤和长度 >100mm 的轻微划伤	不允许	观察
长度 ≤100mm 的轻微划伤	≤8 条	用钢尺检查
擦伤总面积	≤500mm²	用钢尺检查

③一个分格铝合金型材的表面质量和检验方法应符合表 8 – 27 的规定。

表 8 – 27　一个分格铝合金型材的表面质量和检验方法

项　　　目	质量要求	检验方法
明显划伤和长度 >100mm 的轻微划伤	不允许	观察
长度 ≤100mm 的轻微划伤	≤2 条	用钢尺检查
擦伤总面积	≤500mm²	用钢尺检查

④明框玻璃幕墙的外露框或压条应横平竖直，颜色、规格应符合设计要求，压条安装应牢固。单元玻璃幕墙的单元拼缝或隐框玻璃幕墙的分格玻璃拼缝应横平竖直、均匀一致。

检验方法：观察、手扳检查、检查进场验收记录。

⑤玻璃幕墙的密封胶缝应横平竖直、深浅一致、宽窄均匀、光滑顺直。

检验方法：观察、手摸检查。

⑥防火、保温材料填充应饱满、均匀，表面应密实、平整。

检验方法：检查隐蔽工程验收记录。

⑦玻璃幕墙隐蔽节点的遮封装修应牢固、整齐、美观。

检验方法：观察、手扳检查。

⑧明框玻璃幕墙安装的允许偏差和检验方法应符合表 8 – 28 的规定。

表 8 - 28 明框玻璃幕墙安装的允许偏差和检验方法

项 目		允许偏差（mm）	检 验 方 法
幕墙垂直度	幕墙高度≤30m	10	用经纬仪检查
	30m < 幕墙高度≤60m	15	
	60m < 幕墙高度≤90m	20	
	幕墙高度 > 90m	25	
幕墙水平度	幕墙幅宽≤35m	5	用水平仪检查
	幕墙幅宽 > 35m	7	
构件直线度		2	用2m靠尺和塞尺检查
构件水平度	构件长度≤2m	2	用水平仪检查
	构件长度 > 2m	3	
相邻构件错位		1	用钢直尺检查
分格框对角线长度差	对角线长度≤2m	3	用钢尺检查
	对角线长度 > 2m	4	

⑨隐框、半隐框玻璃幕墙安装的允许偏差和检验方法应符合表 8 - 29 的规定。

表 8 - 29 隐框、半隐框玻璃幕墙安装的允许偏差和检验方法

项 目		允许偏差（mm）	检 验 方 法
幕墙垂直度	幕墙高度≤30m	10	用经纬仪检查
	30m < 幕墙高度≤60m	15	
	60m < 幕墙高度≤90m	20	
	幕墙高度 > 90m	25	
幕墙水平度	层高≤3m	5	用水平仪检查
	层高 > 3m	7	
幕墙表面平整度		2	用2m靠尺和塞尺检查
板材立面垂直度		2	用垂直检测尺检查
板材上沿水平度		2	用1m水平尺和钢直尺检查
相邻板材板角错位		1	用钢直尺检查

续表 8 – 29

项　　目	允许偏差（mm）	检　验　方　法
阳角方正	2	用直角检测尺检查
接缝直线度	3	拉 5m 拉线，不足 5m 拉通线，用钢直尺检查
接缝高低差	1	用钢直尺和塞尺检查
接缝宽度	1	用钢直尺检查

（2）金属幕墙工程：

1）主控项目：

①金属幕墙工程所使用的各种材料和配件，应符合设计要求及国家现行产品标准和工程技术规范的规定。

检验方法：检查产品合格证书、性能检测报告、材料进场验收记录和复验报告。

②金属幕墙的造型和立面分格应符合设计要求。

检验方法：观察、尺量检查。

③金属面板的品种、规格、颜色、光泽及安装方向应符合设计要求。

检验方法：观察、检查进场验收记录。

④金属幕墙主体结构上的预埋件、后置埋件的数量、位置及后置埋件的拉拔力必须符合设计要求。

检验方法：检查拉拔力检测报告和隐蔽工程验收记录。

⑤金属幕墙的金属框架立柱与主体结构预埋件的连接、立柱与横梁的连接、金属面板的安装必须符合设计要求，安装必须牢固。

检验方法：手扳检查、检查隐蔽工程验收记录。

⑥金属幕墙的防火、保温、防潮材料的设置应符合设计要求，并应密实、均匀、厚度一致。

检验方法：检查隐蔽工程验收记录。

⑦金属框架及连接件的防腐处理应符合设计要求。

检验方法：检查隐蔽工程验收记录和施工记录。

⑧金属幕墙的防雷装置必须与主体结构的防雷装置可靠连接。

检验方法：检查隐蔽工程验收记录。

⑨各种变形缝、墙角的连接节点应符合设计要求和技术标准的规定。

检验方法：观察、检查隐蔽工程验收记录。

⑩金属幕墙的板缝注胶应饱满、密实、连续、均匀、无气泡，宽度和厚度应符合设计要求和技术标准的规定。

检验方法：观察、尺量检查、检查施工记录。

⑪金属幕墙应无渗漏。

检验方法：在易渗漏部位进行淋水检查。

2）一般项目：

①金属板表面应平整、洁净、色泽一致。

检验方法：观察。

②金属幕墙的压条应平直、洁净、接口严密、安装牢固。

检验方法：观察、手扳检查。

③金属幕墙的密封胶缝应横增竖直、深浅一致、宽窄均匀、光滑顺直。

检验方法：观察。

④金属幕墙上的滴水线、流水坡向应正确、顺直。

检验方法：观察、用水平尺检查。

⑤每平方米金属板的表面质量和检验方法应符合表 8－30 的规定。

表 8－30　每平方米金属板的表面质量和检验方法

项　　目	质量要求	检验方法
明显划伤和长度＞100mm 的轻微划伤	不允许	观察
长度≤100mm 的轻微划伤	≤8 条	用钢尺检查
擦伤总面积	≤500mm^2	用钢尺检查

⑥金属幕墙安装的允许偏差和检验方法应符合表 8－31 的规定。

表 8－31　金属幕墙安装的允许偏差和检验方法

项　　目		允许偏差（mm）	检验方法
幕墙垂直度	幕墙高度≤30m	10	用经纬仪检查
	30m＜幕墙高度≤60m	15	
	60m＜幕墙高度≤90m	20	
	幕墙高度＞90m	25	
幕墙水平度	层高≤3m	5	用水平仪检查
	层高＞3m	7	
幕墙表面平整度		2	用 2m 靠尺和塞尺检查
板材立面垂直度		3	用垂直检测尺检查
板材上沿水平度		2	用 1m 水平尺和钢直尺检查
相邻板材板角错位		1	用钢直尺检查
阳角方正		2	用直角检测尺检查
接缝直线度		3	拉 5m 拉线，不足 5m 拉通线，用钢直尺检查
接缝高低差		1	用钢直尺和塞尺检查
接缝宽度		1	用钢直尺检查

（3）石材幕墙工程：

1）主控项目：

①石材幕墙工程所用材料的品种、规格、性能等级，应符合设计要求及国家现行产品标准和工程技术规范的规定。石材的弯曲强度不应小于8.0MPa，吸水率应小于0.8%。石材幕墙的铝合金挂件厚度不应小于4.0mm，不锈钢挂件厚度不应小于3.0mm。

检验方法：观察，尺量检查，检查产品合格证书、性能检测报告、材料进场验收记录和复验报告。

②石材幕墙的造型、立面分格、颜色、光泽、花纹和图案应符合设计要求。

检验方法：观察。

③石材孔、槽的数量、深度、位置、尺寸应符合设计要求。

检验方法：检查进场验收记录或施工记录。

④石材幕墙主体结构上的预埋件和后置埋件的位置、数量及后置埋件的拉拔力必须符合设计要求。

检验方法：检查拉拔力检测报告和隐蔽工程验收记录。

⑤石材幕墙的金属框架立柱与主体结构预埋件的连接、立柱与横梁的连接、连接件与金属框架的连接、连接件与石材面板的连接必须符合设计要求，安装必须牢固。

检验方法：手扳检查、检查隐蔽工程验收记录。

⑥金属框架的连接件和防腐处理应符合设计要求。

检验方法：检查隐蔽工程验收记录。

⑦石材幕墙的防雷装置必须与主体结构防雷装置可靠连接。

检验方法：观察、检查隐蔽工程验收记录和施工记录。

⑧石材幕墙的防火、保温、防潮材料的设置应符合设计要求，填充应密实、均匀、厚度一致。

检验方法：检查隐蔽工程验收记录。

⑨各种结构变形缝、墙角的连接节点应符合设计要求和技术标准的规定。

检验方法：检查隐蔽工程验收记录和施工记录。

⑩石材表面和板缝的处理应符合设计要求。

检验方法：观察。

⑪石材幕墙的板缝注胶应饱满、密实、连续、均匀、无气泡，板缝宽度和厚度应符合设计要求和技术标准的规定。

检验方法：观察、尺量检查、检查施工记录。

⑫石材幕墙应无渗漏。

检验方法：在易渗漏部位进行淋水检查。

2）一般项目：

①石材幕墙表面应平整、洁净，无污染、缺损和裂痕。颜色和花纹应协调一致，无明显色差，无明显修痕。

检验方法：观察。

②石材幕墙的压条应平直、洁净、接口严密、安装牢固。

检验方法：观察、手扳检查。

③石材接缝应横平竖直、宽窄均匀；阴阳角石板压向应正确，板边合缝应顺直；凸凹线出墙厚度应一致，上下口应平直；石材面板上洞口、槽边应套割吻合，边缘应整齐。

检验方法：观察、尺量检查。

④石材幕墙的密封胶缝应横平竖直、深浅一致、宽窄均匀、光滑顺直。

检验方法：观察。

⑤石材幕墙上的滴水线、流水坡向应正确、顺直。

检验方法：观察、用水平尺检查。

⑥每平方米石材的表面质量和检验方法应符合表8－32的规定。

表8－32 每平方米石材的表面质量和检验方法

项　目	质量要求	检验方法
明显划伤和长度>100mm的轻微划伤	不允许	观察
长度≤100mm的轻微划伤	≤8条	用钢尺检查
擦伤总面积	≤500mm²	用钢尺检查

⑦石材幕墙安装的允许偏差和检验方法应符合表8－33的规定。

表8－33 石材幕墙安装的允许偏差和检验方法

项　目		允许偏差（mm）		检验方法
		光面	麻面	
幕墙垂直度	幕墙高度≤30m	10		用经纬仪检查
	30m<幕墙高度≤60m	15		
	60m<幕墙高度≤90m	20		
	幕墙高度>90m	25		
幕墙水平度		3		用水平仪检查
板材立面垂直度		3		用水平仪检查
板材上沿水平度		2		用1m水平尺和钢直尺检查
相邻板材板角错位		1		用钢直尺检查
幕墙表面平整度		2	3	用垂直检测尺检查
阳角方正		2	4	用直角检测尺检查
接缝直线度		3	4	拉5m拉线，不足5m拉通线，用钢直尺检查
接缝高低差		1	—	用钢直尺和塞尺检查
接缝宽度		1	2	用钢直尺检查

8.7　涂　饰　工　程

8.7.1　水性涂料涂饰工程

1．质量控制要点

1）水性涂料涂饰工程应当在抹灰工程、地面工程、木装修工程、水暖电气安装工程等全部完成后，并在清洁干净的环境下施工。

2）水性涂料涂饰工程的施工环境温度应在 5～35℃之间。冬期施工，室内涂饰应在采暖条件下进行，保持均衡室温，防止浆膜受冻。

3）水性涂料涂饰工程施工前，应根据设计要求做样板间，经有关部门同意认可后，才准大面积施工。

4）基层表面必须干净、平整。表面麻面等缺陷应用腻子填平并用砂纸磨平磨光。

5）涂饰工程的基层处理应符合下列要求：

①新建筑物的混凝土或抹灰基层在涂饰涂料前应涂刷抗碱封闭底漆。

②旧墙面在涂饰涂料前应清除疏松的旧装修层，并涂刷界面剂。

③涂刷乳液型涂料时，含水率不得大于 10%。木材基层的含水率不得大于 12%。

④基层腻子应平整、坚实、牢固、无粉化、起皮和裂缝，内墙腻子的黏结强度应符合《建筑室内用腻子》JG/T 298—2010 的规定。

⑤厨房、卫生间墙面必须使用耐水腻子。

6）现场配制的涂饰涂料，应经试验确定，必须保证浆膜不脱落、不掉粉。

7）涂刷要做到颜色均匀、分色整齐、不漏刷、不透底，每个房间要先刷顶棚，后由上而下一次做完。浆膜干燥前，应防止尘土玷污，完成后的产品，应加以保护，不得损坏。

8）湿度较大的房间刷浆，应采用具有防潮性能的腻子和涂料。

9）机械喷浆可不受喷涂遍数的限制，以达到质量要求为准。门窗、玻璃不需刷浆的部位应遮盖，以防玷污。

10）室内涂饰，一面墙每遍必须一次完成，涂饰上部时，溅到下部的浆点，要用铲除掉，以免妨碍平整美观。

11）顶棚与墙面分色处，应弹浅色分色线。用排笔刷浆时要笔路长短齐，均匀一致，干后不许有明显接头痕迹。

12）涂层与其他装修材料和设备衔接处应吻合，界面应清晰。

13）室外涂饰，同一墙面应用相同的材料和配合比。涂料在施工时，应经常搅拌，每遍涂层不应过厚，涂刷均匀。若分段施工时，其施工缝应留在分格缝、墙的阴阳角处或水落管后。

14）涂饰工程应在涂层养护期满后进行质量验收。

2．质量检验与验收

（1）主控项目：

1）水性涂料涂饰工程所用涂料的品种、型号和性能应符合设计要求。

检验方法：检查产品合格证书、性能检测报告和进场验收记录。

2）水性涂料涂饰工程的颜色、图案应符合设计要求。

检验方法：观察。

3）水性涂料涂饰工程应涂饰均匀、黏结牢固，不得漏涂、透底、起皮和掉粉。

检验方法：观察、手摸检查。

4）水性涂料涂饰工程的基层处理应符合下列要求：

① 新建筑物的混凝土或抹灰基层在涂饰涂料前应涂刷抗碱封闭底漆。

② 旧墙面在涂饰涂料前应清除疏松的旧装修层，并涂刷界面剂。

③ 混凝土或抹灰基层涂刷溶剂型涂料时，含水率不得大于8%；涂刷乳液型涂料时，含水率不得大于10%。木材基层的含水率不得大于12%。

④ 基层腻子应平整、坚实、牢固，无粉化、起皮和裂缝；内墙腻子的黏结强度应符合《建筑室内用腻子》JG/T 298—2010 的规定。

⑤厨房、卫生间墙面必须使用耐水腻子。

检验方法：观察、手摸检查、检查施工记录。

（2）一般项目：

1）薄涂料的涂饰质量和检验方法应符合表8－34 的规定。

表8－34　薄涂料的涂饰质量和检验方法

项　　目	普通涂饰	高级涂饰	检　验　方　法
颜色	均匀一致	均匀一致	观察
泛碱、咬色	允许少量轻微	不允许	
流坠、疙瘩	允许少量轻微	不允许	
砂眼、刷纹	允许少量轻微砂眼，刷纹通顺	无砂眼，无刷纹	
装饰线、分色线直线度允许偏差（mm）	2	1	拉5m拉线，不足5m拉通线，用钢直尺检查

2）厚涂料的涂饰质量和检验方法应符合表8－35 的规定。

表8－35　厚涂料的涂饰质量和检验方法

项　　目	普通涂饰	高级涂饰	检　验　方　法
颜色	均匀一致	均匀一致	观察
泛碱、咬色	允许少量轻微	不允许	
点状分布	—	疏密均匀	

3）复合涂料的涂饰质量和检验方法应符合表 8 - 36 的规定。

表 8 - 36　复合涂料的涂饰质量和检验方法

项　　目	质　量　要　求	检　验　方　法
颜色	均匀一致	观察
泛碱、咬色	允许少量轻微	
喷点疏密程度	均匀，不允许连片	

4）涂层与其他装修材料和设备衔接处应吻合，界面应清晰。

检验方法：观察。

8.7.2　溶剂型涂料涂饰工程

1. 质量控制要点

1）一般溶剂型涂料涂饰工程施工时的环境温度不宜低于 10℃，相对湿度不宜大于 60%。遇有大风、雨、雾等天气时，不宜施工（特别是面层涂饰，更不宜施工）。

2）冬期施工室内溶剂型涂料涂饰工程时，应在采暖条件下进行，室温保持均衡。

3）溶剂型涂料涂饰工程施工前，应根据设计要求做样板件或样板间。经有关部门同意认可后，才准大面积施工。

4）木材表面涂饰溶剂型混色涂料应符合下列要求：

①刷底涂料时，木料表面、橱柜、门窗等玻璃口四周必须涂刷到位，不可遗漏。

②木料表面的缝隙、毛刺、戗茬修整后，应用腻子多次填补，并用砂纸磨光。较大的脂囊应用木纹相同的材料用胶镶嵌。

③抹腻子时，对于宽缝、深洞要填入压实，抹平刮光。

④打磨砂纸要光滑，不能磨穿油底，不可磨损棱角。

⑤橱柜、门窗扇的上冒头顶面和下冒头底面不得漏刷涂料。

⑥涂刷涂料时应横平竖直，纵横交错、均匀一致。涂刷顺序应先上后下，先内后外，先浅色后深色。按木纹方向理平理直。

⑦每遍涂料应涂刷均匀，各层必须结合牢固。每遍涂料施工时，应待前一遍涂料干燥后进行。

5）金属表面涂饰溶剂型涂料应符合下列要求：

①涂饰前，金属面上的油污、鳞皮、锈斑、焊渣、毛刺、浮砂、尘土等，必须清除干净。

②防锈涂料不得遗漏，且涂刷要均匀。

③防锈涂料和第一遍银粉涂料，应在设备、管道安装就位前涂刷，最后一遍银粉涂料应在刷浆工程完工后涂刷。

④薄钢屋面、檐沟、水落管、泛水等涂料时，可不刮腻子，但涂刷防锈涂料不应少于两遍。

⑤金属构件和半成品安装前，应检查防锈有无损坏，损坏处应补刷。

⑥薄钢板制作的屋脊、檐沟和天沟等咬口处，应用防锈油腻子填抹密实。

⑦金属表面除锈后，应在 8h 内（湿度大时为 4h 内）尽快刷底涂料，待底充分干燥后再涂刷后层涂料，其间隔时间视具体条件而定，一般不应少于 48h。第一度和第二度防锈涂料涂刷间隔时间不应超过 7d。

⑧高级涂料做磨退时，应用醇酸磁涂刷，并根据涂膜厚度增加 1~2 遍涂料和磨退，打砂蜡、打油蜡、擦亮的工作。

⑨金属构件在组装前应先涂刷一遍底子油（干性油、防锈涂料），安装后再涂刷涂料。

6）混凝土表面和抹灰表面涂溶剂型涂料应符合下列要求：

①在涂饰前，基层应充分干燥洁净，不得有起皮、松散等缺陷。粗糙面应磨光，缝隙、小洞及不平处应用腻子补平。外墙在涂饰前先刷一遍封闭涂层，然后再刷底子油涂料，中间层和面层。

②涂刷乳胶漆时，稀释后的乳胶漆应在规定时间内用完，并且不得加入催干剂，外墙表面的缝隙、孔洞和磨面，不得用大白纤维素等低强度的腻子填补，应用水泥乳胶腻子填补。

③外墙面油漆，应选用有防水性能的涂料。

7）木材表面涂刷清漆应符合下列要求：

①应当注意色调均匀，拼色相互一致，表面不得显露节疤。

②在涂刷清漆、上蜡时，要做到均匀一致，理平理光，不可显露刷纹。

③对修拼色必须十分重视，在修色后，要求在距离 1m 内看不见修色痕迹为准。对颜色明显不一致的木材，要通过拼色达到颜色基本一致。

④有打蜡出光要求的工程，应当将砂蜡打匀，擦油蜡时要薄而匀、赶光一致。

2．质量检验与验收

（1）主控项目：

1）溶剂型涂料涂饰工程所选用涂料的品种、型号和性能应符合设计要求。

检验方法：检查产品合格证书、性能检测报告和进场验收记录。

2）溶剂型涂料涂饰工程的颜色、光泽、图案应符合设计要求。

检验方法：观察。

3）溶剂型涂料涂饰工程应涂饰均匀、黏结牢固，不得漏涂、透底、起皮和反锈。

检验方法：观察、手摸检查。

4）溶剂型涂料涂饰工程的基层处理应符合下列要求：

①新建筑物的混凝土或抹灰基层在涂饰涂料前应涂刷抗碱封闭底漆。

②旧墙面在涂饰涂料前应清除疏松的旧装修层，并涂刷界面剂。

③混凝土或抹灰基层涂刷溶剂型涂料时，含水率不得大于 8%；涂刷乳液型涂料时，含水率不得大于 10%。木材基层的含水率不得大于 12%。

④基层腻子应平整、坚实、牢固，无粉化、起皮和裂缝；内墙腻子的黏结强度应符合《建筑室内用腻子》JG/T 298—2010 的规定。

⑤厨房、卫生间墙面必须使用耐水腻子。

检验方法：观察、手摸检查、检查施工记录。

（2）一般项目：

1）色漆的涂饰质量和检验方法应符合表 8-37 的规定。

表 8 - 37　色漆的涂饰质量和检验方法

项　　目	普通涂饰	高级涂饰	检验方法
颜色	均匀一致	均匀一致	观察
光泽、光滑	光泽基本均匀光滑无挡手感	光泽均匀一致光滑	观察、手摸检查
刷纹	刷纹通顺	无刷纹	观察
裹棱、流坠、皱皮	明显处不允许	不允许	观察
装饰线、分色线直线度允许偏差（mm）	2	1	拉 5m 拉线，不足 5m 拉通线，用钢直尺检查

注：无光色漆不检查光泽。

2）清漆的涂饰质量和检验方法应符合表 8 - 38 的规定。

表 8 - 38　清漆的涂饰质量和检验方法

项　　目	普通涂饰	高级涂饰	检验方法
颜色	基本一致	均匀一致	观察
木纹	棕眼刮平、木纹清楚	棕眼刮平、木纹清楚	观察
光泽、光滑	光泽基本均匀光滑无挡手感	光泽均匀一致光滑	观察、手摸检查
刷纹	无刷纹	无刷纹	观察
裹棱、流坠、皱皮	明显处不允许	不允许	观察

3）涂层与其他装修材料和设备衔接处应吻合，界面应清晰。

检验方法：观察。

8.7.3　美术涂饰工程

1. 质量控制要点

1）滚花。先在完成的涂饰表面弹垂直粉线，然后沿粉线自上而下滚涂，滚筒的轴必须要垂直于粉线，不得歪斜。滚花完成后，周边应画色线或做边方格线。

2）仿木纹、仿石纹。应在第一遍涂料表面上进行。待模仿纹理或油色拍丝等完成后，表面应涂刷一遍罩面清漆。

3）鸡皮皱。在油漆中需掺入 20% ~ 30% 的大白粉（质量比），用松节油进行稀释。涂刷厚度一般为 2mm，表面拍打起粒应均匀、大小一致。

4）拉毛。在油漆中需掺入石膏粉或滑石粉，其掺量和涂刷厚度，应根据波纹大小由试验确定。面层干燥后，宜用砂纸磨去毛尖。

5）套色漏花，刻制花饰图套漏板，宜用喷印方法进行，并按分色顺序进行喷印。前一套漏板喷印完，应待涂料稍干后，方可进行下一套漏板的喷印。

2．质量检验与验收

（1）主控项目：

1）美术涂饰所用材料的品种、型号和性能应符合设计要求。

检验方法：观察，检查产品合格证书、性能检测报告和进场验收记录。

2）美术涂饰工程应涂饰均匀、黏结牢固，不得有漏涂、透底、起皮、掉粉和反锈。

检验方法：观察、手摸检查。

3）美术涂饰工程的基层处理应符合下列要求：

①新建筑物的混凝土或抹灰基层在涂饰涂料前应涂刷抗碱封闭底漆。

②旧墙面在涂饰涂料前应清除疏松的旧装修层，并涂刷界面剂。

③混凝土或抹灰基层涂刷溶剂型涂料时，含水率不得大于8%；涂刷乳液型涂料时，含水率不得大于10%。木材基层的含水率不得大于12%。

④基层腻子应平整、坚实、牢固，无粉化、起皮和裂缝；内墙腻子的黏结强度应符合《建筑室内用腻子》JG/T 298—2010 的规定。

⑤厨房、卫生间墙面必须使用耐水腻子。

检验方法：观察、手摸检查、检查施工记录。

4）美术涂饰的套色、花纹和图案应符合设计要求。

检验方法：观察。

（2）一般项目：

1）美术涂饰表面应洁净，不得有流坠现象。

检验方法：观察。

2）仿花纹涂饰的饰面应具有被模仿材料的纹理。

检验方法：观察。

3）套色涂饰的图案不得移位，纹理和轮廓应清晰。

检验方法：观察。

8.8　裱糊与软包工程

8.8.1　裱糊工程

1．质量控制要点

1）壁纸、墙布的种类、规格、图案、颜色和燃烧性能等级必须符合设计要求及国家现行标准的有关规定。同一房间的壁纸、墙布应用同一批料，即使同一批料，当有色差时，也不应贴在同一墙面上。

2）裱糊前应以1:1的108胶水溶液等作底胶涂刷基层。对附着牢固、表面平整的旧溶剂型涂料墙面，裱糊前应打平处理。

3）在深暗墙面上粘贴易透底的壁纸、玻璃纤维墙布时，需加刷溶剂型浅色油漆一遍，以达到较好的质量效果。

4）在湿度较大的房间和经常潮湿的墙体表面裱糊，应采用具有防水性能的壁纸和胶粘剂等材料。

5）裱糊前，应将突出基层表面的设备或附件卸下。钉帽应进入基层表面，钉眼用油腻子填平。

6）裁纸（布）时，长度应有一定余量，剪口应考虑对花并与边线垂直、裁成后卷拢，横向存放。不足幅宽的窄幅，应贴在较暗的阴角处。窄条下料时，应考虑对缝和搭缝关系，手裁的一边只能搭接不能对缝。

7）胶粘剂应集中调制，并通过 400 孔/cm² 筛子过滤，调制好的胶粘剂应当天用完。

8）裱糊第一幅前，应弹垂直线，作为裱糊时的基准线。

9）墙面应采用整幅裱糊，并统一设置对缝，阳角处不得有接缝，阳角处接缝应搭接。

10）无花纹的壁纸，可采用两幅间重叠 2cm 搭线。有花纹的壁纸，则采取两幅间壁纸花纹重叠对准，然后用钢直尺压在重叠处，用刀切断、撕去余纸、粘贴压实。

11）裱糊普通壁纸，应先将壁纸浸水湿润 3～5min（视壁纸性能而定），取出静置 20min。裱糊时，基层表面和壁纸背面同时涂刷胶粘剂（壁纸刷胶后应静置 5min 上墙）。

12）裱糊玻璃纤维墙布，应先将墙布背面清理干净。裱糊时，应在基层表面涂刷胶粘剂。

13）裱糊后各幅拼接应横平竖直，拼接处花纹，图案应吻合，不离缝，不搭接，不显拼缝；粘贴牢固，不得有漏贴、补贴、脱层、空鼓和翘边。

14）裱糊后的壁纸，墙布表面应平整，色泽应一致，不得有波纹起伏、气泡、裂缝、皱折及斑污，斜视时应无胶痕；复合压花壁纸的压痕及发泡壁纸的发泡层应无损坏；壁纸、墙布与各种装饰线、设备线盒应交接严密；壁纸、墙布边缘应平直整齐，不得有纸毛、飞刺；壁纸、墙布阴角处搭接应顺光，阳角处应无接缝。

15）裱糊过程中和干燥前，应防止穿堂风和温度的突然变化。

16）裱糊工程完成后，应有可靠的产品保护措施。

2. 质量检验与验收

（1）主控项目：

1）壁纸、墙布的种类、规格、图案、颜色和燃烧性能等级必须符合设计要求及国家现行标准的有关规定。

检验方法：观察；检查产品合格证书、进场验收记录和性能检测报告。

2）裱糊工程基层处理质量应符合下列要求：

①新建筑物的混凝土或抹灰基层墙面在刮腻子前应涂刷抗碱封闭底漆。

②旧墙面在裱糊前应清除疏松的旧装修层，并涂刷界面剂。

③混凝土或抹灰基层含水率不得大于 8%；木材基层的含水率不得大于 12%。

④基层腻子应平整、坚实、牢固，无粉化、起皮和裂缝；腻子的黏结强度应符合《建筑室内用腻子》JG/T 298—2010N 型的规定。

⑤基层表面平整度、立面垂直度及阴阳角方正应达到表 8-3 高级抹灰的要求。

⑥基层表面颜色应一致。

⑦裱糊前应用封闭底胶涂刷基层。

检验方法：观察；手摸检查；检查施工记录。

3）裱糊后各幅拼接应横平竖直，拼接处花纹、图案应吻合，不离缝，不搭接，不显拼缝。

检验方法：观察；拼缝检查距离墙面1.5m处正视。

4）壁纸、墙布应粘贴牢固，不得有漏贴、补贴、脱层、空鼓和翘边。

检验方法：观察；手摸检查。

（2）一般项目：

1）裱糊后的壁纸、墙布表面应平整，色泽应一致，不得有波纹起伏、气泡、裂缝、皱折及斑污，斜视时应无胶痕。

检验方法：观察；手摸检查。

2）复合压花壁纸的压痕及发泡壁纸的发泡层应无损坏。

检验方法：观察。

3）壁纸、墙布与各种装饰线、设备线盒应交接严密。

检验方法：观察。

4）壁纸、墙布边缘应平直整齐，不得有纸毛、飞刺。

检验方法：观察。

5）壁纸、墙布阴角处搭接应顺光，阳角处应无接缝。

检验方法：观察。

8.8.2　软包工程

1. 质量控制要点

1）软包面料、内衬材料及边框的材质、颜色、图案、燃烧性能等级和木材的含水率应符合设计要求及国家现行标准的有关规定。

2）同一房间的软包面料，应一次进足同批号货，以防色差。

3）当软包面料采用大的网格型或大花型时，使用时在其房间的对应部位应注意对格对花，确保软包装饰效果。

4）软包应尺寸准确，单块软包面料不应有接缝、毛边，四周应绷压严密。

5）软包在施工中不应污染，完成后应做好产品保护。

2. 质量检验与验收

（1）主控项目：

1）软包面料、内衬材料及边框的材质、颜色、图案、燃烧性能等级和木材的含水率应符合设计要求及国家现行标准的有关规定。

检验方法：观察；检查产品合格证书、进场验收记录和性能检测报告。

2）软包工程的安装位置及构造做法应符合设计要求。

检验方法：观察；尺量检查；检查施工记录。

3）软包工程的龙骨、衬板、边框应安装牢固，无翘曲，拼缝应平直。

检验方法：观察；手扳检查。

4）单块软包面料不应有接缝，四周应绷压严密。

检验方法：观察；手摸检查。

（2）一般项目：

1）软包工程表面应平整、洁净，无凹凸不平及皱折；图案应清晰、无色差，整体应协调美观。

检验方法：观察。

2）软包边框应平整、顺直、接缝吻合。其表面涂饰质量应符合本章第8.7节的有关规定。

检验方法：观察；手摸检查。

3）清漆涂饰木制边框的颜色、木纹应协调一致。

检验方法：观察。

4）软包工程安装的允许偏差和检验方法应符合表8－39的规定。

表8－39　软包工程安装的允许偏差和检验方法

项　　目	允许偏差（mm）	检 验 方 法
垂直度	3	用1m垂直检测尺检查
边框宽度、高度	0；－2	用钢尺检查
对角线长度差	3	用钢尺检查
裁口、线条接缝高低差	1	用钢直尺和塞尺检查

8.9　细　部　工　程

1. 质量控制要点

（1）材料（或成品）的质量要求：

1）细木制品应采用密干法干燥的木质，含水率不应大于12%。

2）细木制品制成后，应立即涂刷一道底油（干性油），防止受潮变形。

3）细木制品与砖石砌体、混凝土或抹灰层接触处应按设计要求进行处理。

4）橱柜制作与安装所用材料的材质和规格、木材的燃烧性能等级和含水率、花岗石的放射性及人造木板的甲醛含量均应符合设计及国家现行标准的有关规定。

5）后置埋件（如膨胀螺栓）应做现场拉拔检测。

6）由工厂加工制作的细木制品，应有出厂合格证。

7）湿度较大的房间，不得采用未经防水处理的石膏花饰等。

8）粘贴花饰用的胶粘剂应按花饰的品种选用。现场配制胶粘剂，其配合比应经试验确定。

（2）细部工程的施工质量要求：

1）预埋件或后置埋件的数量、规格及位置应符合设计要求。

2）造型、尺寸、安装位置、制作和固定方法应符合设计要求。安装必须牢固。

3）配件的品种、规格应符合设计要求。配件应齐全，安装应牢固。

2．质量检验与验收

（1）橱柜制作与安装工程：

1）主控项目：

①橱柜制作与安装所用材料的材质和规格、木材的燃烧性能等级和含水率、花岗石的放射性及人造木板的甲醛含量应符合设计要求应及国家现行标准的有关规定。

检验方法：观察；检查产品合格证书、进场验收记录、性能检测报告和复验报告和复验报告。

②橱柜安装预埋件或后置埋件的数量、规格、位置应符合设计要求。

检验方法：检查隐蔽工程验收记录和施工记录。

③橱柜的造型、尺寸、安装位置、制作和固定方法应符合设计要求。橱柜安装必须牢固。

检验方法：观察；尺量检查；手扳检查。

④橱柜配件的品种、规格应符合设计要求，配件应齐全，安装应牢固。

检验方法：观察；尺量检查；手扳检查，检查进场验收记录。

⑤橱柜的抽屉和柜门应开关灵活、回位正确。

检验方法：观察；开启和关闭检查。

2）一般项目：

①橱柜表面应平整、洁净、色泽一致，不得有裂缝、翘曲及损坏。

检验方法：观察。

②橱柜截口应顺直、拼缝应严密。

检验方法：观察。

③橱柜安装的允许偏差和检验方法应符合表8－40的规定。

表8－40　橱柜安装的允许偏差和检验方法

项次	项　目	允许偏差（mm）	检　验　方　法
1	外形尺寸	3	用钢尺检查
2	立面垂直度	2	用1m垂直检测尺检查
3	门与框架的平行度	2	用钢尺检查

（2）窗帘盒、窗台板和散热器罩制作与安装工程：

1）主控项目：

①窗帘盒、窗台板和散热器罩制作与安装所使用材料的材质和规格、木材的燃烧性能等级和含水率、花岗石的放射性及人造木板的甲醛含量应符合设计要求及国家现行标准的有关规定。

检验方法：观察；检查产品合格证书、进场验收记录、性能检测报告和复验报告。

②窗帘盒、窗台板和散热器罩的造型、规格、尺寸、安装位置和固定方法必须符合设计要求，安装应牢固。

检验方法：观察尺量检查；手扳检查。

③窗帘盒配件的品种、规格应符合设计要求，安装应牢固。

检验方法：手扳检查、检查进场验收记录。

2）一般项目：

①窗帘盒、窗台板和散热器罩表面应平整、洁净、线条顺直、接缝严密、色泽一致，不得有裂缝、翘曲及损坏。

检验方法：观察。

②窗帘盒、窗台板和散热器罩与墙面、窗框的衔接应严密，密封胶缝应顺直、光滑。

检验方法：观察。

③窗帘盒、窗台板和散热器罩安装允许偏差和检验方法应符合表8－41的规定；

表8－41　窗帘盒、窗台板和散热器罩安装允许偏差和检验方法

项次	项　目	允许偏差（mm）	检验方法
1	水平度	2	用1m水平尺和塞尺检查
2	上口、下口直线度	3	拉5m线，不足5m拉通线，用钢直尺检查
3	两端距窗洞口长度差	2	用钢直尺检查
4	两端出墙厚度差	3	用钢直尺检查

（3）门窗套制作与安装工程：

1）主控项目：

①门窗套制作与安装所使用材料的材质、规格、花纹和颜色、木材的燃烧性能等级和含水率、花岗石的放射性及人造木板的甲醛含量应符合设计要求，符合国家现行标准的有关规定。

检验方法：观察；检查产品合格证书、进场验收记录、性能检测报告和复验报告。

②门窗套的造型、尺寸和固定方法应符合设计要求，安装应牢固。

检验方法：观察；尺量检查；手扳检查。

2）一般项目：

①门窗套表面应平整、洁净、线条顺直、接缝严密、色泽一致，不得有裂缝、翘曲及损坏。

检验方法：观察。

②门窗套安装的允许偏差和检验方法应符合表8－42的规定。

表8－42　门窗套安装的允许偏差和检验方法

项次	项　目	允许偏差（mm）	检验方法
1	正、侧面垂直度	3	用1m垂度尺检查
2	门窗套上口水平度	1	用1m水平检测尺和塞尺检查
3	门窗套上口直线度	3	拉5m线，不足5m拉通线，用钢直尺检查

（4）护栏和扶手制作与安装工程：

1）主控项目：

①护栏和扶手制作与安装所使用材料的材质、规格、数量和木材、塑料的燃烧性能等级应符合设计要求。

检验方法：观察；检查产品合格证书、进场验收记录和性能检测报告。

②护栏和扶手的造型、尺寸及安装位置应符合设计要求。

检验方法：观察；尺量检查、检查进场验收记录。

③护栏和扶手安装预埋件的数量、规格、位置以及护栏与预埋件的连接节点应符合设计要求。

检验方法：检查隐蔽验收记录和施工记录。

④护栏高度、栏杆间距、安装位置必须符合设计要求。护栏安装必须牢固。

检验方法：观察；尺量检查，手扳检查。

⑤护栏玻璃应使用公称厚度不小于12mm的钢化玻璃或钢化夹层玻璃。当护栏一侧距楼地面高度为5m及以上时，应使用钢化夹层玻璃。

检验方法：观察；尺量检查、检查产品合格证书和进场验收记录。

2）一般项目：

①护栏和扶手转角弧度应符合设计要求，接缝应严密，表面应光滑，色泽一致，不得有裂缝、翘曲及损坏。

检验方法：观察；手摸检查。

②护栏和扶手安装的允许偏差和检验方法应符合表8-43的规定。

表8-43　护栏和扶手安装的允许偏差和检验方法

项次	项　目	允许偏差（mm）	检　验　方　法
1	护栏垂直度	3	用1m垂度尺检测尺检查
2	栏杆间距	3	用钢直尺检查
3	扶手直线度	4	拉通线，用钢直尺检查
4	扶手高度	3	用钢直尺检查

（5）花饰制作与安装工程：

1）主控项目：

①花饰制作与安装所使用材料的材质、规格应符合设计要求。

检验方法：观察；尺量检查、检查产品合格证书和进场验收记录。

②花饰的造型、尺寸应符合设计要求。

检验方法：观察；尺量检查。

③花饰的安装位置和固定方法必须符合设计要求，安装必须牢固。

检验方法：观察；尺量检查；手扳检查。

2）一般项目：

①花饰表面应洁净，接缝应严密吻合，不得有歪斜、裂缝、翘曲及损坏。

检验方法：观察。

②花饰安装的允许偏差和检验方法应符合表8-44的规定。

表8-44　花饰安装的允许偏差和检验方法

项次	项　目		允许偏差（mm）		检　验　方　法
1	条型花饰的水平度或垂直度	每米	1	2	拉线和用1m垂直检测尺检查
		全长	3	6	
2	单独花饰中心位置偏移		10	15	拉线和用钢直尺检查

参 考 文 献

[1] 国家人民防空办公室. GB 50108—2008　地下工程防水技术规范 [S]. 北京：中国计划出版社，2009.

[2] 上海市建设和管理委员会. GB 50202—2002　建筑地基基础工程施工质量验收规范 [S]. 北京：中国计划出版社，2002.

[3] 陕西省住房和城乡建设厅. GB 50203—2011　砌体结构工程施工质量验收规范 [S]. 北京：中国建筑工业出版社，2012.

[4] 中国建筑科学研究院. GB 50204—2015　混凝土结构工程施工质量验收规范 [S]. 北京：中国建筑工业出版社，2015.

[5] 山西省住房和城乡建设厅. GB 50207—2012　屋面工程质量验收规范 [S]. 北京：中国建筑工业出版社，2012.

[6] 山西省住房和城乡建设厅. GB 50208—2011　地下防水工程质量验收规范 [S]. 北京：中国建筑工业出版社，2012.

[7] 中华人民共和国建设部. GB 50210—2001　建筑装饰装修工程质量验收规范 [S]. 北京：中国建筑工业出版社，2001.

[8] 山西省住房和城乡建设厅. GB 50345—2012　屋面工程技术规范 [S]. 北京：中国建筑工业出版社，2012.

[9] 中华人民共和国住房和城乡建设部. GB 50666—2011　混凝土结构工程施工规范 [S]. 北京：中国建筑工业出版社，2011.

[10] 中华人民共和国住房和城乡建设部. GB 50755—2012　钢结构工程施工规范 [S]. 北京：中国建筑工业出版社，2012.

[11] 中华人民共和国住房和城乡建设部. JGJ 18—2012　钢筋焊接及验收规程 [S]. 北京：中国建筑工业出版社，2012.

[12] 中华人民共和国住房和城乡建设部. JGJ 55—2011　普通混凝土配合比设计规程 [S]. 北京：中国建筑工业出版社，2011.

[13] 中国建筑科学研究院. JGJ 94—2008　建筑桩基技术规范 [S]. 北京：中国建筑工业出版社，2008.

[14] 中华人民共和国住房和城乡建设部. JGJ 107—2010　钢筋机械连接技术规程 [S]. 北京：中国建筑工业出版社，2010.

[15] 中华人民共和国住房和城乡建设部. JGJ/T 250—2011　建筑与市政工程施工现场专业人员职业标准 [S]. 北京：中国建筑工业出版社，2012.

[16] 赵长歌. 质量员 [M]. 北京：中国建筑工业出版社，2014.